鄂尔多斯地区中新元古界构造沉积特征与油气地质

冯娟萍　欧阳征健　等 著

地质出版社

· 北　京 ·

内 容 提 要

本书对鄂尔多斯地区中新元古代“拗拉槽”空间展布、地层划分与对比方案构建、原盆属性、岩相古地理格局、沉积-构造演化过程及其动力学背景等开展了系统研究。由绪论、鄂尔多斯地区区域构造背景、中新元古代地层、中新元古界构造特征、中新元古界沉积特征、中新元古代构造沉积演化、中新元古界烃源岩特征和储层地质特征八章组成，可为鄂尔多斯地区深层中新元古界油气地质条件评价和油气勘探有利区带优选提供借鉴。

本书可供基础地质、油气勘探相关专业技术人员及院校师生参考。

图书在版编目（CIP）数据

鄂尔多斯地区中新元古界构造沉积特征与油气地质／冯娟萍等著. —北京：地质出版社，2023.6
ISBN 978-7-116-13651-9

Ⅰ.①鄂… Ⅱ.①冯… Ⅲ.①鄂尔多斯盆地-地质构造-沉积演化-研究-中元古代②鄂尔多斯盆地-石油天然气地质-研究-中元古代 Ⅳ.①P618.130.2

中国国家版本馆 CIP 数据核字（2023）第 095139 号

EERDUOSI DIQU ZHONG-XIN YUANGUJIE GOUZAO CHENJI TEZHENG YU YOUQI DIZHI

责任编辑：吴宁魁 赵俊磊
责任校对：李 玫
出版发行：地质出版社
社址邮编：北京市海淀区学院路 31 号，100083
电 话：（010）66554528（邮购部）；（010）66554627（编辑室）
网 址：https：//www.gph.clmpg.com
传 真：（010）66554686
印 刷：北京地大彩印有限公司
开 本：787 mm×1092 mm 1/16
印 张：12.25
字 数：290 千字
版 次：2023 年 6 月北京第 1 版
印 次：2023 年 6 月北京第 1 次印刷
定 价：68.00 元
书 号：ISBN 978-7-116-13651-9

前　　言

鄂尔多斯盆地是中国重要的能源基地，其油气勘探开发主要集中于古生界和中生界。随着油气勘探开发的进行，寻找新的油气接替领域显得日益迫切。国内外油气勘探已证实中新元古界是一个值得重视的潜在勘探领域，但鄂尔多斯盆地中新元古界尚未引起足够的重视，与其相关的基础地质研究、油气勘探程度均低，已满足不了深层油气勘探的需要。近些年，各大油气公司积极寻找后备油气勘探接替领域，并重新关注鄂尔多斯盆地古老深层中新元古界，陆续投入非地震、地震和钻井等实物工作量，同时开展中新元古代地层划分与对比、构造特征、沉积特征与油气地质条件等相关研究。

2016—2018 年，笔者及其科研团队在国家自然科学基金委员会的资助下，主持并完成了国家自然科学基金青年科学基金项目“鄂尔多斯地区中新元古代构造沉积演化与岩相古地理研究”（41502107），对鄂尔多斯地区中新元古代“拗拉槽”空间展布、地层划分与对比方案构建、原盆属性、岩相古地理格局、沉积-构造演化过程及其动力学背景开展了系统研究。这对于鄂尔多斯地区深层中新元古界油气地质条件评价和油气勘探有利区带优选具有重要借鉴作用。

近来，笔者及其科研团队又多次对鄂尔多斯盆地周缘中条山、狼山、阴山、千里山和青龙山等地区中新元古界地质露头及钻井岩心进行了实地考察，并针对性地采集岩石样品，补充收集鄂尔多斯地区深层中新元古界油气勘探最新资料，开展构造事件、沉积相、烃源岩、储集层等方面的研究工作。

在上述研究的基础上，笔者及其科研团队系统梳理和总结多年来有关鄂尔多斯地区中新元古界的所有研究成果，完成了本书的撰写。全书选题、大纲和统编工作由冯娟萍负责，资料收集整理、数据统计和图件清绘由欧阳征健负责。本书由绪论、鄂尔多斯地区区域构造背景、中新元古代地层、中新元古界构造特征、中新元古界沉积特征、中新元古界构造沉积演化、中新元古界烃源岩特征和储层地质特征共计 8 章组成。其中，第一章、第三章、第五章、第六章和第八章由冯娟萍编写，第二章、第四章和第七章由欧阳征健编写。参加本书编写工作的还有李文厚、范萌萌、谭晨曦、姚韦卓等。

本书在整体结构、文字及图表的表述上均考虑了从事油气勘探开发的不同层次读者的需求，谨以此书献给在鄂尔多斯盆地从事油气勘探与开发工作的同行们。

本书之所以能够顺利完成，离不开各位领导、专家、同事、师生和朋友们的指导和帮助。在此，笔者满怀诚挚感恩的心情对在本次研究工作及本书撰写中给予大力支持的中国石油天然气股份有限公司长庆油田分公司和陕西延长石油（集团）有限责任公司的同仁们致以衷心的感谢！本书引用了许多前人的资料，在此对他们一并表示衷心感谢！

本书得到了国家自然科学基金青年科学基金项目（41502107）的资助，同时也得到国家留学基金委公派留学项目的资助，衷心感谢国家自然科学基金委及国家留学基金委各位领导、专家的指导和帮助！

为了写好本书，我们尽了最大努力，但书中难免有不完善之处，敬请读者批评指正。

著者

2021 年 6 月

目　　录

第一章　绪　　论

第一节　中新元古界国内外研究进展

中新元古界的含油性已逐渐被国内外各大油田所证实。在西伯利亚、非洲、东欧、印度、阿拉伯和澳大利亚等克拉通均有报道，有的还具有相当规模的油气储量，特别是东西伯利亚与阿曼两地，现探明的油气储量已达到亿吨级至10亿吨级油气当量的规模（Murray，1980；Dickas，1986；北京石油勘探开发科学研究院，1992；Kuznetsov，1997；杜汝霖，1978；张长根等，1979；黄醒汉等，1979；王铁冠，1980，1984）。四川盆地田坝等地区沥青脉或油砂层、冀北地区中新元古界油苗点和燕辽地区中新元古界烃源岩的发现表明，中新元古界在我国同样也是一个值得关注的重要的潜在勘探层系（谢邦华等，2003；王杰等，2002，2004；王兰生等，2005；黄第藩等，2008；王丽娟等，2010）。然而，中新元古界原生油气资源仅占全球油气资源的1%～2%（Hunt，1991；Klemme，1991），尚未引起国内外石油地质界的足够关注，总体研究程度、勘探程度均低，其基础地质研究以及油气成藏地质评价均有待于深化研究。

一、中新元古界“拗拉槽”厘定

自19世纪70年代板块构造理论引入中国后，有学者把鄂尔多斯盆地西侧的贺兰山地区定义为拗拉槽，认为北祁连造山带曾经是陆内裂谷或窄洋，在其发育过程中，中新元古代至早中寒武世为裂谷阶段，秦岭、北祁连、贺兰山构成三叉裂谷系，裂谷交会部位位于白银场一带（张抗，1983；赵重远，1983）。该论点很快被国内众多学者认同并引用，在一些文献和论著中有学者将拗拉槽的概念进一步引申、发挥，认为在中古元古代除贺兰山外鄂尔多斯盆地中亦发育了一系列拗拉槽，如昂苏庙-环县拗拉槽、富县-泾川拗拉槽以及早古生代裂谷重新活动形成的裂谷肩等（朱夏，1986；林畅松等，1995；吴奇之，1997；李克勤等，1992）。

邸领军等（2008）通过对国内外大量关于拗拉槽文献资料的查阅和对秦祁贺地区的构造形迹、地层及沉积特征的研究观察以及对盆地中几条横穿所谓中古元古界拗拉槽的地震和重、磁、电剖面的仔细核实，深感其证据不足，在沉积、构造上都与国内外定义的拗拉槽存在较大的差别。对此，就关系到大陆动力学、盆地动力学以及鄂尔多斯盆地发展、演化的这一重大地质问题提出了质疑。

可见，鄂尔多斯地区中新元古界是否存在拗拉槽及其空间展布范围有待于进一步的研究。

二、中新元古代地层划分、对比

鄂尔多斯地区中新元古代地层划分与对比同样争议较大，不同学者存在不同看法。目前，中新元古代地层划分、对比方案没有统一的标准，不同地区划分方案不尽相同。燕山地区中新元古界自下而上分为3个系12个组，其中中元古界由长城系、蓟县系组成，新元古界由青白口系组成。阴山地区中新元古界由渣尔泰山群（白云鄂博群）和什那干群组成。阿拉善地区巴音西别山至雅布赖山一带，分布古元古界上阿拉善群，中元古界诺尔公群、巴音西别群和新元古界乌兰哈夏群。贺兰山地区中新元古界呈近南北向分布，出露中元古界长城系黄旗口群、蓟县系王全口群和上震旦统正目观组。洛南地区古元古界由熊耳群组成，中元古界由高山河群、洛南群组成。中条山地区由长城系汝阳群、洛峪群、蓟县系及青白口系组成。

同一套地层在不同地层分区及小区之间的地层对比始终制约着对中新元古界其他方面的研究。如王鸿祯（1982）将汝阳群归属于青白口系，赵澄林（1996）将汝阳群归属于长城系，孙枢（1982）、周洪瑞（1998）等则将汝阳群归属于蓟县系。再如“霍山砂岩”的归属同样存在较大的争议，部分学者主张将其归为前寒武纪（山根新次，1924，1931；李四光，1939；刘鸿允，1955；赵宗溥，1956；王鸿祯，1955，1956；马杏垣，1956，1957，1959），另外部分学者主张将其划归寒武纪（桑志华等，1927；刘东生，1955；冯增昭等，1988；山西省地质矿产局，1990；梅冥相，1993；何自新等，2003）。高山河组的归属问题同样存在较大争议，该套地层由滨海-浅海相碎屑岩和镁质碳酸盐岩组成，总厚约3800 m。1959年，地质部秦岭区测队将其划归古元古界；部分学者根据微古植物资料，将其归属青白口系（胡云绪等，1982）；长庆油田（1983）主张将高山河组归属长城系；也有部分学者将其划归于蓟县系（《陕西省地层表》编写组，1983；《陕西省区域地质志》编写组，1989）。

三、中新元古界沉积-构造格局

鄂尔多斯地区中新元古界经历多期构造作用的叠加改造，原始构造-沉积格局已不复存在。加之对该地区基础地质研究比较薄弱，致使人们对鄂尔多斯地区中新元古代不同时期构造-沉积演化过程的认识存在明显分歧：① 孙肇才等（1980）认为新元古界为稳定地台型沉积；② 部分学者认为中元古界是深地堑或拗拉槽环境的产物（张抗，1983；赵重远，1983；朱夏，1986；李克勤，1992；林畅松等，1995；吴奇之等，1997）；③ 还有部分学者认为中新元古界具大陆裂谷沉积特征（长庆石油勘探局，1990；陆松年等，2002；李俊建等，2010；温献德，1989；宋天锐等，2007）；④ 冯娟萍（2018）等认为中元古代为拗拉槽发育时期，主要发育4个北东向拗拉槽。

四、中新元古界油气地质条件

中新元古界能否成藏的先决条件是具备较好的烃源岩，能否形成原生油气藏取决于自身生烃能力。中新元古界烃源岩相关研究主要集中于鄂尔多斯盆地外围，涉及盆地内部烃源岩相关研究还比较少。冯娟萍等（2015）综合利用野外地质实地考察、有机地球化学分析等方法，对长城系烃源岩野外地质特征和有机质丰度、类型、成熟度进行了研究，认为该套烃源岩为较好的烃源岩，具有一定的生烃能力。笔者对固阳县北中元古界渣尔泰山群阿古鲁沟组烃源岩地质特征开展研究，认为该套烃源岩主要为形成于还原环境的好—极好烃源岩，生烃地质条件非常好。

涉及鄂尔多斯盆地中新元古界储层地质特征相关研究成果还比较少。笔者最近对中元古界长城系砂岩储层岩性、孔隙类型、成岩作用和物性进行了系统研究，认为中新元古界砂岩储层总体上属于低孔低渗储层，但是不排除局部地区发育较好储集体的可能。

第二节 中新元古界研究存在的关键问题与科学意义

一、存在的关键问题

从国内外研究现状可以看出，总体上鄂尔多斯地区中新元古界研究和勘探程度均较低，争议也比较大。中新元古界基底构造特征、“拗拉槽”空间展布、构造沉积演化、原型盆地、岩相古地理、油气地质基础条件以及不同构造阶段动力学背景均有待于进一步研究，具体表现在以下几个方面：

（1）基底构造特征与中新元古代“拗拉槽”需要进一步厘定

前人对鄂尔多斯地区太古宙—古元古代基底属性、构造分区、边界断裂、主干断裂以及“拗拉槽”进行了一些初步研究，但是缺乏区域重、磁、电剖面的支持，特别是缺乏横穿鄂尔多斯地区区域地震大剖面的支持，对秦-祁-贺地区的构造形迹、地层及沉积特征的观察也主要以描述为主，证据不足。研究和查清鄂尔多斯地区基底构造特征与中新元古代“拗拉槽”空间展布是后续研究的前提与基础。

（2）中新元古代的地层划分与对比方案需要进一步统一

关于鄂尔多斯地区及邻区中新元古代的地层划分与对比争议较大，同一套地层在不同地层分区及小区之间的地层对比始终制约着对研究区及邻区中新元古界的其他内容的研究。如何提高中新元古代地层的划分精度，将成为深化该地区中新元古界其他各项研究的关键。

（3）中新元古代的构造沉积演化过程与原型盆地分析需要进一步分解细化

鄂尔多斯地区中新元古界经历多期构造作用的叠加改造，不同构造阶段、不同构造体系的复合叠加，同一构造阶段、不同构造体系的联合叠加，使得鄂尔多斯地区现今的中新元古界的地质构造形成及其构造沉积演化过程极为复杂。因此，有必要对中新元古界构造沉积演化过程进行分解。在此基础上，探索和研究鄂尔多斯地区中新元古代不同构造期原型盆地构造属性、沉积边界、沉积中心和沉降中心。

（4）不同构造时期岩相古地理格局需要进一步研究

鄂尔多斯地区的中新元古界地层系统、沉积厚度与地层结构在鄂尔多斯盆地周缘和盆地内部有很大差异。这些异同性究竟受控于何种构造和沉积作用有待于进一步深化探讨。因此，有必要对不同构造时期的岩相古地理格局进行恢复。

（5）油气地质条件研究需要进一步深化

盆地深层（中新元古界）油气地质条件与成藏规律相关研究工作甚少。中新元古界烃源岩研究主要集中于盆地外围，在鄂尔多斯盆地内部暂时还没有发现大规模中新元古界烃源岩，仅在桃59井、城川1井等少数探井钻遇中新元古界烃源岩，其中桃59井烃源岩发育于中元古界长城系中，其岩性主要为深灰色泥岩，成薄层状夹持于灰白色砂岩中。中新元古界储层主要是碎屑岩还是碳酸盐岩尚无定论，目前倾向认为中新元古界储层主要为石英砂岩储层。构造热演化及其南、北矿权区差异化控制因素以及油气运聚成藏相关研究尚未进行，需要进行大量相关研究以明确中新元古界油气成藏规律，预测重点矿权区中新元古界有利勘探区带。

二、科学意义

鄂尔多斯地区及邻区较为广泛地分布着未变质或低级变质的中新元古界，它们有可能成为盆地内继古生界之后的又一重要勘探目的层。鄂尔多斯地区的中新元古界在盆地周缘和盆地内部有很大差异，这种差异主要表现为：一是在盆地北缘的阴山、盆地西缘的贺兰山和盆地南缘的小秦岭地区发育了长城系—震旦系的所有地层，而盆地内部主要见蓟县系，普遍缺失长城系、青白口系和震旦系；二是对于同一时代的地层而言，盆地周缘地区的地层沉积厚度巨大，而盆地内部地层厚度明显要小得多；三是不论是盆地周缘还是盆地内部的中新元古界，其内部地层之间普遍呈整合或平行不整合接触，与上覆古生界也多呈平行不整合接触。鄂尔多斯地区及邻区不同区域中新元古界的这些异同性说明鄂尔多斯地区中新元古代不同构造期盆地构造属性、盆地边界、盆地沉积与沉降中心、盆地充填序列、物源区性质、物质组成和盆地形成演化的地球动力学背景等均不同，探索和研究这些差异性对客观评价鄂尔多斯地区中新元古界基础地质研究具有重要作用，也是客观评价鄂尔多斯盆地中新元古界油气勘探前景的主要环节。

因此，笔者选取了鄂尔多斯地区中新元古界为研究对象，从基底构造特征、“拗拉槽”空间展布范围、地层对比与划分、构造沉积演化过程、原型盆地属性、岩相古地理构造格局和油气地质基础条件等几个方面开展了研究。

系统开展鄂尔多斯地区中新元古代构造沉积演化、岩相古地理以及油气地质基础条件等相关研究具有重要的理论意义和现实的经济意义。一方面，可以深化对鄂尔多斯地区基底构造及中新元古代盆地盖层沉积演化的认识，恢复中新元古代盆地原型及岩相古地理格局，落实区域地层分布，对于理解类似于鄂尔多斯地区中新元古界构造沉积演化与岩相古地理研究具有重要的意义，为具中国特色的“拗拉槽”地质理论体系的形成和完善提供理论依据和基础资料。另一方面，鄂尔多斯地区及邻区较为广泛地分布着未变质或低级变质的中新元古界，它们有可能成为鄂尔多斯盆地内继古生界之后的又一重要油气勘探目的层。这对客观评价鄂尔多斯盆地深层中新元古界油气基本地质条件和油气勘探前景分析具有重要借鉴作用，具有非常现实的经济意义。

第二章　鄂尔多斯地区区域构造背景

第一节　大地构造背景

华北克拉通北部与北山、阴山衔接，南部与秦岭-祁连山造山带相接，东部与太平洋板块相邻（图 2-1）。

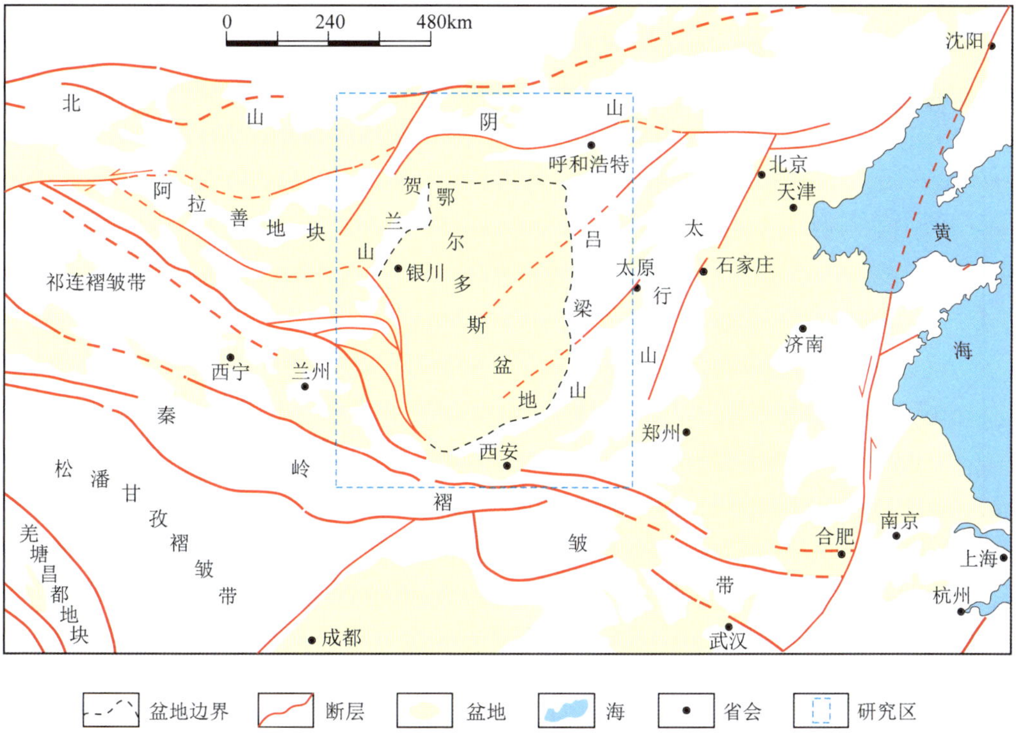

图 2-1　华北克拉通构造单元划分图

鄂尔多斯地区包括鄂尔多斯盆地及周缘地区，处于华北克拉通西侧部分，盆地北侧、西侧北段与阿拉善-内蒙地块相邻，西侧南段与走廊过渡带、祁连褶皱带相接，南侧隔渭河盆地与秦岭褶皱带相望，南侧东段与豫皖地块的小秦岭地区相邻，东邻山西地块的吕梁山隆起。研究区包括鄂尔多斯盆地及其周缘，其中鄂尔多斯盆地可划分为 6 个一级构造单元，分别为伊盟隆起、西缘断裂带、天环坳陷、伊陕斜坡、晋西挠褶带和渭北隆起（图 2-2）。华北克拉通基底拼合于古元古代末期，中元古界处于伸展环境，具备“拗拉槽”发育的构造背景（冯娟萍等，2018）。

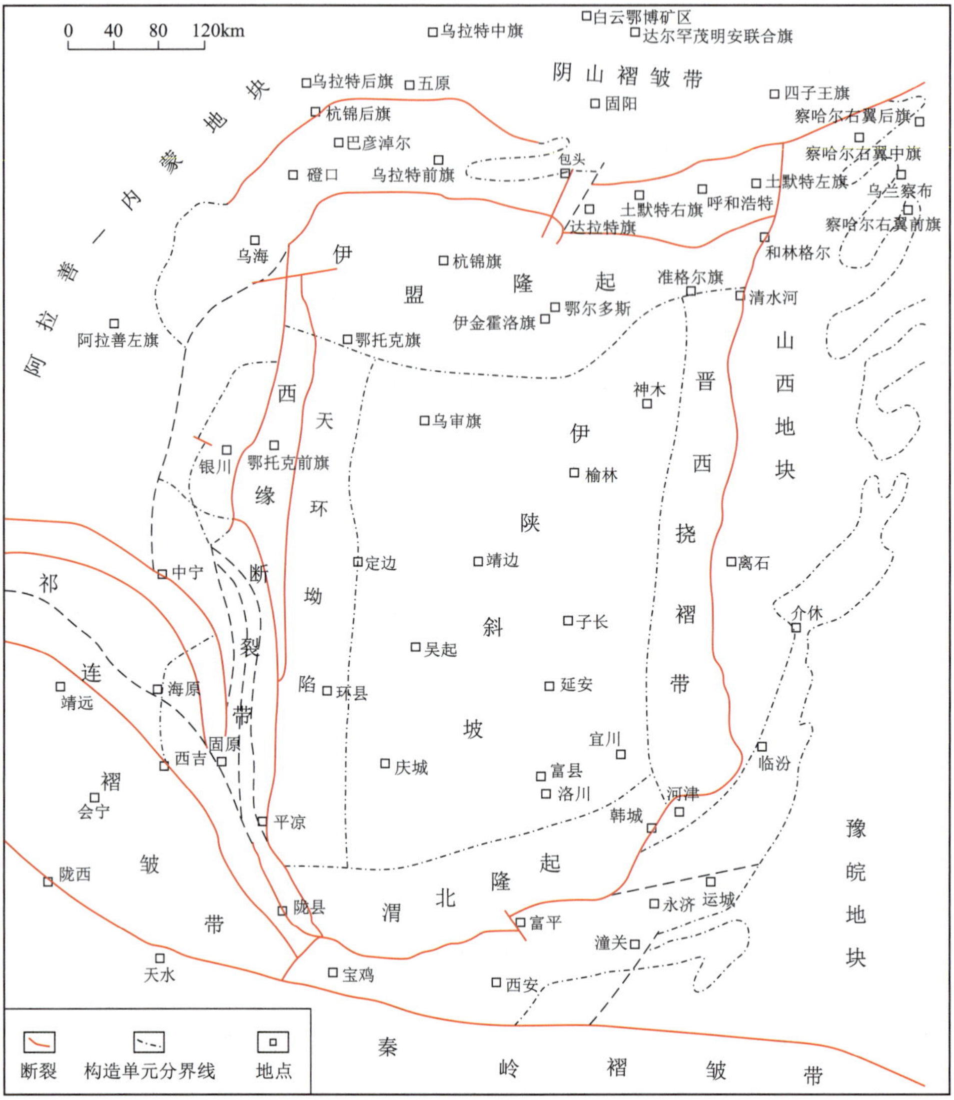

图 2-2　鄂尔多斯盆地及周缘地区构造单元划分图

第二节　华北克拉通基底构造单元划分与形成演化过程

华北克拉通基底构造与克拉通化过程是地质学家研究的热点，前人分别从不同角度进行了研究，取得了较大的进展（李继亮等，1990；白瑾等，1992；伍家善等，1998；李江海等，1998，2000；赵国春等，1998，2002；邓晋福等，1999；翟明国等，2000，2007，2011，2012，2014）。

一、华北克拉通基底构造单元划分

华北克拉通基底由西部陆块、东部陆块和中部带 3 个一级构造单元组成。东部陆块基底主要为古太古界—古元古界，中部带和西部陆块基底主要为新太古界—古元古界（赵国春等，2012）（图 2-3）。

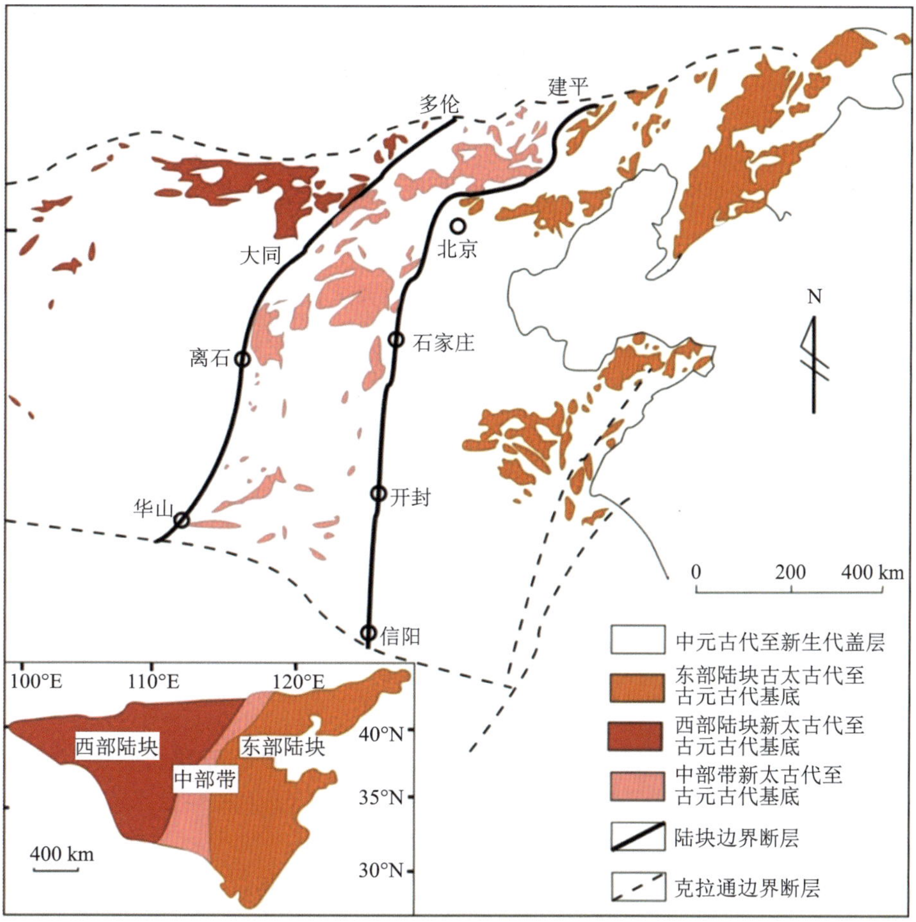

图 2-3　华北克拉通基底岩石分布及构造单元划分

（据赵国春，2012）

西部陆块主要由鄂尔多斯盆地和阿拉善地块组成。基底主要出露于西部陆块北部集宁、大青山-乌拉山、固阳-武川、色尔腾、贺兰山、千里山、阿拉善等地，而西部陆块南部基底被中新元古界、古生界、中生界和新生界覆盖。

赵国春等（2002）进一步将西部陆块划分为新太古代 TTG 片麻岩+表壳岩和古元古代孔兹岩两个岩石构造单元。TTG 片麻岩+表壳岩主要分布于陆块北部固阳、武川、色尔腾、阿拉善等地，孔兹岩沿集宁—大青山—乌拉山—千里山—贺兰山一线分布（图 2-4）。

中部带西部以多伦-大同-离石-华山断裂带与西部陆块为界，东部以建平-石家庄-开封-信阳断裂带与东部陆块为界，自南向北走向由近南北向逐渐向北北东向转变（图 2-3）。

东部陆块基底主要为高级地体或中-低级花岗绿岩地体，出露于吉南、辽北、鞍本、辽南、辽西、冀东、密云、鲁西和胶东等地。形成时代以新太古代为主，以古太古代、

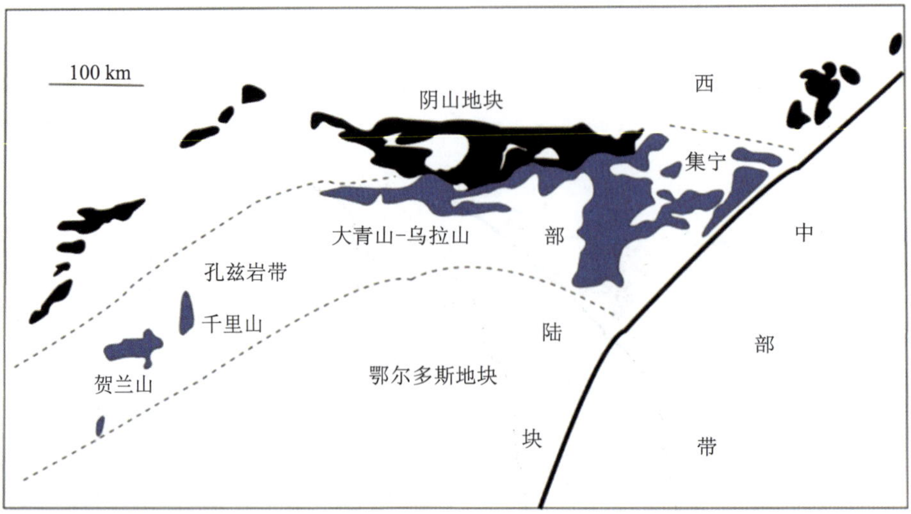

图 2-4 鄂尔多斯地块北缘孔兹岩带、鄂尔多斯地块和阴山地块关系图
（据赵国春等，2002）

中太古代和古元古代为辅。

二、华北克拉通基底形成演化过程

（1）华北克拉通基底拼合时间

关于华北克拉通基底中部造山带形成时代以及东部、西部陆块拼合时间存在较大的争议。前人认为中部带经历了阜平（2.6~2.5 Ga）、五台（2.3~2.5 Ga）和吕梁（约 1.8 Ga）3 个构造运动（Ren J S et al.，1987）。

最新同位素定年结果揭示，中部带发生区域变质作用的时间约为 1.85 Ga。如怀安蔓菁沟高压麻粒岩中的石榴子石-单斜辉石-斜方辉石-角闪石全岩等时线年龄为 1824±17 Ma，锆石 U-Pb 谐和年龄为 1833±23 Ma（郭敬辉等，1993）。五台金岗库组斜长角闪岩角闪石冷却年龄为 1781±20 Ma（白瑾等，1992）。吕梁芦芽山紫苏花岗岩锆石不一致曲线上交点年龄为 1800±7 Ma（耿元生，1990）。承德高压麻粒岩变质锆石谐和年龄为 1831±4 Ma，单颗粒锆石 U-Pb 不一致曲线下交点年龄为 1817±17 Ma（毛德宝等，1999）。阜平湾子富铝片麻岩变质锆石近谐和线年龄为 1833±53 Ma（吴昌华等，1986）。宣化西望山高压麻粒岩、高压斜长角闪岩石榴子石全岩等时线年龄为 1842±38 Ma（郭敬辉等，2000），石榴子石变斑晶 $^{40}Ar/^{39}Ar$ 坪年龄为 1852±8 Ma（郭敬辉等，2001）。赤城高压麻粒岩、高压斜长角闪岩石榴子石全岩等时线年龄为 1856±26 Ma（郭敬辉等，2000）。综合上述同位素年龄数据和最新变质锆石 SHRIMP U-Pb 年龄数据，笔者认为华北克拉通基底中部带形成时代以及东部陆块、西部陆块拼合时间为 1.85~1.80 Ga。

（2）华北克拉通形成演化过程

22 亿年前，阴山地块、鄂尔多斯地块和东部陆块被古大洋所分隔［图 2-5（a）］。随着裂解作用的进行，东部陆块进一步分解为龙岗地块和狼林地块［图 2-5（b）］。19.5 亿年左右，阴山地块与鄂尔多斯地块拼贴，地块之间即为鄂尔多斯地块北缘分布的近东西走向的孔兹岩带，它们构成统一的西部陆块［图 2-4，图 2-5（c）］。19.0 亿年左右，龙岗地块与狼山地块拼贴，块体之间为胶-辽-吉构造带，它们构成统一的东部陆块［图 2-5（d）］。18.5 亿年左右，古大洋全部俯冲关闭，东部陆块和西部陆块最终碰撞，它们之间即为华北中部造山带，最终形成华北克拉通统一结晶基底［图 2-5（e）］。

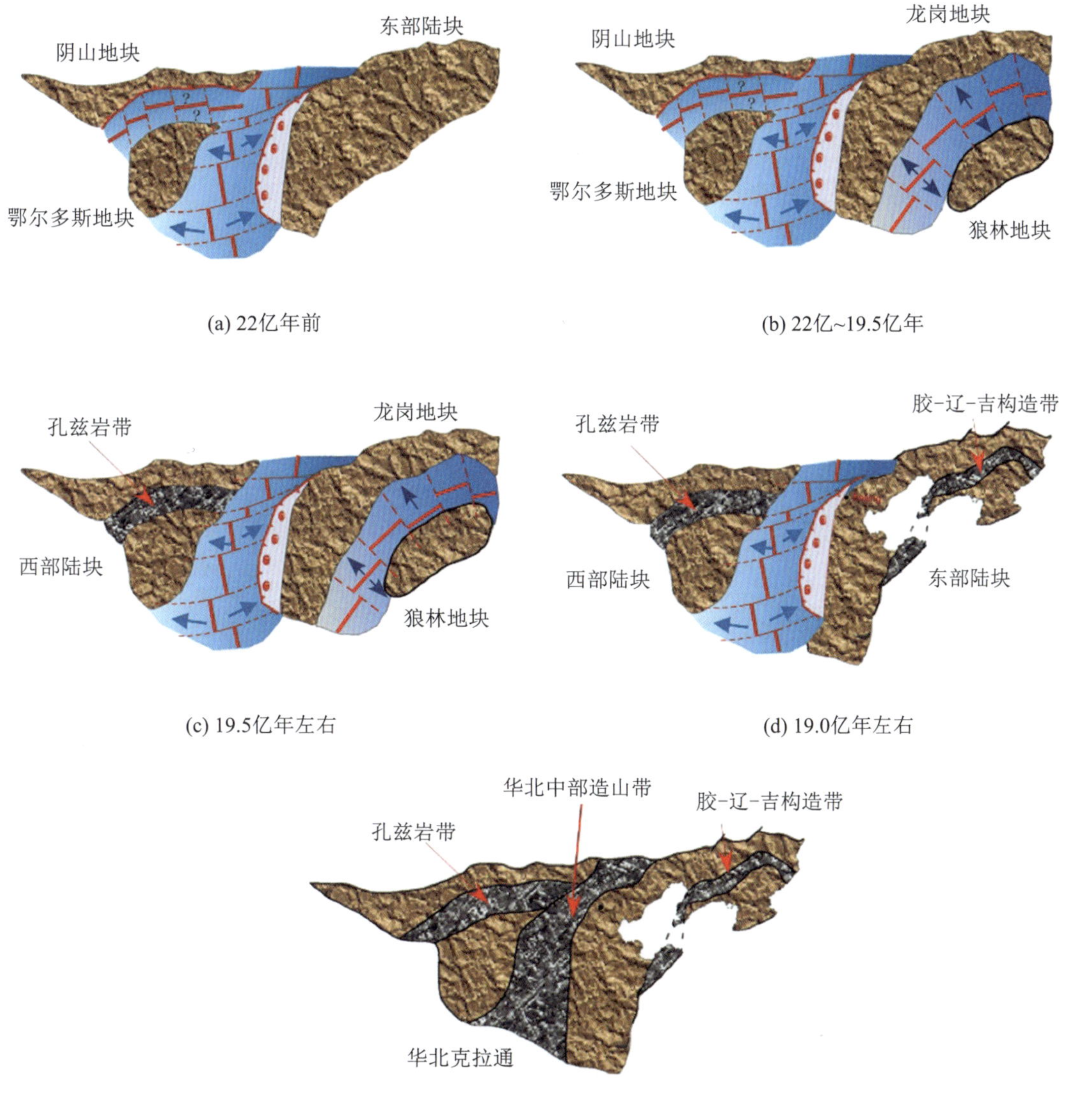

(a) 22亿年前

(b) 22亿~19.5亿年

(c) 19.5亿年左右

(d) 19.0亿年左右

(e) 18.5亿年左右

图 2-5　华北克拉通基底形成演化过程图
（据 Zhao et al.，2013）

第三章 鄂尔多斯地区中新元古代地层

第一节 “霍山砂岩”时代归属

在鄂尔多斯盆地东缘山西河津西磑口、山西临县汉高山等地区下寒武统馒头组红色页岩之下常常可以见到一套稳定的石英岩，不整合于基底太古宇之上，山根新次和娜琳分别称该套石英岩为“霍山砂岩”“汉高砂岩”（张嘉琦，1959）。20世纪，前人对该套地层开展过初步研究工作，取得了一些研究成果，但总体上研究程度还比较低。特别对其层位归属问题存在较大的争议，归纳起来主要有以下两种不同划分意见：① 归属震旦系；② 归属寒武系（张嘉琦，1959；梁玉左，1960；梅冥相，1993）。

究其原因是由于该套地层整体上为一套岩性比较单一的石英岩、石英岩状砂岩，缺乏古生物、地层对比标志和同位素定年数据，从而导致层位归属困难。已有研究表明，对沉积地层开展碎屑锆石U-Pb定年与地球化学特征研究，有助于厘定沉积地层形成时代、物源属性与构造背景，进而探讨盆山耦合关系与沉积构造格局（徐亚军等，2007；Bhatia，1983；Weltje et al.，2004；王成善等，2003；Anderson，2005；Gehrels et al.，1995；Carter et al.，1999；Weislogel et al.，2006）。因此，开展山西河津西磑口霍山砂岩岩石学、LA-ICPMS锆石U-Pb微区定年和锆石微量元素等方面的研究，对于厘定该套地层的形成时代、源区属性具有重要的地质意义。

一、地质概况

（1）地理位置

西磑口剖面位于山西省河津市以北约15 km处，沿209国道出露。剖面起点位于西磑口村北的西磑口收费站，止于西坡镇南侧，剖面全长约5 km。用于锆石LA-ICPMS U-Pb年龄分析的“霍山砂岩”样品采自西磑口剖面，采样点坐标：N110° 43′ 52.8″，E35°43′0.53″（图3-1）。

（2）区域地质概况

“霍山砂岩”分布于霍山和吕梁山的广大地区，向南延至陕西省韩城市，向北可达鄂尔多斯市及内蒙古的大青山。区域上“霍山砂岩”多以不整合覆于太古宇片麻岩之上。其上被含不同三叶虫带的寒武纪地层所叠覆，即位于寒武系不同层位之下（山西省地质矿产局，1997）。“霍山砂岩”上覆地层在霍山地区为毛庄组顶部-徐庄组底部，在吕梁山地区大多数为徐庄组，在吕梁山以西则为张夏组—崮山组。总体上，上覆寒武系具有自东向西、自南向北由老变新的趋势，具有穿时的性质。

“霍山砂岩”残余地层厚度变化范围比较大。霍山地区残余地层厚度最厚，变化范围

图 3-1　山西省河津市西磑口交通位置图

为 60～100 m；吕梁山区残余地层厚度中等，一般变化在 20～40 m 之间；吕梁山以西地区残余地层厚度最薄，减薄至 20 m 以下，甚至缺失。韩城市-河津市西磑口-介休市秦树村“霍山砂岩”地层对比图（图 3-2）显示，陕西省韩城市、山西省河津市西磑口和山西省介休市秦树村“霍山砂岩”残余厚度分别为 20. 04 m、18. 42 m 和 58. 90 m。

“霍山砂岩”主要由石英岩状砂岩夹石英砂岩组成，部分地区中、上部夹紫红色含铁石英砂岩，偶夹砂砾岩，其底部多具有底砾岩。砂岩结构成熟度、成分成熟度均较高。发育大型板状交错层理、韵律层理、“人”字形交错层理等层理。砂岩中石英颗粒多具加大边，形成次生加大边（山西省地质矿产局，1997）。韩城市、河津市西磑口“霍山砂岩”主要为中—厚层块状石英岩；介休市秦树村“霍山砂岩”主要为紫红色、灰白色、白色、肉红色石英岩互层（图 3-2）。

（3）基本地质特征

西磑口及邻区构造宏观上为一背斜构造，枢纽走向为北东东向。出露的地层构成背斜北翼，自南向北依次出露太古宇、元古宇、寒武系、奥陶系、石炭系、二叠系和三叠系，南部被第四系覆盖。西磑口“霍山砂岩”夹持于太古宇与寒武系之间，与下伏地层太古宇为角度不整合接触关系，与上覆地层寒武系为平行不整合接触关系（图 3-3；附图 1）。

西磑口“霍山砂岩”主要为灰白色厚层—块状石英岩，厚度为 18. 42 m，原岩为一套以碎屑岩为主体的沉积组合，真正构成了盆地东缘第一套过渡性盖层。下伏地层太古宇涑水群主要发育杂色、紫红色混合花岗岩、花岗片麻岩、黑云母片麻岩等（附图 1）。上覆地层寒武系底部主要为深灰—灰色泥岩、粉砂质泥岩及黄、浅灰色薄层钙质胶结的石英砂岩，偶夹薄层灰岩（附图 1）。

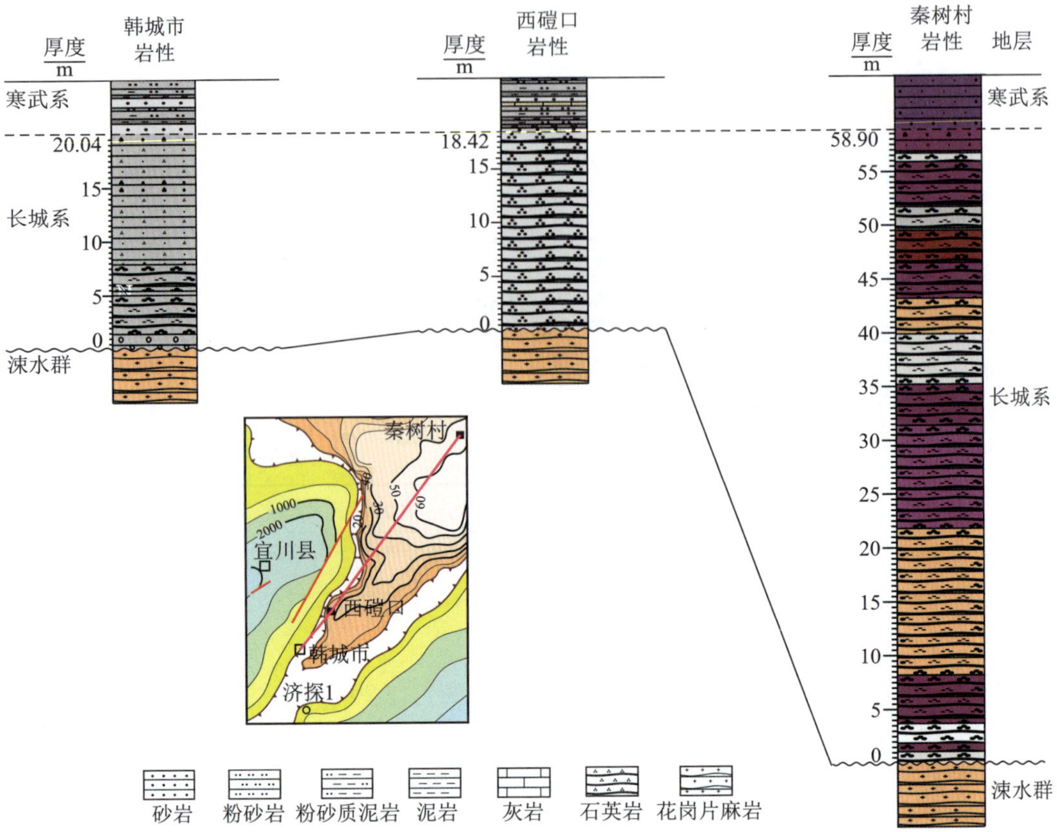

图 3-2　韩城市-河津市西磑口-介休市秦树村“霍山砂岩”地层对比图

二、岩相学特征

西磑口“霍山砂岩”为一套石英岩，主要矿物为石英，石英含量变化范围为77.0%~85.5%，岩屑含量变化范围为1.0%~3.0%，云母含量为0.5%左右；填隙物水云母含量为0.5%左右，铁方解石含量变化范围为2.5%~16.0%，硅质含量变化范围为2.0%~10.0%。最大粒径0.7 mm，主要粒径范围为0.30~0.50 mm。磨圆度较好，以次圆状为主。胶结类型为加大-孔隙式胶结。硅质次生加大极其发育，他形充填孔隙，铁方解石充填部分孔隙。接触边比较平直，具备变质岩的典型特征。原岩为含硅质、钙质中粒石英砂岩（附图2）。

三、分析方法

锆石的分选在河北省区域地质矿产调查研究所实验室完成，先依次进行常规的样品粉碎、淘洗、电磁与重液分选，再在双目镜下挑选出粒度大、晶形完好、裂隙与包裹体少见的锆石。将优选的锆石置于环氧树脂内，对其进行抛光清洗，露出锆石表面，制成靶样。

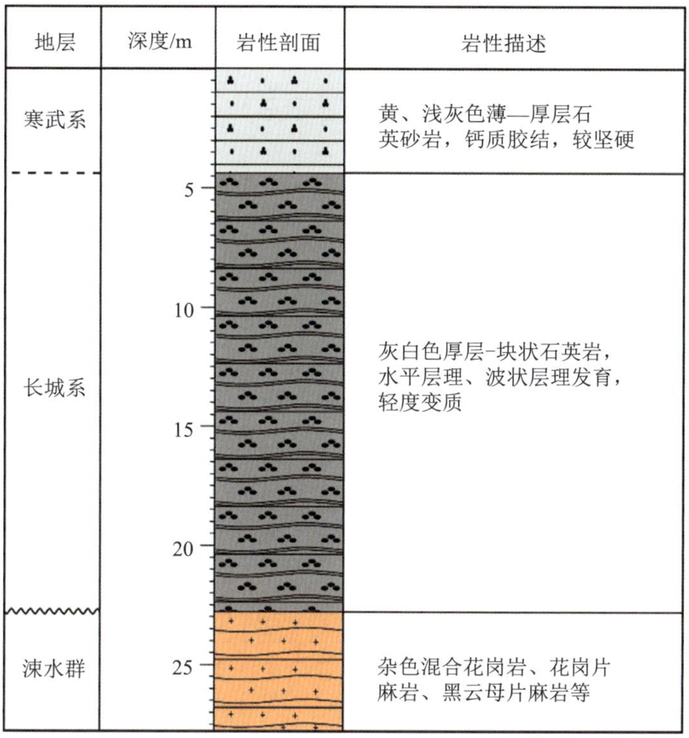

图 3-3　山西省河津市西磑口岩性柱状图

锆石阴极发光（CL）图像的采集在西北大学大陆动力学国家重点实验室电镜室完成。参照锆石 CL 图像，进行 U-Pb 年龄点位选择。

“霍山砂岩”全岩稀土元素测试在西北大学大陆动力学国家重点实验室完成，稀土元素用 ELAN6100DRC 等离子体质谱仪（ICP-MS）测定。用标准样 BHVO-2、AGV-1 和 G-2 做分析样品元素浓度的校正标准。所有元素精度优于 2×10^{-6}，分析结果列于表 3-1。

LA-ICP-MS 锆石 U-Pb 定年、锆石微区微量元素和 Hf 同位素分析在西北大学大陆动力学国家重点实验室进行。锆石 U-Pb 定年工作在连接 Geolas-193 型紫外激光剥蚀系统的 Agilent 7500a 型 ICP-MS 上进行。激光剥蚀斑束直径为 30 μm，频率为 8 Hz。采样为单点剥蚀方式。以 He 作为剥蚀物质的载气。ICP-MS 数据采集选用跳峰方式，数据处理采用 Glitter（ver 4.0）程序，年龄计算以标准锆石 91500 为外标进行同位素比值分馏校正。样品的谐和图、加权平均年龄计算及绘制均采用 Isoplot（2.49）。锆石微量元素浓度计算采用 NIST610 为外标，Si 为内标（Ludwig，2003；Wiedenbeck et al.，1995；Simon et al.，2004；Diwu Chunrong et al.，2010；第五春荣等，2012）。锆石原位 Lu-Hf 同位素测定在英国 Nu 公司生产的 Nu Plasma HR 多接收器等离子体质谱仪上完成，激光剥蚀系统为德国 MicroLas 公司生产的 GeoLas200M。激光剥蚀的脉冲频率为 10 Hz，激光束直径为 44 μm，能量密度为 10 J/cm^2，剥蚀时间约为 50 s（Diwu et al.，2012）。具体分析结果列于表 3-2～表 3-4。

表 3-1 山西省河津市西磑口“霍山砂岩”稀土元素含量

样品号	La	Ce	Pr	Nd	Sm	Eu	Gd	Tb	Dy	Ho	Er	Tm	Yb	Lu	Y	ΣREE	LREE	HREE	LREE/HREE	La_N/Yb_N	δEu	δCe
	10^{-6}																					
XWK-01	20.4	43.8	4.19	16.2	3.03	0.96	3.55	0.7	3.3	0.66	1.3	0.24	1.02	0.17	14.2	99.52	88.58	10.94	8.10	14.35	0.895	1.16
XWK-02	15.3	31.6	2.91	11	1.6	0.3	1.16	0.16	0.76	0.18	0.5	0.091	0.5	0.1	5.01	66.161	62.71	3.451	18.17	21.95	0.673	1.16
XWK-03	14.1	29	2.78	9.9	1.86	0.38	1.41	0.17	0.77	0.16	0.38	0.074	0.52	0.065	4.27	61.569	58.02	3.549	16.35	19.45	0.717	1.14
XWK-04	13.3	29.1	2.7	10.4	2.03	0.47	1.63	0.29	1.17	0.23	0.63	0.1	0.63	0.102	6.26	62.782	58	4.782	12.13	15.14	0.79	1.19
XWK-05	20.8	50.4	4.73	18.3	2.34	0.37	1.57	0.18	0.85	0.14	0.42	0.096	0.38	0.057	3.69	100.633	96.94	3.693	26.25	39.26	0.59	1.25
XWK-06	14.4	32.2	2.96	12	1.69	0.35	1.38	0.25	0.88	0.18	0.55	0.097	0.53	0.11	4.51	67.577	63.6	3.977	15.99	19.49	0.701	1.21
XWK-07	17.7	39.9	3.87	14.4	1.74	0.27	1.43	0.13	0.53	0.13	0.36	0.054	0.32	0.065	2.82	80.899	77.88	3.019	25.80	39.68	0.523	1.18
XWK-08	12.2	26.7	2.4	9.78	1.74	0.39	1.14	0.18	0.68	0.17	0.36	0.06	0.34	0.053	3.79	56.193	53.21	2.983	17.84	25.74	0.847	1.21
XWK-09	11.6	26.5	2.45	9.84	1.7	0.32	1.05	0.15	0.61	0.16	0.4	0.055	0.29	0.048	2.96	55.173	52.41	2.763	18.97	28.69	0.732	1.22
XWK-10	15.7	35.4	3.47	13.3	1.97	0.37	1.36	0.18	0.55	0.13	0.38	0.066	0.38	0.046	2.86	73.302	70.21	3.092	22.71	29.64	0.691	1.18
XWK-11	11.1	23.5	2.23	8.38	0.87	0.2	0.94	0.11	0.36	0.071	0.29	0.044	0.29	0.037	2.32	48.422	46.28	2.142	21.61	27.46	0.676	1.16
XWK-12	12.2	27.6	2.48	8.99	1.5	0.24	0.95	0.1	0.48	0.099	0.2	0.046	0.33	0.058	2.37	55.273	53.01	2.263	23.42	26.52	0.615	1.23

注：由西北大学大陆动力学国家重点实验室测试。

表 3-2 山西省河津市西磑口“霍山砂岩”的锆石 LA-ICPMS U-Pb 数据

测点号	Th	U	Th/U	U-Pb 同位素比值								年龄/Ma							
	10^{-6}	10^{-6}		$^{207}Pb/^{206}Pb$	±1σ	$^{207}Pb/^{235}U$	±1σ	$^{206}Pb/^{238}U$	±1σ	$^{208}Pb/^{232}Th$	±1σ	$^{207}Pb/^{206}Pb$	±1σ	$^{207}Pb/^{235}U$	±1σ	$^{206}Pb/^{238}U$	±1σ	$^{208}Pb/^{232}Th$	±1σ
C3-3-01	29. 23	54. 69	0. 53	0. 1097	0. 0030	4. 6192	0. 1454	0. 3056	0. 0051	0. 0875	0. 0031	1795	50	1752. 74	26. 30	1718. 81	25. 26	1695. 48	58. 08
C3-3-02	48. 74	116. 38	0. 42	0. 1347	0. 0022	7. 4450	0. 1422	0. 4010	0. 0046	0. 1202	0. 0036	2161	28	2166. 39	17. 16	2173. 59	21. 37	2293. 99	64. 49
C3-3-03	40. 05	74. 05	0. 54	0. 1136	0. 0022	5. 1370	0. 1055	0. 3279	0. 0031	0. 0967	0. 0027	1858	29	1842. 24	17. 50	1828. 31	14. 93	1865. 78	49. 54
C3-3-05	35. 18	78. 32	0. 45	0. 1139	0. 0020	5. 1371	0. 0966	0. 3272	0. 0027	0. 0950	0. 0024	1863	32	1842. 26	16. 03	1824. 64	13. 39	1834. 55	44. 82
C3-3-06	135. 57	216. 87	0. 63	0. 1193	0. 0016	5. 7704	0. 0878	0. 3504	0. 0030	0. 1025	0. 0024	1946	24	1941. 97	13. 23	1936. 51	14. 56	1972. 51	43. 84
C3-3-07	36. 24	104. 86	0. 35	0. 1653	0. 0023	10. 9297	0. 1764	0. 4785	0. 0045	0. 1355	0. 0033	2510	57	2517. 17	15. 11	2520. 67	19. 79	2568. 50	59. 07
C3-3-08	46. 84	46. 80	1. 00	0. 1121	0. 0023	5. 1263	0. 1160	0. 3307	0. 0031	0. 1015	0. 0024	1835	37	1840. 48	19. 27	1841. 56	15. 05	1954. 46	43. 92
C3-3-10	24. 69	38. 73	0. 64	0. 1163	0. 0026	5. 3254	0. 1284	0. 3307	0. 0034	0. 0987	0. 0026	1902	41	1872. 95	20. 66	1841. 99	16. 29	1902. 58	47. 01
C3-3-12	98. 85	167. 65	0. 59	0. 1120	0. 0019	5. 1244	0. 0912	0. 3308	0. 0032	0. 0969	0. 0024	1832	30	1840. 15	15. 17	1842. 49	15. 61	1869. 50	45. 07
C3-3-13	17. 37	23. 27	0. 75	0. 1653	0. 0041	10. 7958	0. 2758	0. 4751	0. 0070	0. 1295	0. 0042	2511	42	2505. 71	23. 80	2505. 73	30. 47	2460. 56	75. 87
C3-3-15	83. 40	141. 53	0. 59	0. 1145	0. 0020	5. 2324	0. 0916	0. 3308	0. 0028	0. 0906	0. 0043	1872	31	1857. 92	14. 98	1842. 29	13. 69	1752. 14	78. 89
C3-3-16	53. 31	72. 97	0. 73	0. 1144	0. 0022	5. 3069	0. 1126	0. 3379	0. 0051	0. 0936	0. 0056	1870	35	1869. 97	18. 17	1876. 38	24. 47	1809. 03	103. 79
C3-3-18	25. 10	40. 38	0. 62	0. 1121	0. 0027	5. 1139	0. 1295	0. 3312	0. 0043	0. 0864	0. 0076	1833	42	1838. 41	21. 54	1844. 15	20. 74	1675. 76	141. 33
C3-3-19	138. 94	279. 16	0. 50	0. 1282	0. 0021	6. 4460	0. 1360	0. 3697	0. 0073	0. 0921	0. 0110	2073	29	2038. 57	18. 60	2028. 22	34. 58	1781. 33	203. 62
C3-3-20	26. 88	45. 34	0. 59	0. 1383	0. 0026	7. 7153	0. 1526	0. 4056	0. 0050	0. 0969	0. 0132	2206	33	2198. 39	17. 84	2194. 85	22. 89	1869. 48	243. 25
C3-3-22	79. 58	146. 40	0. 54	0. 1324	0. 0028	7. 3430	0. 1610	0. 3966	0. 0065	0. 0894	0. 0155	2131	37	2154. 06	19. 65	2153. 50	29. 85	1731. 19	286. 94
C3-3-23	37. 98	52. 30	0. 73	0. 1134	0. 0025	5. 2635	0. 1234	0. 3378	0. 0045	0. 0759	0. 0146	1854	40	1862. 97	20. 04	1875. 98	21. 83	1478. 32	274. 74

续表

测点号	Th	U	Th/U	U-Pb 同位素比值								年龄/Ma							
	10^{-6}	10^{-6}		$^{207}Pb/^{206}Pb$	±1σ	$^{207}Pb/^{235}U$	±1σ	$^{206}Pb/^{238}U$	±1σ	$^{208}Pb/^{232}Th$	±1σ	$^{207}Pb/^{206}Pb$	±1σ	$^{207}Pb/^{235}U$	±1σ	$^{206}Pb/^{238}U$	±1σ	$^{208}Pb/^{232}Th$	±1σ
F3-1-1-01	31.88	55.71	0.57	0.1372	0.0014	7.7305	0.1080	0.4081	0.0024	0.1143	0.0014	2192	17	2200.15	12.56	2206.31	11.17	2187.04	25.65
F3-1-1-02	18.04	41.16	0.44	0.1665	0.0018	10.9639	0.1535	0.4780	0.0041	0.1347	0.0015	2524	19	2520.07	13.03	2518.58	17.94	2553.45	26.53
F3-1-1-03	15.72	38.66	0.41	0.1830	0.0016	12.9838	0.1604	0.5142	0.0034	0.1410	0.0018	2681	15	2678.48	11.65	2674.40	14.39	2665.62	32.27
F3-1-1-05	42.65	77.57	0.55	0.1082	0.0012	4.7408	0.0732	0.3174	0.0021	0.0953	0.0009	1770	20	1774.49	12.95	1776.82	10.48	1839.50	17.26
F3-1-1-06	75.75	100.12	0.76	0.1678	0.0012	11.0742	0.1459	0.4779	0.0025	0.1320	0.0010	2535	12	2529.39	12.27	2518.12	10.85	2506.91	17.57
F3-1-1-07	36.37	59.52	0.61	0.1124	0.0018	4.9227	0.0959	0.3179	0.0030	0.0933	0.0013	1839	61	1806.15	16.44	1779.43	14.59	1803.50	24.65
F3-1-1-09	39.57	93.20	0.42	0.1122	0.0012	5.0699	0.0711	0.3277	0.0022	0.0975	0.0010	1836	19	1831.08	11.89	1827.24	10.47	1881.31	19.14
F3-1-1-10	66.48	125.92	0.53	0.1745	0.0012	12.1625	0.1460	0.5048	0.0023	0.1407	0.0026	2602	11	2617.02	11.26	2634.29	9.76	2661.45	46.41
F3-1-1-14	14.39	47.51	0.30	0.1888	0.0018	13.7295	0.2087	0.5271	0.0041	0.1407	0.0023	2732	16	2731.23	14.39	2729.37	17.18	2660.26	41.23
F3-1-1-15	20.42	39.80	0.51	0.1362	0.0019	7.5707	0.1433	0.4042	0.0050	0.1138	0.0016	2179	24	2181.39	16.98	2188.32	22.88	2178.73	28.80
F3-1-1-21	65.30	124.16	0.53	0.1112	0.0008	5.1393	0.0658	0.3351	0.0026	0.0977	0.0010	1820	13	1842.63	10.88	1863.00	12.56	1884.50	17.73
F3-1-1-22	78.44	93.98	0.83	0.1654	0.0013	10.8952	0.1362	0.4779	0.0035	0.1324	0.0010	2522	13	2514.23	11.63	2518.14	15.28	2513.81	17.78
F3-1-1-23	65.80	109.34	0.60	0.1105	0.0011	5.0215	0.0745	0.3300	0.0034	0.0977	0.0011	1809	17	1822.96	12.56	1838.18	16.35	1883.37	20.85
F3-1-1-24	14.50	118.42	0.12	0.1744	0.0384	5.6406	0.0910	0.3474	0.0053	0.1185	0.0061	2611	375	1922.33	13.92	1922.24	25.45	2263.40	110.70
F3-1-1-25	69.92	126.94	0.55	0.1108	0.0009	4.9754	0.0639	0.3261	0.0022	0.0966	0.0009	1813	15	1815.15	10.86	1819.21	10.84	1862.98	16.06
F3-1-1-26	69.07	105.43	0.66	0.1121	0.0010	5.0590	0.0758	0.3270	0.0030	0.0967	0.0011	1835	17	1829.26	12.70	1823.72	14.71	1866.11	19.92
F3-1-1-29	70.02	107.90	0.65	0.1660	0.0010	10.9147	0.1368	0.4764	0.0051	0.1314	0.0014	2518	9	2515.89	11.66	2511.74	22.27	2495.81	25.64

注：由西北大学大陆动力学国家重点实验室测试。

表 3-3 山西省河津市西磑口“霍山砂岩”锆石微量元素 LA-ICP-MS U-Pb 分析结果

单位：10^{-6}

样品编号	La	Ce	Pr	Nd	Sm	Eu	Gd	Tb	Dy	Ho	Er	Tm	Yb	Lu	Y
F3-1-1-01	0. 04	9. 02	0. 08	1. 92	3. 19	0. 54	14. 82	4. 24	49. 91	16. 96	77. 08	15. 23	158. 94	27. 06	584. 04
F3-1-1-03	0. 12	4. 50	0. 05	0. 66	1. 48	0. 30	9. 16	3. 09	40. 17	14. 94	71. 55	14. 56	151. 60	26. 66	532. 09
F3-1-1-06	0. 02	12. 79	0. 26	3. 68	5. 77	1. 76	24. 69	6. 88	76. 45	26. 67	124. 89	25. 31	269. 03	47. 59	969. 73
F3-1-1-07	25. 47	61. 19	6. 91	29. 68	9. 45	0. 83	26. 76	7. 43	82. 03	27. 24	120. 88	23. 03	231. 61	37. 78	940. 59
F3-1-1-09	0. 79	11. 41	0. 28	2. 19	2. 40	0. 18	11. 69	3. 65	45. 06	16. 15	76. 10	15. 21	158. 00	26. 98	555. 44
F3-1-1-10	0. 01	12. 29	0. 05	1. 68	3. 96	0. 79	24. 10	7. 66	95. 07	33. 88	159. 13	31. 24	328. 60	57. 03	1219. 61
F3-1-1-14	0. 01	3. 64	0. 03	0. 72	1. 60	0. 56	11. 21	3. 81	49. 97	18. 75	90. 43	17. 92	189. 97	33. 89	670. 97
F3-1-1-15	0. 01	6. 06	0. 12	2. 24	3. 77	0. 65	18. 40	5. 56	64. 97	22. 63	102. 66	20. 35	207. 08	34. 08	777. 45
F3-1-1-21	0. 01	7. 68	0. 06	1. 15	1. 86	0. 15	9. 83	3. 27	40. 43	14. 49	68. 97	14. 14	149. 18	24. 97	508. 67
F3-1-1-22	0. 01	19. 15	0. 25	4. 59	6. 63	1. 53	23. 95	6. 54	72. 44	24. 31	109. 87	21. 61	223. 65	37. 64	868. 97
F3-1-1-25	0. 63	13. 13	0. 23	1. 52	1. 80	0. 17	8. 84	2. 84	35. 03	12. 52	60. 10	12. 28	130. 38	21. 40	439. 58
F3-1-1-26	0. 03	6. 51	0. 17	2. 61	4. 54	0. 24	21. 13	6. 65	78. 27	27. 39	127. 54	25. 39	265. 44	43. 80	945. 46
F3-1-1-29	0. 02	19. 17	0. 04	0. 98	2. 05	0. 49	9. 87	2. 96	34. 06	12. 76	61. 90	13. 54	152. 91	27. 24	467. 81
C3-3-01	17. 63	39. 33	3. 96	17. 46	6. 51	0. 77	22. 33	6. 16	67. 68	23. 12	101. 50	19. 65	201. 46	32. 16	794. 01
C3-3-02	0. 02	6. 42	0. 05	0. 77	1. 49	0. 20	9. 50	3. 04	39. 37	14. 67	71. 49	15. 44	165. 35	27. 90	524. 38
C3-3-03	0. 08	7. 93	0. 11	1. 80	2. 71	0. 25	14. 09	4. 48	51. 28	18. 05	82. 74	16. 82	173. 80	28. 06	619. 84
C3-3-06	0. 01	16. 21	0. 08	0. 96	2. 32	0. 14	9. 84	2. 97	32. 34	10. 96	49. 13	9. 85	99. 37	15. 70	378. 43
C3-3-08	0. 09	11. 79	0. 37	4. 74	6. 47	0. 52	28. 17	8. 47	99. 37	33. 90	149. 41	28. 71	282. 79	44. 28	1164. 53
C3-3-10	0. 21	6. 99	0. 16	1. 97	3. 74	0. 44	18. 02	5. 16	62. 55	21. 73	98. 54	19. 44	198. 28	31. 78	762. 69
C3-3-12	0. 02	10. 26	0. 07	1. 32	2. 72	0. 13	13. 70	4. 60	57. 80	20. 47	95. 78	19. 65	210. 47	34. 02	706. 24
C3-3-13	0. 01	6. 52	0. 35	6. 27	9. 34	1. 58	39. 05	11. 05	119. 60	38. 28	161. 63	30. 07	296. 95	45. 72	1274. 90
C3-3-16	0. 18	4. 65	0. 21	3. 88	6. 47	0. 38	28. 60	8. 62	96. 04	32. 51	144. 01	29. 10	295. 17	45. 80	1100. 27
C3-3-18	0. 02	11. 35	0. 08	1. 20	2. 23	0. 28	10. 64	3. 22	37. 41	13. 76	62. 99	13. 11	138. 34	22. 84	482. 95
C3-3-19	0. 24	19. 10	1. 80	22. 80	33. 40	9. 51	67. 40	15. 90	142. 08	40. 51	163. 79	31. 23	312. 37	46. 36	1577. 62
C3-3-20	0. 01	8. 25	0. 12	1. 93	3. 29	0. 60	14. 09	3. 98	47. 06	16. 28	72. 46	14. 46	153. 42	25. 28	548. 04
C3-3-22	0. 02	14. 22	0. 09	2. 18	3. 48	0. 70	15. 75	4. 95	57. 22	21. 09	98. 31	20. 56	219. 90	36. 87	749. 04

注：由西北大学大陆动力学国家重点实验室测试。

表 3-4 山西省河津市西磑口“霍山砂岩”中碎屑锆石 Lu-Hf 同位素组成

测点号	$^{176}Yb/^{177}Hf$	$^{176}Lu/^{177}Hf$	$^{176}Hf/^{177}Hf$	2σ	Age Ma	I_{Hf}	$\varepsilon_{Hf}(0)$	$\varepsilon_{Hf}(t)$	t_{DM} Ma	t_{DMc} Ma	t_{Chur} Ma	$f_{Lu/Hf}$
3-1-1-01	0. 019562	0. 000544	0. 281418	0. 000021	2192	0. 281395	-47. 89	0. 35	2532	2742	2176	-0. 98
3-1-1-02	0. 018094	0. 000481	0. 281345	0. 000018	2524	0. 281322	-50. 46	5. 4	2625	2688	2286	-0. 99
3-1-1-06	0. 030296	0. 000895	0. 281283	0. 000021	2535	0. 28124	-52. 66	2. 74	2738	2860	2414	-0. 97
3-1-1-09	0. 016041	0. 000441	0. 281562	0. 000020	1836	0. 281547	-42. 78	-2. 39	2330	2637	1942	-0. 99
3-1-1-15	0. 017853	0. 000478	0. 281521	0. 000018	2179	0. 281501	-44. 24	3. 82	2388	2518	2010	-0. 99

续表

测点号	$^{176}Yb/^{177}Hf$	$^{176}Lu/^{177}Hf$	$^{176}Hf/^{177}Hf$	2σ	Age/Ma	I_{Hf}	$\varepsilon_{Hf}(0)$	$\varepsilon_{Hf}(t)$	t_{DM}/Ma	t_{DMc}/Ma	t_{Chur}/Ma	$f_{Lu/Hf}$
3-1-1-21	0. 046345	0. 001148	0. 281499	0. 000020	1820	0. 281459	-45. 02	-5. 88	2460	2839	2086	-0. 97
3-1-1-22	0. 025481	0. 000707	0. 281319	0. 000020	2522	0. 281285	-51. 38	4. 04	2676	2770	2343	-0. 98
3-1-1-23	0. 017545	0. 000481	0. 281572	0. 000018	1809	0. 281556	-42. 43	-2. 68	2319	2635	1929	-0. 99
3-1-1-25	0. 011040	0. 000305	0. 281549	0. 000018	1813	0. 281539	-43. 24	-3. 2	2339	2669	1955	-0. 99
3-1-1-26	0. 019779	0. 000542	0. 281582	0. 000019	1835	0. 281564	-42. 07	-1. 81	2309	2602	1916	-0. 98
3-1-1-29	0. 013760	0. 000403	0. 281298	0. 000020	2518	0. 281278	-52. 14	3. 7	2684	2788	2355	-0. 99

注：由西北大学大陆动力学国家重点实验室测试。

四、分析结果

（1）锆石特征

河津市西磴口“霍山砂岩”中挑选出的锆石为浅黄色—无色透明。磨圆度变化较大，以次圆状为主，其次为长柱状、棱角状。粒径变化较大，变化在80~300 μm之间。锆石的这些特征表明其搬运距离较近。

锆石CL图像显示，部分锆石颗粒具有弱振荡环带结构，发光性差异较大，为岩浆锆石；部分颗粒发光明暗不均或均色无明显环带，少数有核幔结构，次生加大边较宽，为变质锆石（附图3）。

（2）锆石Th/U特征

对53个锆石点位进行了U-Pb定年测试，样品Th含量为$14.39\times10^{-6}\sim745.58\times10^{-6}$，U含量为$23.27\times10^{-6}\sim1409.70\times10^{-6}$。Th/U值介于0.12~1.00之间，其中Th/U>0.4的点位数为44，介于0.1~0.4的点位数为9，小于0.1的点位数为0。按照Th/U值判断锆石起源的标准（Hoskin et al.，2000；Belousova et al.，2002），岩浆成因锆石的Th/U值较高（大于0.4），变质成因锆石的Th/U值较低（小于0.1），“霍山砂岩”中锆石主要为岩浆成因锆石，没有变质成因的锆石。

（3）锆石U-Pb年龄

“霍山砂岩”53个锆石点位U-Pb年龄谐和图显示，$^{207}Pb/^{206}Pb$年龄范围为1618±13 Ma~2995±91 Ma［图3-4（a）］。其中年龄谐和度在98%~99%之间的锆石点位共计34个，$^{207}Pb/^{206}Pb$年龄范围为1770±20 Ma~2732±16 Ma，U-Pb年龄频率直方图中有1800 Ma、2500 Ma两个明显的峰值［图3-4（b）］。34个测点给出的谐和线上交点年龄为2524±41 Ma，下交点年龄为1842±26 Ma［图3-4（c）］。1800 Ma左右峰值锆石点位加权年龄为1837±10 Ma［图3-4（d）］。

（4）锆石稀土元素

从锆石稀土元素含量来看，“霍山砂岩”锆石可以分为岩浆锆石和继承锆石。24个岩浆锆石具有较高的REE，含量变化范围为$249.9\times10^{-6}\sim906.5\times10^{-6}$，另两个继承锆石的REE分别为$559.7\times10^{-6}$、$690.3\times10^{-6}$。岩浆锆石极度富集HREE，呈左倾型，并显示明显的正Ce异常（Ce/Ce*为5.9~187.1）和负Eu异常（Eu/Eu*为0.071~0.61），符合一

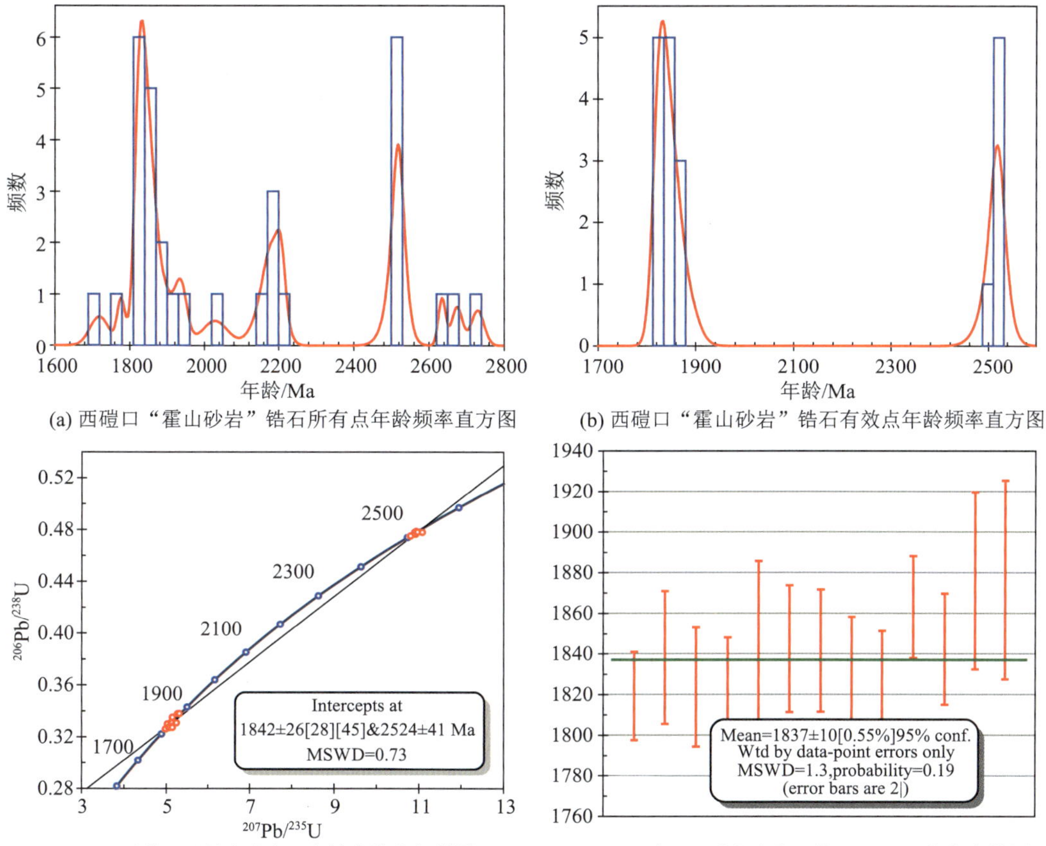

(a) 西磑口“霍山砂岩”锆石所有点年龄频率直方图 (b) 西磑口“霍山砂岩”锆石有效点年龄频率直方图

(c) 西磑口“霍山砂岩”有效点谐和年龄图 (d) 西磑口“霍山砂岩”锆石1837 Ma加权年龄图

图 3-4 山西省河津市西磑口“霍山砂岩”锆石 U-Pb 年龄图

般岩浆锆石的稀土元素特征（Corfu et al. ，2003；刘锐等，2009）。继承锆石核与岩浆锆石具有相似的 HREE 含量，但却具有高得多的 LREE 含量。究其原因可能与其经历了后期热液改造或其含有的富 LREE 矿物包裹体（如独居石）等被剥蚀有关（刘锐等，2009）。另外，继承锆石具明显的负 Eu 异常（Eu/Eu＊为 0. 16、0. 19），而无明显 Ce 异常（Ce/Ce＊为 1. 13、1. 15）（图 3-5）。

五、讨论

（一）地层时代与最大沉积年龄

关于利用碎屑锆石确定地层最大沉积年龄的方法有多种（付星辉等，2016；Dickinson et al. ，2009；郭佩等，2017；Zhang et al. ，2011），通常认为碎屑锆石最年轻的颗粒年龄常被用作确定地层最大沉积年龄（陈安东等，2018；卢进才等，2018）。“霍山砂岩”53 个锆石点位 U-Pb 年龄中最年轻年龄为 1618±13 Ma，34 个年龄谐和度在 98%~99%的锆石点位 U-Pb 年龄中最年轻年龄为 1770±20 Ma。因此，“霍山砂岩”最大沉积年龄应该为元古宙。

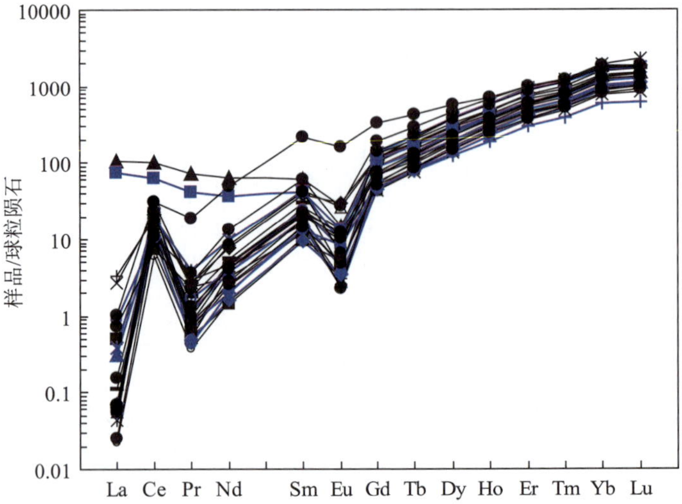

图 3-5 山西省河津市西磑口“霍山砂岩”锆石稀土元素球粒陨石标准化配分模式图
（球粒陨石标准化值据 Sun et al.，1989）

“霍山砂岩”不整合于下伏太古宇涑水群之上，与上覆寒武系为平行不整合接触。寒武系对“霍山砂岩”有明显的超覆沉积现象，存在沉积间断。“霍山砂岩”整体上为一套变质程度不深的变质岩，石英颗粒之间为线接触，而上覆寒武系没有变质，属于不同构造层。

因此，笔者认为“霍山砂岩”应该归属于元古宇：① 锆石点位 U-Pb 年龄中没有年轻锆石，均为前寒武纪；② 与上覆寒武系存在明显的沉积间断；③ 变质程度不一样，都不属于一个构造层。

（二）物源分析

（1）年代学特征

利用碎屑锆石 U-Pb 方法分析物源的传统做法是：将沉积岩的碎屑锆石年龄谱与周缘造山带结晶岩体的年龄进行对比，若年龄匹配，可将其解释为潜在的物源之一（张惠，2019）。

华北克拉通中部鲁山、嵩山、中条山、赞皇、阜平-五台、恒山、怀安等地由南而北发育有大量的约 2.5 Ga 变质侵入岩，其中 TTG 质片麻岩是主要的组成部分（张瑞英等，2013）。其中，中条山涑水杂岩中的 TTG 质片麻岩被认为是新太古代岛弧体系下含水玄武质洋壳经部分熔融形成的（田伟等，2005；林慈銮，2006；周艳艳等，2009）。“霍山砂岩”的 ICP-MS U-Pb 年龄谐和线上交点年龄 2524±41 Ma 与华北克拉通中部获得的年龄吻合，且同样为岩浆成因锆石。由此可见，“霍山砂岩”中的锆石应来源于与洋壳经部分熔融而形成的 TTG 质片麻岩（田伟等，2005；林慈銮，2006；周艳艳等，2009）。

已有研究表明，中条山地区出露的早前寒武纪涑水杂岩、绛县群和中条群共同记录了一期约 1850 Ma 古元古代变质事件（肖兵等，2013）。尽管测试方式多样，但变质作用时代年龄数据主要变化在 1880～1800 Ma 之间（Guo et al.，2005；Zhao et al.，2008；

Kröner et al.，2005；Wang et al.，2003；肖玲玲等，2011；Zhao et al.，2008；Liu et al.，2006；肖兵等，2013）。本书在“霍山砂岩”中采用ICP-MS U-Pb锆石定年获得的谐和线下交点年龄为1842±28 Ma，与前人在中条群获得的变质作用年龄吻合，表明“霍山砂岩”与出露的早前寒武纪涑水杂岩、绛县群和中条群共同记录了约1850 Ma古元古代热变质事件。这一变质事件在时间上与前人在华北克拉通中部带其他地区得到的变质时代能很好地匹配。

“霍山砂岩”锆石为岩浆锆石，ICP-MS U-Pb锆石年龄中的两个峰值年龄2.5 Ga、1.85 Ga与华北克拉通中部岩浆侵入年龄和构造热事件年龄相匹配。

（2）稀土元素特征

“霍山砂岩”的稀土元素总量［ΣREE=（46.28×10^{-6}）~（96.94×10^{-6}）］较低。La含量为（11.1×10^{-6}）~（33.0×10^{-6}），而Yb含量很低（平均值为0.49×10^{-6}）；具有较高LREE/HREE比值（8.10~26.25）和$(La/Yb)_N$值（14.35~40.81），体现出轻重稀土元素强烈分异的特点。球粒陨石标准化的稀土元素配分图表现为右倾的曲线。大部分样品Eu异常不太明显，δEu=0.52~0.89（图3-6；表3-1）。“霍山砂岩”稀土元素特征与中条山TTG质片麻岩稀土元素特征类似。

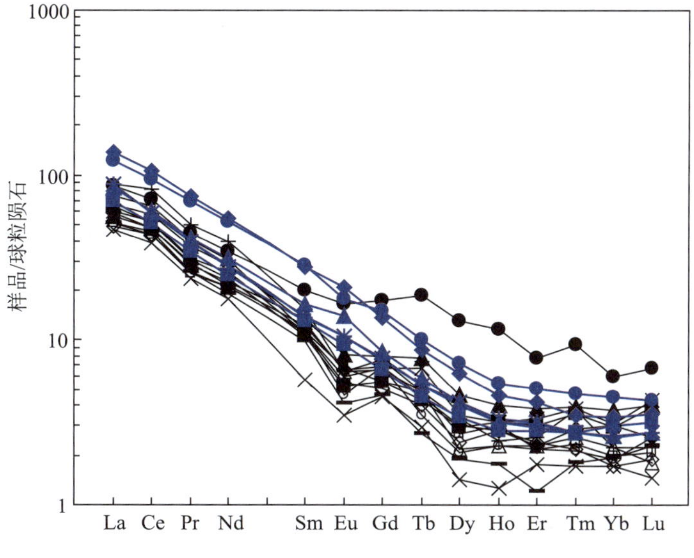

图3-6 “霍山砂岩”稀土元素球粒陨石标准化配分模式图

黑色—“霍山砂岩”（本书数据）；蓝色—中条山TTG质片麻岩（张瑞英等，2013）

（3）Hf同位素特征

“霍山砂岩”的两阶段模式年龄主要分布于2.6~2.8 Ga之间，$^{176}Lu/^{177}Hf$比值均小于0.002，$^{176}Hf/^{177}Hf$比值变化范围为0.281283~0.281582。与中条山TTG质片麻岩Hf同位素特征与两阶段模式年龄吻合（张瑞英等，2013）。

综合上述研究，推测“霍山砂岩”物源为华北克拉通中部出露的早前寒武纪涑水杂岩、绛县群和中条群等地层：①“霍山砂岩”大部分锆石为岩浆成因锆石，与中条山地区TTG质片麻岩来源于洋壳部分熔融这一地质事实吻合；②“霍山砂岩”ICP-MS U-Pb锆石峰值年龄2.5 Ga、1.85 Ga与华北克拉通中部岩浆侵入年龄、后期变质年龄相匹配；③“霍山砂岩”稀土元素特征与中条山TTG质片麻岩稀土元素特征类似；④“霍山砂岩”Hf同位素特征与中条山TTG质片麻岩Hf同位素特征、两阶段模式年龄吻合。

（三）地质意义

（1）地层划分对比

依据“霍山砂岩”中的碎屑锆石LA-ICPMS U-Pb定年和区域地质资料，将“霍山砂岩”归属于元古宇是合适的。对应于鄂尔多斯地区长城系，是同一时期的沉积产物。

首先，区域上“霍山砂岩”与长城系为鄂尔多斯地区第一套沉积盖层，与下伏太古宇为角度不整合接触关系。在宁夏回族自治区银川市苏峪口、内蒙古自治区乌海市苏白沟、山西省忻州市宁武县和河津市西磑口等地区，“霍山砂岩”、长城系均为鄂尔多斯地区第一套碎屑沉积建造，呈角度不整合覆盖在下伏太古宇之上［图3-2、图3-3，附图4（a）至附图4（d）］。

其次，霍山砂岩与长城系的岩性差异、岩性组合可能是由于岩性相变或者剥蚀程度不一致所造成，但是总体上具有很好的对应性。如古探1井钻入中元古界长城系322.5 m（未穿），岩性主要为肉红色石英岩、石英砂岩，夹浅灰色细砂岩、灰色泥岩、灰色硅质板岩，偶夹灰绿色玄武岩，石英岩、石英砂岩中石英次生加大普遍，可以达到4级［图3-2、图3-3，附图4（e）至附图4（i），图3-7）］。济探1井钻入中元古界长城系276.2 m，其中崔庄组厚91.2 m，上部为杂色泥岩，下部为灰黑色泥岩（23 m）；钻入北大尖组185 m，上部为砂质云岩与石英岩、石英砂岩互层，下部为石英岩、石英砂岩夹泥岩［图3-2、图3-3，附图4（j）至附图4（l），图3-7）］。此外，银川市拜寺口［附图4（m）］、华亭县马峡镇［附图4（n）］、洛南县［附图4（o）］等野外剖面和李34井［附图4（p）］、克1井［附图4（q）］、宜探1井［附图4（r）］等钻井岩心中的石英岩、石英砂岩与西磑口“霍山砂岩”石英岩类似，具有很好的对比性。

（2）构造演化

对“霍山砂岩”的研究可以为华北克拉通前寒武纪构造演化这一重大科学问题的研究提供基础资料。关于华北克拉通前寒武纪构造演化过程一直存在较大的争议，主要有以下两种认识：一是认为华北克拉通由多个陆核（微陆块）组成，于太古宙末期完成拼贴（Zhai et al.，2010，2011；伍家善，1998；翟明国等；2007）；二是认为华北克拉通由东、西两大陆块于新太古代末—古元古代多阶段多期次拼合而成，形成中央造山带（Zhao et al.，2005，2010；Faure et al.，2007；Kröner et al.，2005；Kusky et al.，2003，2007，2009，2011；Wang et al.，2010；Wilde et al.，2002；Polat et al.，2005；Li et al.，2007；Trap et al.，2007，2008，2009；Wang，2009；肖兵等，2013）。本书锆石U-Pb定年结果表明，“霍山砂岩”碎屑锆石同样记录了约1850 Ma这期古元古代变质事件，可能代表的是华北克拉通东、西两大陆块碰撞形成中央造山带这一构造事件（肖兵等，2013）。因此，本次研究结果初步可以作为古元古代晚期华北克拉通东、西部陆块沿中部带碰撞拼合的又一个佐证。

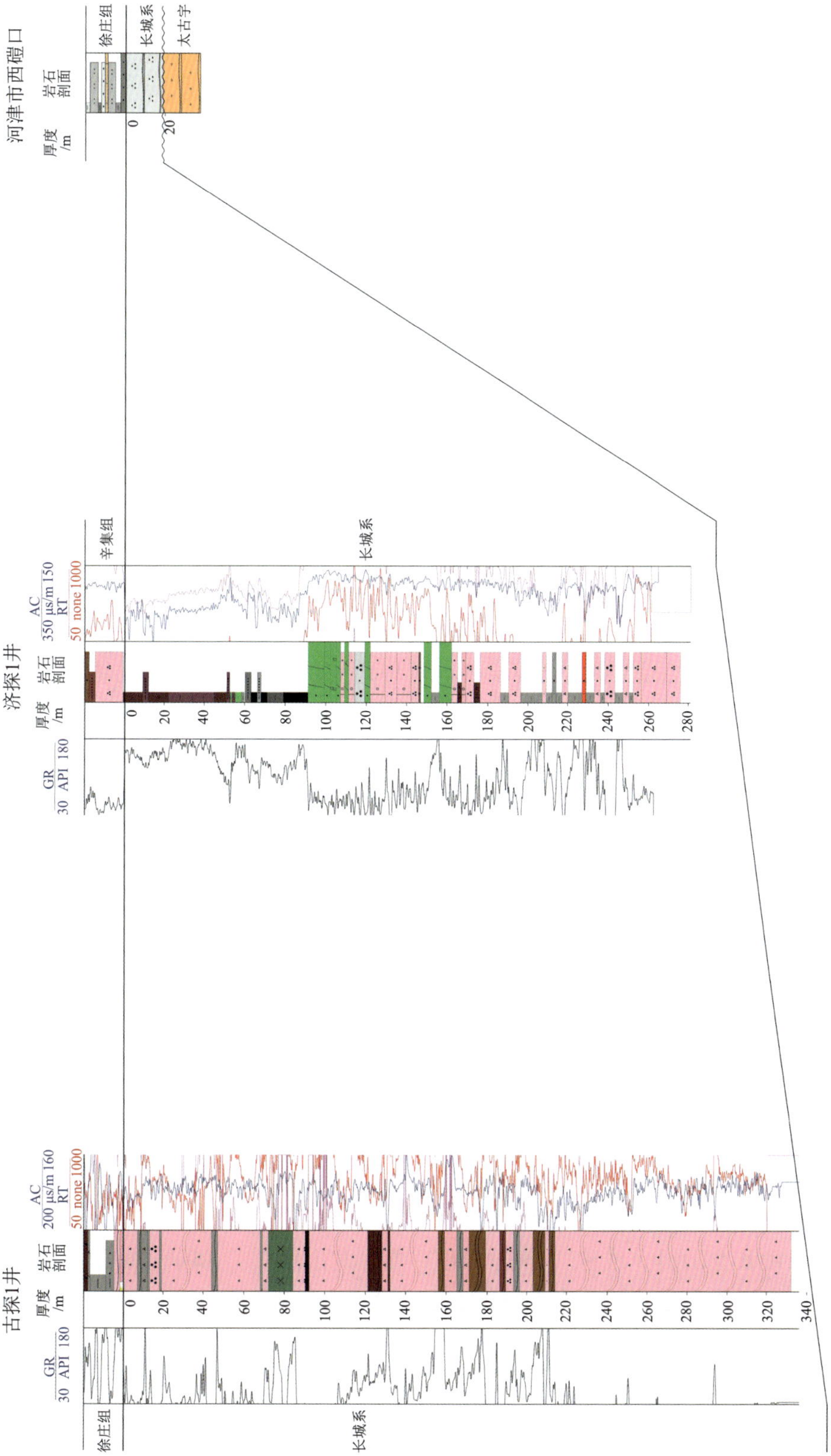

图3-7 鄂尔多斯地区古探1井—济探1井—河津市西磑口长城系对比图

六、小结

1）“霍山砂岩”岩性为石英岩，主要矿物为石英，主要粒径范围为 0.30~0.50 mm；磨圆度较好，以次圆状为主；胶结类型为加大-孔隙式胶结，硅质次生加大极其发育；接触边比较平直，具备变质岩的典型特征；原岩为中粒石英砂岩。

2）从“霍山砂岩”中挑选出的锆石晶形磨圆度变化较大，以次圆状为主，其次为长柱状、棱角状；粒径变化较大，共同说明搬运距离较近。

3）仅从锆石 CL 图像来看，部分锆石颗粒具有弱振荡环带结构，发光性差异较大，为岩浆锆石；部分颗粒发光明暗不均或均色无明显环带，少数有核幔结构，次生加大边较宽，为变质锆石；Th/U 值证实“霍山砂岩”中锆石主要为岩浆成因锆石，没有变质成因的锆石。

4）锆石微量元素特征再次证实大部分锆石为岩浆成因锆石。

5）“霍山砂岩”锆石 U-Pb 年龄谐和图频率直方图中有 1800 Ma、2500 Ma 左右两个明显的峰值；谐和线上交点年龄为 2524±41 Ma，下交点年龄为 1842±28 Ma。

6）“霍山砂岩”应归属于元古宇，不应该归属于寒武系。

7）“霍山砂岩”物源可能为华北克拉通中部中条山地区出露的前寒武纪涑水杂岩、绛县群和中条群等地层。

8）推测中条山地区的前寒武纪地层参与了华北克拉通东、西两大陆块俯冲、拼贴和碰撞的过程，两大陆块最终碰撞形成中央造山带的时间可能为古元古代晚期。

第二节　鄂尔多斯地区中新元古代地层划分、对比

一、燕山地区中新元古界

燕山地区中新元古代地层分布比较全，研究程度相对比较高，是华北克拉通中新元古代地层划分、对比的基础。主要包括长城系、蓟县系和青白口系。

长城系由常州沟组、串岭沟组、团山子组、大红峪组组成，沉积厚度大于 2600 m。大致沿凌源、宽城、蓟州、保定、石家庄一线及其两侧地区分布，呈北东—南西向带状延伸（陈晋镳等，1980）。

蓟县系由高于庄组、杨庄组、雾迷山组、洪水庄组、铁岭组和下马岭组组成，厚度达 6000 m 左右。大致沿凌源、宽城、蓟州、保定、石家庄一线及其两侧地区分布，呈北东—南西向带状延伸（王泽九等，2014）。

青白口系由长龙山组（或称“骆驼岭组”或“龙山组”）和景儿峪组组成，岩性以砂岩和页岩为主，夹少量碳酸盐岩，厚度小于 400 m（陈晋镳等，1980）。

二、主要地层界限时代讨论

（1）铁铜沟组

铁铜沟组与下伏地层太华群之间为明显的不整合接触，与上覆熊耳群同样呈角度不

整合接触关系。因此，铁铜沟组形成时代早于熊耳群，应归属于古元古代。

（2）熊耳群、汉高山群

熊耳群与下伏地层铁铜沟组呈角度不整合接触关系，与上覆地层高山河群为微角度不整合接触。因此，熊耳群形成时代介于铁铜沟组与高山河群形成时代之间。

关于熊耳群的形成时代前人做过一些相关研究（孙枢等，1981；乔秀夫等，1983；孙大众等，1993；刘鸿允等，1999）。赵太平等（2001）认为熊耳群形成于1.75～1.95 Ga，归属于古元古代。吕梁山地区汉高山群岩性组合与熊耳群十分相似，同样归属于古元古代。

（3）长城系

将鄂尔多斯盆地西缘黄旗口群、南缘地区高山河群、中条山地区汝阳群以及北缘地区渣尔泰山群、白云鄂博群归属于长城系：

1）上述地层与下伏结晶基底或熊耳群呈角度不整合接触关系，其形成时代晚于熊耳群形成时代。

2）与上覆地层蓟县系龙家园组呈平行不整合接触关系，其形成时代晚于蓟县系形成时代。蓟县系龙家园组硅质条带白云岩在华北克拉通具有区域可对比性，其下伏碎屑岩组合应该形成于同一时代。

（4）蓟县系

鄂尔多斯盆地西缘王全口群、南缘龙家园组与燕山地区的杨庄组、雾迷山组属于同一地质时代沉积建造，归属于下蓟县统；杜关组、冯家湾组与燕山地区洪水庄组、铁岭组归属于上蓟县统：

1）西缘王全口群、南缘龙家园组主要为一套以硅质条带白云岩为典型特征的碳酸盐岩沉积建造，与下伏长城系碎屑岩沉积建造区域上呈平行不整合接触关系。

2）碳酸盐岩沉积建造主要由硅质条带白云岩组成，是下蓟县统的典型特征，具有全球对比性。

3）王全口群、石庄组和龙家园组叠层石组合与燕山地区杨庄组和雾迷山组的叠层石组合一致；杜关组和冯家湾组叠层石组合与燕山地区洪水庄组和铁岭组一致。

4）蓟县系顶界存在一个区域性不整合面。

（5）青白口系

燕山地区青白口系骆驼岭组与蓟县系下马岭组、鄂尔多斯地区青白口系大庄组和蓟县系冯家湾组之间为区域性平行不整合接触。因此，骆驼岭组、大庄组为下青白口统。

（6）罗圈组

罗圈组为一套冰碛砾岩，区域上与上覆地层下寒武统辛集组呈平行不整合接触。

辛集组底部含磷层发现三叶虫、小壳化石，罗圈组没有发现任何小壳动物化石。

因此，研究区新元古界的顶界为辛集组产 *Bergeronielus houoniaencis*，*Helcionella* sp.，*Chancelloria* sp.，*Brachiopods* 等化石的含磷层之下、罗圈组之上的这一平行不整合面。

三、中新元古代地层划分与对比

通过上述研究，厘定了鄂尔多斯地区中新元古代地层划分方案，具体见表3-5。

表3-5 鄂尔多斯地区中新元古代地层划分与对比表

年代地层：国际 界	国际 系	中国 界	中国 系	地质年龄/Ma	燕山地区	鄂尔多斯西部	鄂尔多斯西南缘	鄂尔多斯南缘：商洛	鄂尔多斯南缘：北秦岭	鄂尔多斯东南缘：中条山	鄂尔多斯东南缘：河津	鄂尔多斯东南缘：吕梁山	鄂尔多斯北缘：白云鄂博	鄂尔多斯北缘：渣尔泰山
古生界	寒武系	寒武系	下统		昌平组	苏峪口组	辛集组	辛集组		辛集组	馒头组	徐庄组		
新元古界	埃迪卡拉系	震旦系		541±1		兔儿坑组		东坡组						
				635		正目观组	罗圈组	罗圈组		罗圈组				
	成冰系	南华系		780										
	拉伸系	青白口系	上统		景儿峪组									
			下统	1000	骆驼岭组			大庄组					呼吉尔图组	
中元古界	狭窄系	待建系		1200										
	延展系			1400	下马岭组									
	盖层系	蓟县系	上统		铁岭组		洛南群 冯家湾组	洛南群 冯家湾组	宽坪群				什那干群	什那干群
					洪水庄组		杜关组	杜关组						
			下统		雾迷山组	王全口群	巡检司组	巡检司组						
					杨庄组		龙家园组	龙家园组		龙家园组				
					高于庄组		石庄组	石庄组						
	固结系	长城系	上统	1600	大红峪组					洛峪群 洛峪口组				
					团山子组					三教堂组			白云鄂博群 白音宝拉格组	渣尔泰山群 刘鸿湾组
					串岭沟组		高山河群 陈家涧组	高山河群 陈家涧组		崔庄组			比鲁特组	阿古鲁沟组
			中统	1750	常州沟组	黄旗口群	二道河组	二道河组		汝阳群 北大尖组	霍山组	霍山组	哈拉霍疙特组	增隆昌组
							鳌盖子组	鳌盖子组		白草坪组			尖山组	书记沟组
										云梦山组			都拉哈拉组	
			下统	1800				熊耳群		熊耳群	熊耳群	汉高山群		
太古宇—古元古界														

第四章 鄂尔多斯地区中新元古界构造特征

第一节 鄂尔多斯地区结晶基底结构特征

一、航磁异常特征

鄂尔多斯地区航磁 ΔT 化极异常具有北东方向高值异常带和低值异常带相间展布的特点，表明研究区结晶基底并非统一的变质结晶基底，具有较大的差异性（图 4-1）。

从滤掉了浅层高频异常后的航磁 ΔT 化极向上延拓 10 km、20 km、50 km 异常图上可以更加清晰地看出，研究区具有典型的高值、低值异常带相间排列的宏观格局（图 4-2）。

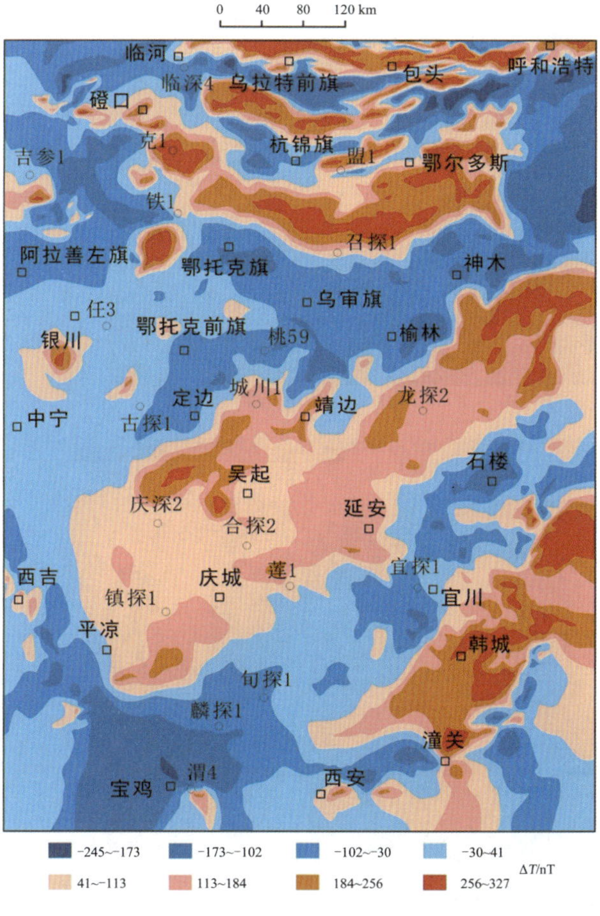

图 4-1 鄂尔多斯地区航磁 ΔT 化极异常分区图

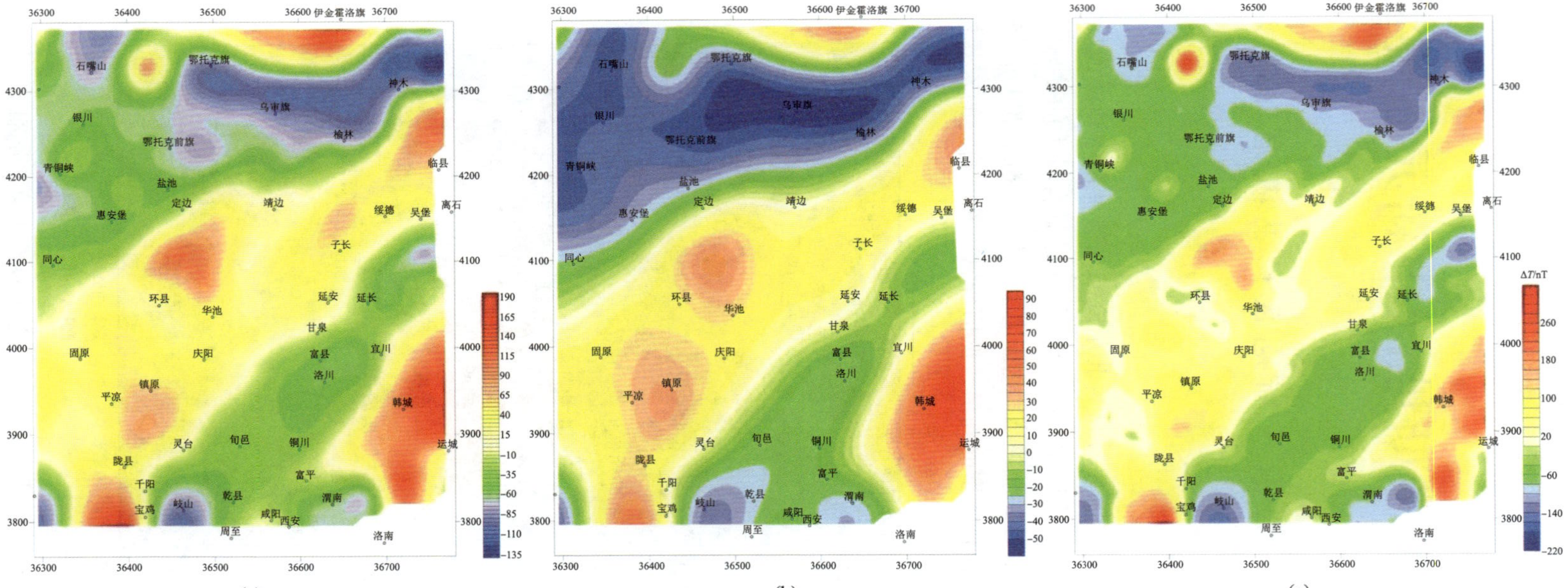

图4-2 鄂尔多斯地区航磁ΔT化极向上延拓10 km（a）、20 km（b）、50 km（c）异常图

(据周立发等，2015，内部资料)

已有研究表明，研究区航磁 ΔT 化极高值异常带往往为太古宙高级变质基性火山岩组合，低值异常带则最大可能为新太古界—古元古界高级变质沉积组合。综合上述研究，将研究区结晶基底自北向南依次划分为临河-包头乌拉山-二道凹群高级变质基性火山岩组合区、千里山群高级变质沉积组合区、乌拉山群高级变质基性火山岩组合区、集宁群高级变质沉积组合区、吕梁群高级变质基性火山岩组合区、太华群高级变质沉积组合区、涑水-中条群高级变质基性火山岩组合区、秦岭-宽坪群高级变质基性火山岩组合区。其中，高级变质沉积岩组合区与鄂尔多斯地区新太古代晚期—古元古代孔兹岩带相对应；高级变质基性火山岩组合区与太古宙 TTG 片麻岩、铁镁质麻粒岩区相对应，属于太古宙克拉通基底（图 4-3）。

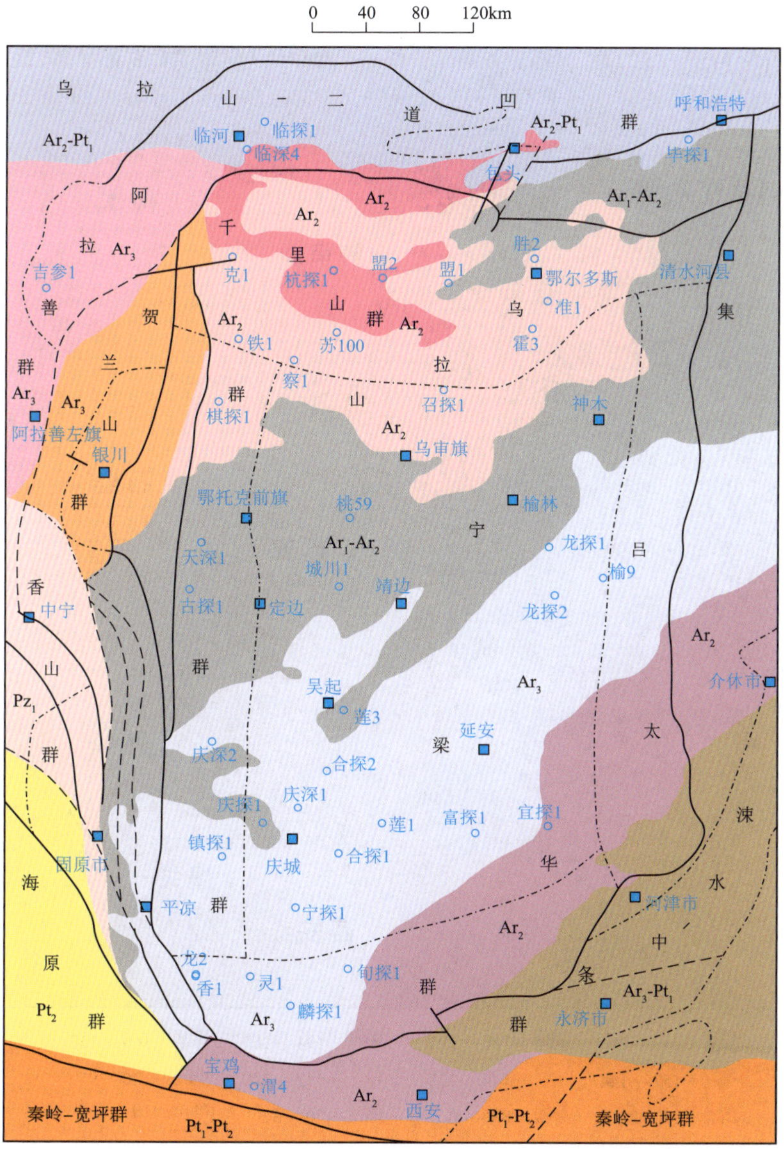

图 4-3 鄂尔多斯盆地及邻区变质结晶基底岩相分布图

二、布格重力异常特征

该区布格重力异常形态变化较大，鄂尔多斯盆地内部布格重力异常低，盆地边缘异常相对较高。盆地内布格重力异常高值区主要呈南北、东西和北东向条带状展布，揭示盆地结构具备横向分块的不均一性镶嵌的特点（图 4-4）。

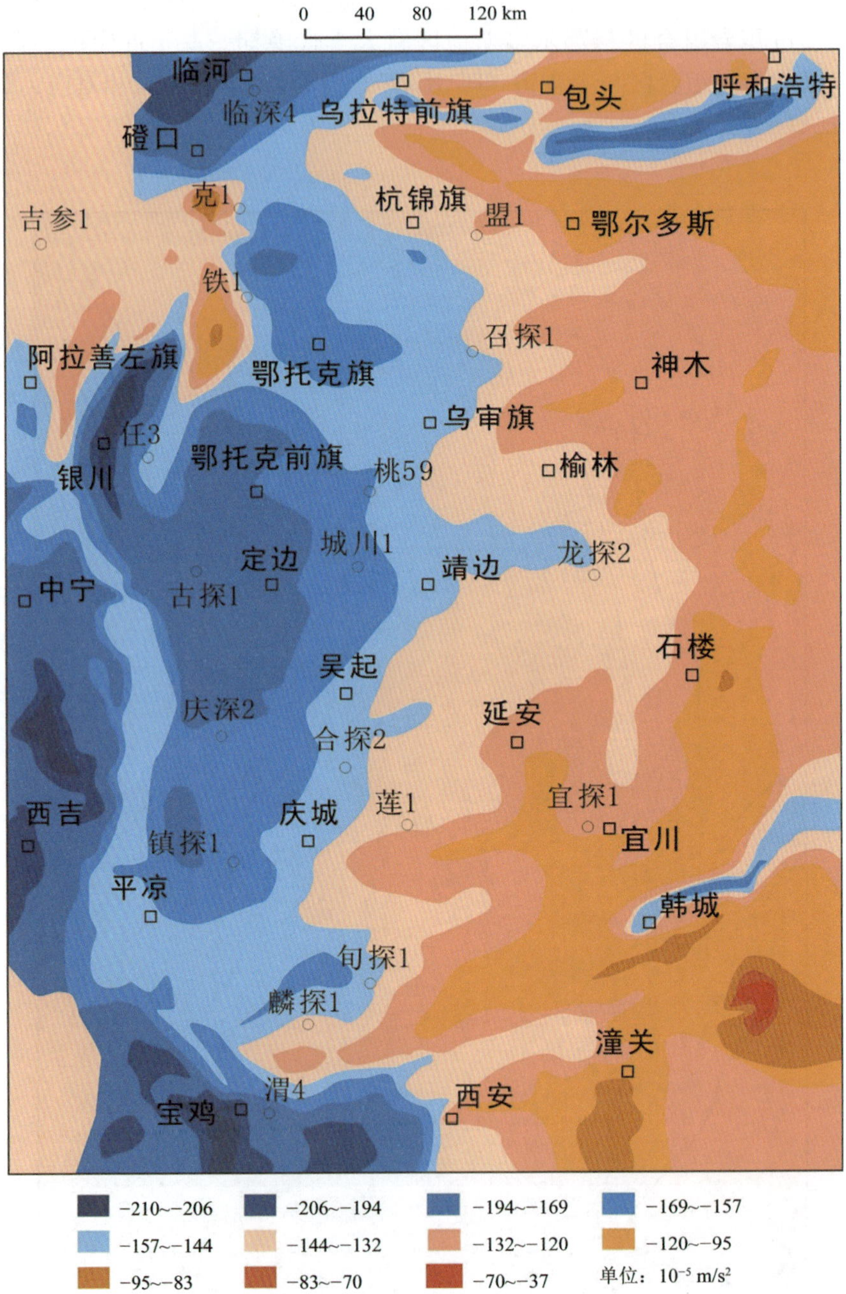

图 4-4　鄂尔多斯地区布格重力异常分区图

三、基底断裂特征

（1）区域大断裂展布特征

综合磁力、重力、非地震和地震等资料，厘定了鄂尔多斯地区断裂体系。研究区主要发育4组断裂体系，其中北部早期以近东西向断裂为主，晚期即喜马拉雅期兼有走滑作用。鄂尔多斯盆地西缘冲断带逆冲推覆作用主要发生于晚侏罗世末期，以发育西倾东冲近南北向逆断层为主。盆地中南部主要发育近北东向断层。南部受祁连山-秦岭造山作用的影响，主要发育近东西向断层（图4-5）。

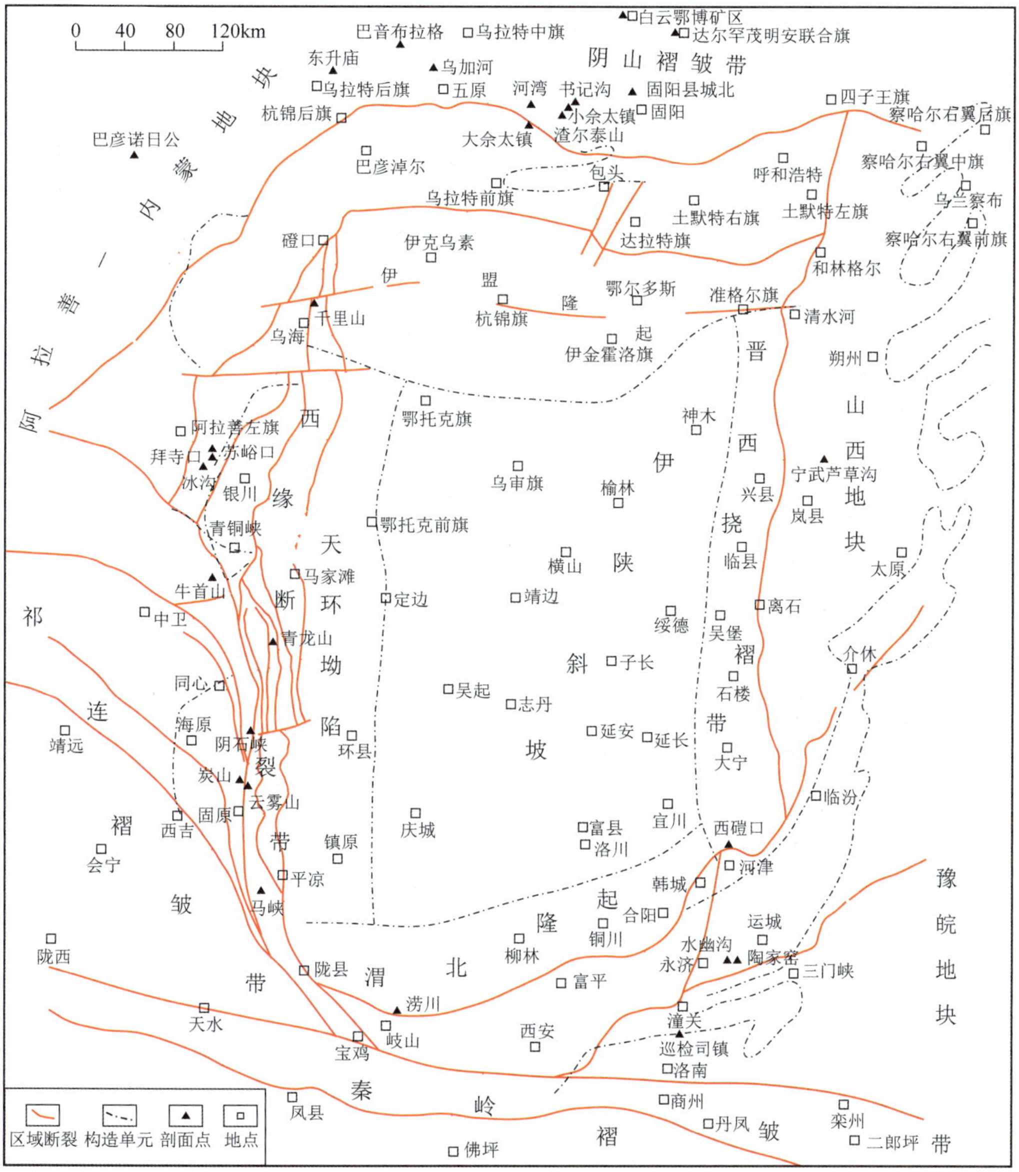

图4-5 鄂尔多斯盆地及邻区区域性断裂分布图

（2）基底断裂展布特征

鄂尔多斯地区基底断裂比较发育，主要由东西向、北东向、南北向和北西向 4 组断裂系统组成，其中以东西向和北东向断裂最为发育（图 4-6）。

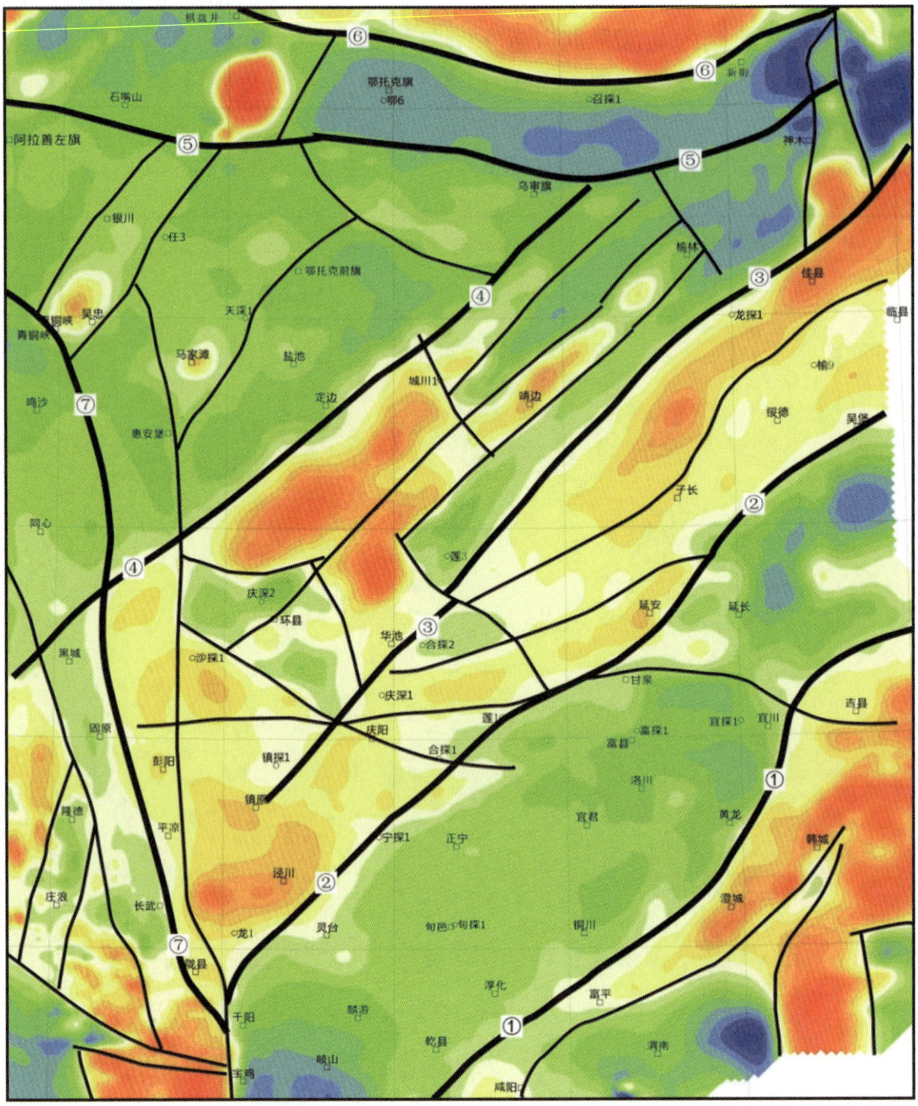

图 4-6　鄂尔多斯盆地基底断裂分布图

①乾县-宜川断裂；②泾川-吴堡断裂；③镇原-佳县断裂；④黑城-乌审旗断裂；⑤石嘴山-神木断裂；⑥棋盘井-新街断裂；⑦青铜峡-固原断裂

盆地基底主要发育东西向、南北向和北东向 3 个方向的断裂系统。东西向断裂主要发育在盆地南北边缘过渡带上；南北向断裂位于盆地东西两侧，控制着盆地的东西边界；北东向断裂一种非常重要的基底断裂，控制盆地基底结构（图 4-6）。

东西向和南北向断裂限制着北东向断裂的发育，因此东西向、南北向断裂形成早于北东向断裂。南北向断裂主要形成于古元古代末，但主要活动期为中生代；北东向基底断裂主要发育期为太古宙末到古元古代。

四、基底构造单元划分

总体上，鄂尔多斯地区基底结构具明显纵向分层、横向分块的不均一性镶嵌结构的特点。综合重力、磁力、钻井、地震等相关资料，将鄂尔多斯地区太古宇—古元古界的基底自北向南依次划分为如下构造单元：临河-包头隆起区、阿拉善隆起区、杭锦旗坳陷带、鄂托克旗-鄂尔多斯隆起区、银川坳陷带、鄂托克前旗-神木坳陷带、中宁隆起区、平凉-延安隆起区、西吉坳陷带、西安-宜川坳陷带、潼关-韩城隆起区及太白-华阴隆起区（图4-7）。

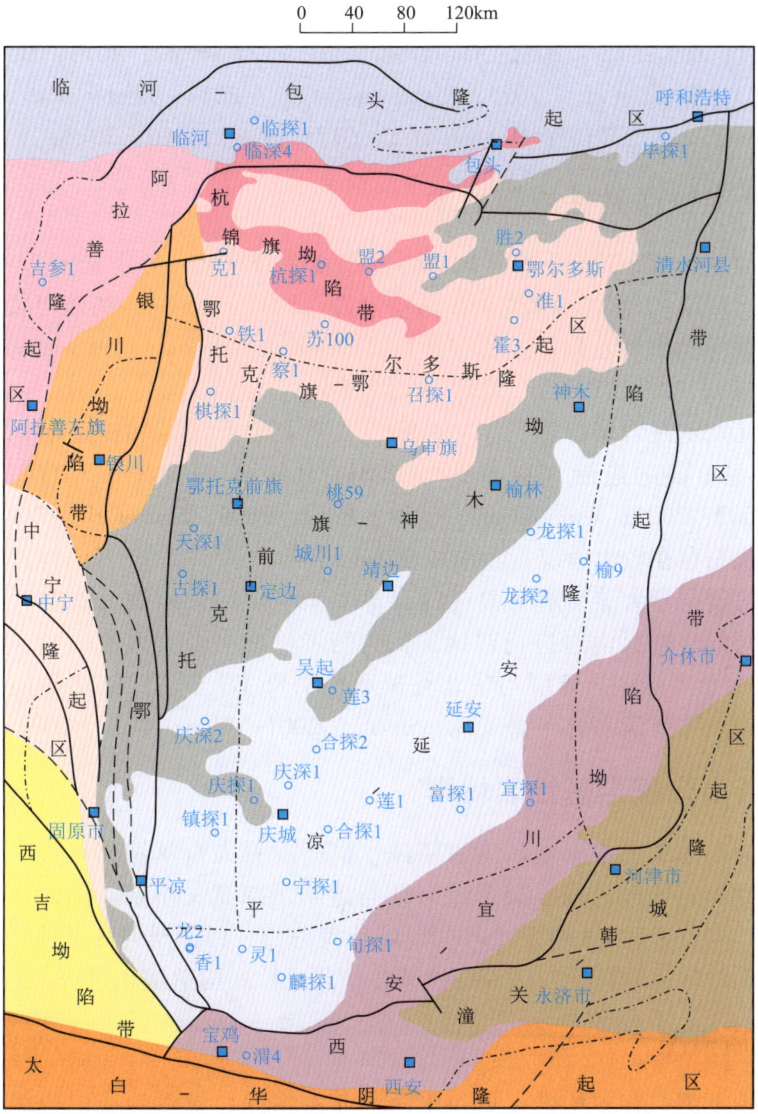

图4-7 鄂尔多斯盆地及邻区太古宇—古元古界构造单元划分图

第二节 基性岩浆活动及其地质意义

基性岩墙群是一种特殊的构造岩浆岩类型，是在大陆伸展背景下主要来自陆下软流圈或地幔岩石圈的岩浆侵入体。由一定数量具有相同或相似产状、基本同时形成的同源岩墙组成，成分多为基性/镁铁质，称为基性/镁铁质岩墙群；它们展布纵深大，易保留，常伴有火山岩系；它们活动时限短，构造含义明确，起着时间标尺和构造标志的作用。基性岩墙群是研究岩石成因、壳幔相互作用、岩石圈构造演化和限定矿床成岩成矿时代的理想对象，代表大陆裂谷或者裂解过程，记录了重要的裂解事件，被视为超大陆重建的关键指标（Halls et al., 1990, 1995a, 1995b, 2001, 2003a, 2003b; Amelin et al., 1995; Headman, 1997; Hu et al., 2010; Bleeker et al., 2006; Hanski et al., 2006; Srivastava, 2011; Zou et al., 2011; Cui et al., 2012; Qi et al., 2013; Ma et al., 2013; Wu et al., 2013; Wang et al., 2013; Pisarevsky et al., 2014; Zhang et al., 2014; Cao et al., 2015; Zhong et al., 2017; Hong et al., 2017; Peng, 2016, 2018）。

一、华北克拉通基性岩浆活动

华北克拉通地区前寒武纪发育4期重要的代表性岩墙群，分别是1.95~1.75 Ga基性岩浆活动事件、1.72~1.62 Ga基性岩浆活动事件、1.37~1.32 Ga基性岩浆活动事件和约0.9 Ga基性岩浆活动事件（Li et al., 1997; Hou et al., 1994, 1998, 2002; Zhai et al., 2000; Halls et al., 2000; Peng, 2016）（图4-8）。

前人对这几期基性岩墙群进行了一些研究，对其岩石成因和构造演化进行了一些探讨，取得了一些重要的进展（Li et al., 2001; Hou et al., 2001, 2002, 2005, 2010; Peng et al., 2002, 2004; Wang et al., 2004; Peng, 2005; Shu et al., 2011）。但对基性岩墙群的形成机制存在较大争议，目前主要有以下两种认识。① 岩墙群形成于大陆裂谷拉张环境，并可能与超大陆裂解有关（Li et al., 1997）。Peng 等（2008）将基性岩墙的地球化学特征与熊耳群火山岩进行对比，认为两者构成一个大火成岩省，其成因与地幔柱有关。② 一些学者强调岩墙群与华北克拉通约1.85 Ga东、西陆块碰撞拼合的关系密切，认为是碰撞后伸展活动的产物（Zhao et al., 2001; Wang et al., 2004）。

二、中条山陶家窑基性岩墙群

华北克拉通东南缘中条山地区太古宇涑水群中发育大量基性岩墙群。总体上，该套基性岩墙群研究相对比较薄弱，其形成时期与地质示踪意义不明。因此，本书通过岩石学、地球化学、同位素和LA-ICPMS U-Pb定年等分析，讨论研究区基性岩墙群的形成时期、地质特征和地球化学特征，进而探讨其在华北克拉通构造演化过程中的地质意义。

（一）地质概况

研究区宏观上为一背斜构造，枢纽走向为北东东向。出露的地层构成背斜南翼，自北向南依次出露太古宇、元古宇、寒武系和奥陶系。太古宇涑水群为一套变质岩系，岩

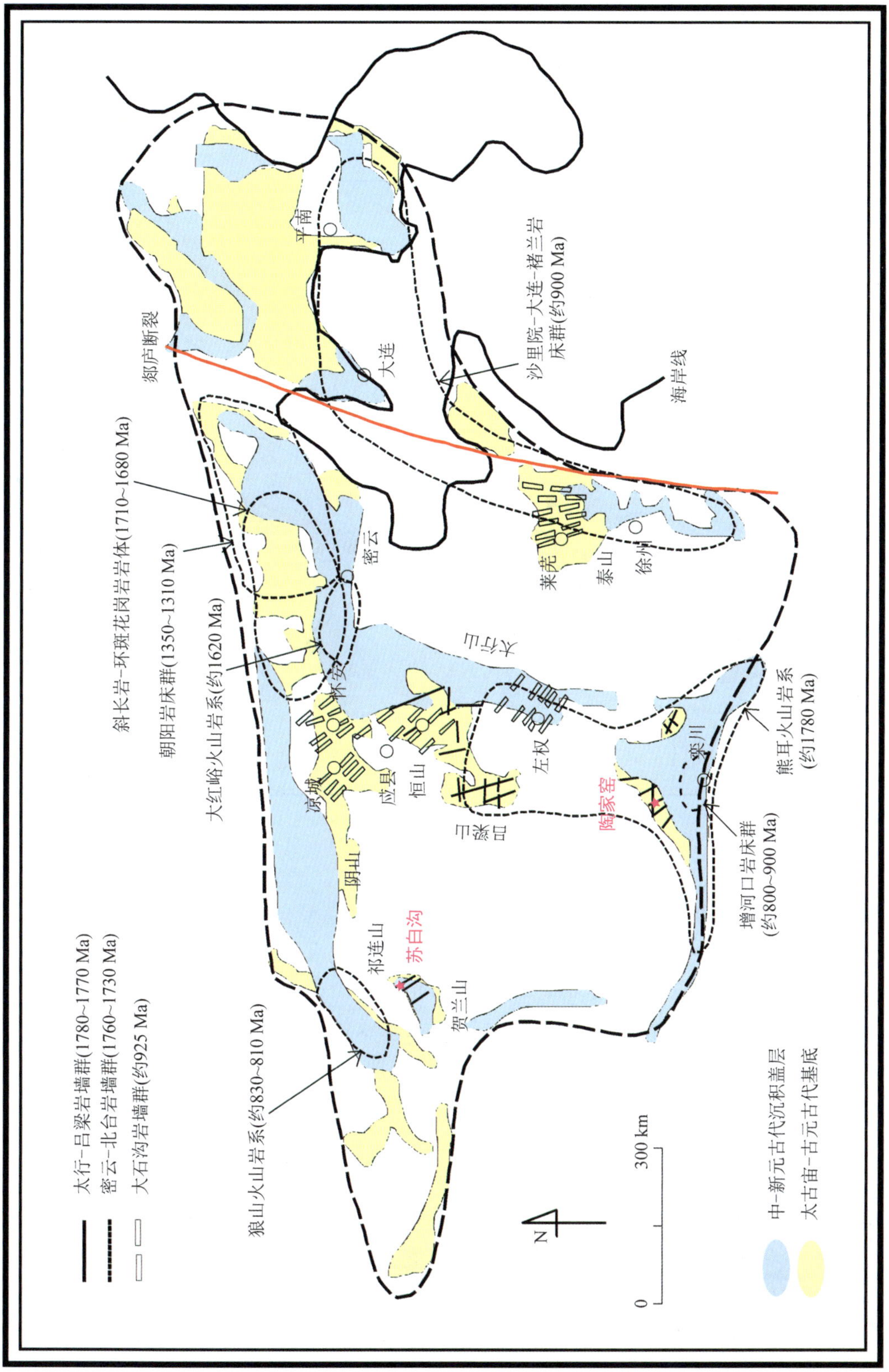

图4-8 华北克拉通中新元古代主要岩墙群与火山岩系分布图
(据Peng et al., 2011b)

性主要为片麻岩、角闪岩、浅粒岩、石英岩和大理岩。古元古界中条群主要为大理岩、片岩。中元古界长城系汝阳群（云梦山组、白草坪组、北大尖组）主要为白色、浅红色石英岩和灰绿色、灰色、黑色泥岩、页岩，洛峪群（崔庄组、三教堂组和洛峪口组）为一套灰白色、白色、浅红色灰岩，含燧石结核及硅质条带（图 4-9）。

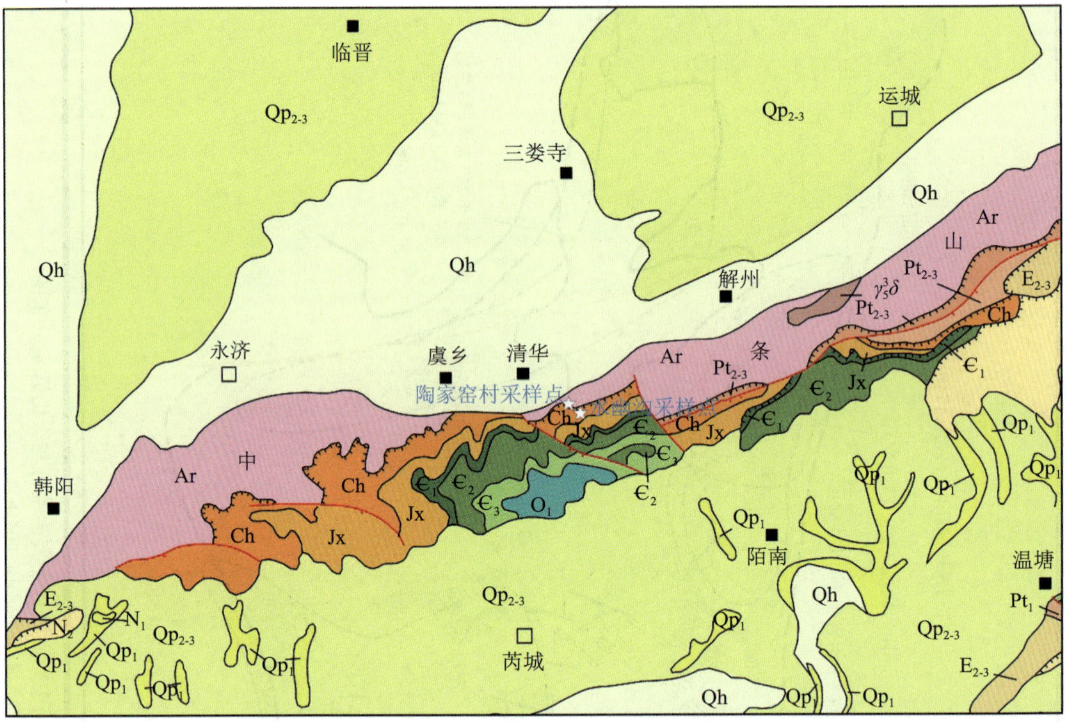

图 4-9 中条山陶家窑村地质图

用于锆石 LA-ICPMS U-Pb 年龄分析的基性岩墙群样品采自山西省永济市陶家窑村附近（N110°43′40.7″，E34°50′34″）。该处基性岩墙群主要呈北东向、北西向和近东西向产出，呈墙状侵位于围岩太古宇涑水群、绛县群和元古宇中条群中。基性岩墙宽度变化范围较大，最窄的约几厘米，最宽可达几米。岩墙走向较稳定、平直，不受地层地形的影响。一般可见 0.2~0.3 cm 左右宽的冷凝边，围岩具有 0.2~0.8 cm 宽的浅黄褐色弱烘烤边（附图 5）。

（二）岩相学特征

岩墙群岩石类型主要为辉绿岩，具有典型的辉绿结构，造岩矿物组合主要为辉石和斜长石，含有少量角闪石、黑云母以及不透明矿物。斜长石呈长柱状，自形程度较好；大部分斜长石发生钠黝帘石化、绿泥石化等。辉石主要为普通辉石；自形程度相对较差，充填于斜长石构成的三角形格架之中，也有一些辉石呈自形、半自形斑晶出现，部分辉石发生绿泥石化、角闪石化和黑云母化。

（三）分析方法

（1）全岩主量元素和微量元素

全岩主量元素、微量元素和稀土元素测试在西北大学大陆动力学国家重点实验室完成，主量元素采用 XRF 在 RIX-2100 仪器上分析，微量元素与稀土元素用 ELAN6100DRC 等离子体质谱仪（ICP-MS）测定。用标准样 BHVO-2、AGV-1 和 G-2 做分析样品元素浓度的校正标准。所有元素精度优于 2×10^{-6}，分析结果列于表 4-1 至表 4-3。

（2）锆石 U-Pb 定年

锆石的分选在河北省区域地质矿产调查研究所实验室完成，先依次进行常规的样品粉碎、淘洗、电磁与重液分选，再在双目镜下挑选出粒度大、晶形完好、裂隙与包裹体少见的锆石。将优选的锆石置于环氧树脂内，对其进行抛光清洗，露出锆石表面，制成靶样。

锆石阴极发光（CL）图像的采集在西北大学大陆动力学国家重点实验室电镜室完成。参照锆石 CL 图像，进行 U-Pb 年龄点位选择。

锆石 U-Pb 定年工作在连接 Geolas-193 型紫外激光剥蚀系统的 Agilient 7500a 型 ICP-MS 上进行。激光剥蚀斑束直径为 30 μm，频率为 8 Hz。采样为单点剥蚀方式。以 He 作为剥蚀物质的载气。ICP-MS 数据采集选用跳峰方式，数据处理采用 Glitter（ver 4.0）程序，年龄计算以标准锆石 91500 为外标进行同位素比值分馏校正。样品的谐和图、加权平均年龄计算及绘制均采用 Isoplot（2.49）。元素浓度计算采用 NIST610 为外标，Si 为内标（Ludwig，2003；Wiedenbeck et al.，1995；Simon et al.，2004；Diwu et al.，2010），分析结果列于表 4-4。

（3）全岩 Sr-Nd-Pb 同位素

全岩 Sr-Nd-Pb 同位素分析测试工作在核工业北京地质研究院分析测试研究中心完成。同位素分析采用 ISOPROBE-T 热电离质谱计，可调多法拉第接收器接收，用标样 NBS987 校正。其中铷锶体系质量分馏用 $^{86}Sr/^{88}Sr=0.1194$ 校正，实验室流程本底：Rb 为 2×10^{-10} g，Sr 为 2×10^{-10} g。钐钕体系质量分馏用 $^{146}Nd/^{144}Nd=0.7219$ 校正，全流程本底 Sm 和 Nd 均小于 50 pg。铅同位素的分析同样采用 ISOPROBE-T 热电离质谱计，用磷酸硅胶将样品点在铼带上，利用静态接受方式测量铅同位素比值，全流程本底 Pb 小于 100 pg，详细流程见文献 Wang et al.（2016）。具体结果见表 4-5、表 4-6。

（四）分析结果

（1）锆石 U-Pb 年龄

共做 12 个锆石分析点，具体分析结果见表 4-4。其 U 含量变化较大［(73.9×10^{-6}) ~ (885.7×10^{-6})］，但 $^{232}Th/^{238}U$ 比值变化范围较小（0.25~0.45），位于岩浆成因锆石 Th/U 比值范围内（Hoskin and Black，2000；Belousova et al.，2002）。12 个测点给出的谐和线上交点年龄为 1838±32 Ma（图 4-10）。11 个点的加权平均年龄与上交点年龄在误差范围内基本一致，因此，1838±32 Ma 可代表岩墙的结晶年龄。有 1 个点落在谐和线下交点附近，其 $^{207}Pb/^{206}Pb$ 加权平均年龄与谐和线下交点年龄基本一致，因此，可能代表中生代的岩浆活动或变质事件对原生锆石中 U-Pb 系统的改造。

表 4-1　中条山陶家窑基性岩墙主量元素含量

单位：w_B/%

样品编号	SiO_2	TiO_2	Al_2O_3	TFe_2O_3	FeO	Fe_2O_3	MnO	MgO	CaO	Na_2O	K_2O	P_2O_5	SO_3	LOI	$Mg^{\#}$	*SI*	Total
ZTSH2017-01	59. 54	0. 10	17. 16	3. 26	0. 71	2. 47	0. 05	0. 63	1. 16	4. 65	8. 64	0. 12	3. 33	1. 25	47. 01	3. 68	99. 89
ZTSH2017-02	64. 44	0. 24	16. 07	3. 54	1. 11	2. 31	0. 05	1. 22	1. 45	4. 43	5. 65	0. 12	1. 45	1. 22	52. 36	8. 29	99. 88
ZTSH2017-03	56. 79	0. 80	16. 10	4. 80	1. 78	2. 82	0. 07	2. 65	3. 89	4. 15	7. 08	0. 48	0. 43	2. 70	59. 82	14. 34	99. 94
ZTSH2017-04	61. 17	0. 59	15. 36	5. 19	2. 01	2. 96	0. 10	2. 15	2. 89	3. 69	6. 99	0. 32	0. 17	1. 50	51. 68	12. 08	100. 12
ZTSH2017-05	72. 58	0. 21	13. 24	2. 05	0. 47	1. 53	0. 04	0. 89	0. 52	3. 30	5. 68	0. 08	0. 32	1. 12	65. 44	7. 50	100. 03
ZTSH2017-06	73. 05	0. 15	13. 68	1. 20	0. 39	0. 77	0. 02	0. 40	0. 49	3. 43	6. 69	0. 05	0. 16	0. 63	50. 63	3. 42	99. 95
ZTSH2017-07	67. 38	0. 46	14. 72	3. 82	1. 85	1. 76	0. 08	2. 30	1. 27	4. 73	3. 10	0. 10	0. 15	1. 92	55. 42	16. 74	100. 03
ZTSH2017-08	53. 85	0. 96	14. 24	10. 66	4. 84	5. 28	0. 21	5. 67	5. 99	2. 61	2. 59	0. 23	0. 39	2. 44	53. 95	27. 01	99. 84
ZTSH2017-09	53. 56	0. 99	14. 39	10. 76	5. 39	4. 77	0. 18	5. 62	6. 54	2. 63	2. 24	0. 24	0. 55	2. 35	51. 04	27. 22	100. 05
ZTSH2017-10	53. 23	0. 99	14. 46	11. 28	5. 65	5. 00	0. 19	5. 83	6. 65	2. 58	1. 86	0. 24	0. 46	2. 07	50. 78	27. 87	99. 84
ZTSH2017-11	53. 17	1. 02	14. 70	10. 51	4. 83	5. 14	0. 16	5. 89	5. 86	3. 23	1. 96	0. 25	0. 48	2. 68	54. 94	27. 98	99. 91
ZTSH2017-12	53. 00	1. 00	14. 61	11. 02	6. 25	4. 07	0. 19	5. 79	6. 88	2. 46	2. 01	0. 24	0. 60	2. 01	48. 09	28. 13	99. 81
ZTSH2017-13	51. 46	0. 96	15. 05	11. 08	5. 35	5. 13	0. 12	6. 18	3. 77	3. 27	1. 79	0. 23	0. 37	5. 63	53. 60	28. 45	99. 91
ZTSH2017-14	52. 43	0. 92	14. 43	11. 30	5. 98	4. 65	0. 19	6. 47	6. 10	2. 44	2. 01	0. 22	0. 54	2. 82	51. 97	30. 02	99. 87
ZTSH2017-15	52. 71	0. 97	14. 81	11. 01	6. 07	4. 26	0. 18	6. 05	6. 01	2. 54	2. 05	0. 23	0. 53	2. 76	49. 92	28. 85	99. 85
ZTSH2017-16	52. 87	1. 03	14. 91	10. 60	5. 04	5. 00	0. 14	5. 63	5. 60	3. 14	2. 11	0. 26	0. 59	2. 98	52. 76	26. 91	99. 86
ZTSH2017-17	52. 68	1. 03	15. 23	11. 09	5. 21	5. 30	0. 14	5. 50	5. 39	2. 85	1. 70	0. 25	0. 27	3. 68	51. 35	26. 75	99. 81
ZTSH2017-18	47. 85	0. 95	13. 59	9. 87	4. 76	4. 58	0. 18	5. 12	8. 78	2. 64	1. 77	0. 23	0. 17	8. 98	51. 82	27. 13	100. 13
ZTSH2017-19	52. 66	1. 00	14. 69	11. 13	5. 88	4. 60	0. 19	5. 86	6. 35	2. 43	2. 06	0. 24	0. 68	2. 56	49. 91	28. 13	99. 85

注：$Mg^{\#}=100\times Mg^{2+}/(Mg^{2+}+Fe^{2+})$，$SI=(MgO\times 100)/(MgO+FeO+Fe_2O_3+Na_2O+K_2O)$测试单位：西北大学大陆动力学国家重点实验室。

表 4-2 中条山陶家窑基性岩墙稀土元素含量

单位：10^{-6}

样品编号	La	Ce	Pr	Nd	Sm	Eu	Gd	Tb	Dy	Ho	Er	Tm	Yb	Lu	Y
ZTSH2017-01	13.5	30.5	3.86	15.2	4.33	1.20	3.57	0.77	3.54	0.71	1.66	0.31	1.95	0.27	19.0
ZTSH2017-02	31.2	67.8	8.13	33.6	6.37	2.27	5.12	0.91	3.89	0.82	1.81	0.28	1.33	0.20	19.1
ZTSH2017-03	83.7	195	25.0	105	20.8	5.88	16.0	3.06	12.5	2.44	5.78	0.86	4.95	0.71	59.8
ZTSH2017-04	51.7	130	18.2	84.0	20.5	4.74	15.7	3.11	13.3	2.65	5.49	0.78	4.01	0.53	59.7
ZTSH2017-05	29.5	53.8	5.51	19.6	2.84	1.02	2.40	0.37	1.32	0.29	0.70	0.080	0.47	0.094	7.01
ZTSH2017-06	27.8	50.7	4.99	17.2	2.49	1.00	2.00	0.26	0.98	0.18	0.45	0.046	0.23	0.065	4.63
ZTSH2017-07	14.6	27.5	2.90	11.2	2.31	1.00	1.73	0.31	1.54	0.29	0.76	0.15	0.79	0.12	7.73
ZTSH2017-08	28.9	61.2	7.32	30.5	5.30	2.06	5.11	1.00	4.82	1.14	3.22	0.50	2.83	0.56	28.8
ZTSH2017-09	30.0	62.2	7.78	30.6	5.56	2.13	5.80	1.09	5.30	1.22	2.99	0.58	3.11	0.54	29.5
ZTSH2017-10	29.4	61.7	7.36	30.3	5.73	2.18	5.21	1.01	5.10	1.22	3.06	0.50	3.40	0.47	28.7
ZTSH2017-11	33.1	69.4	8.38	35.1	6.58	2.17	5.53	1.10	5.66	1.28	3.49	0.53	3.54	0.50	29.7
ZTSH2017-12	28.3	60.6	7.31	30.8	5.50	2.18	5.01	1.09	5.32	1.20	3.31	0.55	3.41	0.52	28.9
ZTSH2017-13	27.0	56.4	6.79	27.3	4.81	1.95	4.36	0.85	4.04	1.06	2.58	0.43	2.27	0.39	24.7
ZTSH2017-14	26.7	54.6	6.53	26.9	5.36	1.90	4.38	0.89	4.83	1.19	3.10	0.41	2.90	0.45	25.9
ZTSH2017-15	27.9	58.4	6.99	28.6	5.67	2.02	5.18	0.95	5.04	1.13	3.05	0.51	2.93	0.51	27.3
ZTSH2017-16	31.8	67.5	8.30	33.6	6.08	2.36	5.55	1.07	5.79	1.29	3.75	0.58	3.68	0.51	30.3
ZTSH2017-17	33.1	70.9	7.54	31.3	5.42	2.07	5.13	0.98	5.28	1.26	3.22	0.47	3.49	0.58	28.9
ZTSH2017-18	28.7	59.7	7.13	30.4	5.16	2.05	5.26	1.07	5.36	1.32	3.39	0.50	3.59	0.66	30.7
ZTSH2017-19	29.7	61.2	7.28	30.9	5.78	2.11	4.86	1.05	5.38	1.28	3.38	0.48	3.60	0.53	30.8

注：由西北大学大陆动力学国家重点实验室测试。

表 4-3　中条山陶家窑基性岩墙微量元素含量

单位：10^{-6}

样品编号	P	Sc	V	Cr	Mn	Cu	Zn	Ga	As	Sr	Zr	Ba	Pb	Rb	Li	Be	Co	Ni	Nb
ZTSH2017-01	642	2.2	35.7	9.2	362	23.8	18.3	21.2	1.0	282	62.1	1653	21.1	212	8.79	1.89	5.06	7.73	18.8
ZTSH2017-02	690	3.8	43.2	5.5	363	20.2	27.1	17.3	0.5	392	107	1262	16.1	145	9.50	1.75	8.08	4.16	26.2
ZTSH2017-03	2344	8.1	60.3	5.3	499	21.0	44.4	25.6	0.5	326	209	1128	18.8	165	20.6	2.38	11.6	5.17	54.5
ZTSH2017-04	1241	9.0	47.0	11.6	694	13.8	45.5	20.3	0.5	340	74.7	1049	22.3	137	10.6	1.66	7.08	2.27	28.0
ZTSH2017-05	396	1.5	22.8	19.3	272	10.1	22.3	14.2	0.5	203	136	1117	12.4	159	10.4	0.84	4.22	5.31	27.0
ZTSH2017-06	223	1.2	14.8	9.2	156	12.5	12.0	14.5	0.5	169	103	1177	18.8	193	5.81	1.10	2.42	3.28	17.5
ZTSH2017-07	502	8.4	51.7	26.7	592	11.1	55.2	19.2	0.8	344	124	748	9.5	103	25.0	1.15	10.7	23.1	8.44
ZTSH2017-08	923	21.5	151	208	1560	67.5	108	18.4	0.5	329	157	1036	19.7	48.9	36.4	0.96	34.0	38.2	17.4
ZTSH2017-09	982	24.1	155	215	1241	44.5	101	18.5	0.5	334	160	940	14.6	37.1	33.1	1.02	33.5	36.7	8.65
ZTSH2017-10	982	24.4	160	216	1302	40.9	105	18.5	0.5	339	162	921	16.2	30.1	37.2	1.02	35.1	40.4	14.8
ZTSH2017-11	925	23.2	164	226	1049	41.5	106	19.2	1.3	319	163	897	18.2	40.5	43.8	2.33	36.1	41.6	21.0
ZTSH2017-12	1005	23.0	161	222	1292	34.0	103	19.6	0.5	349	164	969	13.7	34.0	32.8	0.91	35.2	39.7	14.8
ZTSH2017-13	971	28.5	181	277	866	32.1	128	20.4	0.8	297	146	836	13.3	42.9	54.8	1.42	36.9	41.9	14.0
ZTSH2017-14	861	25.6	155	278	1300	31.7	110	18.8	0.6	329	143	870	15.6	41.5	42.2	1.01	37.2	42.3	21.4
ZTSH2017-15	918	25.5	166	262	1277	42.1	106	20.2	0.5	337	154	919	15.0	40.6	43.5	1.04	38.0	41.6	8.45
ZTSH2017-16	991	23.1	167	241	990	38.2	93.0	19.5	0.5	325	156	1070	18.7	40.3	42.9	1.84	35.8	41.6	13.0
ZTSH2017-17	996	26.9	170	239	971	34.7	114	19.1	0.5	326	161	864	16.2	34.4	47.6	1.55	36.3	39.8	12.3
ZTSH2017-18	959	27.6	155	226	1270	32.5	106	17.2	0.5	279	150	909	13.5	36.6	50.0	1.52	32.2	35.6	11.6
ZTSH2017-19	1031	25.6	163	230	1335	37.3	94.4	19.0	0.5	328	157	955	11.3	42.2	37.8	1.02	35.5	38.9	14.4

注：由西北大学大陆动力学国家重点实验室测试。

续表

样品编号	Cd	Cs	Ta	W	Hf	Tl	Th	U	Ge	In	Ag	Sn	Mo	B	Te	Bi	Sb	Hg
ZTSH2017-01	0.074	1.46	1.91	5.30	3.30	1.10	12.0	5.25	1.03	0.036	0.050	1.96	2.07	19.4	0.067	0.14	0.40	39.2
ZTSH2017-02	0.057	1.41	2.55	0.95	2.00	0.73	10.0	2.99	1.16	0.030	0.044	1.86	2.05	3.69	0.040	0.12	0.26	24.8
ZTSH2017-03	0.14	1.07	6.90	0.66	2.57	0.88	17.6	6.70	2.11	0.067	0.050	7.90	1.34	6.68	0.030	0.16	0.16	13.5
ZTSH2017-04	0.062	1.39	2.70	0.96	1.53	0.78	13.7	4.73	1.90	0.060	0.054	4.78	1.05	18.5	0.017	0.17	0.12	8.47
ZTSH2017-05	0.058	1.35	1.87	0.70	1.83	0.71	14.5	1.45	0.75	0.017	0.034	0.61	0.89	17.3	0.014	0.047	0.11	5.03
ZTSH2017-06	0.089	0.85	0.77	0.93	1.98	0.85	10.5	1.43	0.65	0.012	0.048	0.80	1.94	5.75	0.013	0.067	0.098	2.51
ZTSH2017-07	0.073	1.50	0.76	0.93	1.46	0.56	5.01	1.56	0.97	0.030	0.031	1.23	0.65	27.0	0.018	0.069	0.14	8.20
ZTSH2017-08	0.12	1.42	1.16	0.70	6.40	0.44	3.25	0.72	2.13	0.076	0.054	2.62	1.57	41.8	0.027	0.072	0.19	10.6
ZTSH2017-09	0.14	0.97	1.33	0.75	6.88	0.34	2.74	0.62	2.05	0.073	0.056	2.50	1.46	16.6	0.025	0.062	0.19	9.10
ZTSH2017-10	0.21	0.98	0.96	0.69	7.15	0.31	2.88	0.64	1.99	0.075	0.043	2.34	1.80	19.5	0.025	0.072	0.19	5.89
ZTSH2017-11	0.49	1.24	1.07	1.17	7.32	0.38	2.94	0.70	2.00	0.076	0.047	1.80	1.25	11.8	0.018	0.071	0.17	7.16
ZTSH2017-12	0.21	1.22	1.58	1.19	7.47	0.35	2.64	0.64	1.97	0.081	0.048	1.82	1.65	20.2	0.023	0.038	0.16	6.20
ZTSH2017-13	0.14	2.70	1.37	0.90	6.76	0.32	2.42	7.47	1.88	0.078	0.037	2.23	1.52	18.3	0.025	0.076	0.18	8.14
ZTSH2017-14	0.14	1.61	1.26	1.08	6.04	0.37	2.22	0.92	1.93	0.070	0.047	2.06	2.19	27.4	0.018	0.084	0.29	9.41
ZTSH2017-15	0.23	1.70	0.58	1.06	6.91	0.37	2.50	0.68	1.97	0.076	0.061	2.00	1.27	21.0	0.011	0.053	0.16	7.21
ZTSH2017-16	0.14	1.11	1.96	1.12	7.87	0.38	2.65	0.72	1.97	0.077	0.070	2.15	1.45	12.3	0.013	0.055	0.24	12.6
ZTSH2017-17	0.22	1.72	1.07	1.14	7.47	0.33	2.68	0.87	1.93	0.078	0.042	2.05	1.34	15.6	0.013	0.051	0.18	10.1
ZTSH2017-18	0.22	1.86	1.15	1.09	6.30	0.32	2.41	6.31	1.71	0.070	0.042	1.79	1.16	17.5	0.017	0.038	0.12	7.16
ZTSH2017-19	0.088	1.64	1.33	0.85	7.89	0.31	2.88	1.29	1.95	0.073	0.052	2.11	1.88	30.1	0.014	0.042	0.17	5.90

注：由西北大学大陆动力学国家重点实验室测试。

表 4-4　中条山陶家窑基性岩墙的锆石 LA-ICPMS U-Pb 数据

测点号	Th	U	Th/U	U-Pb 同位素比值								年龄/Ma							
	10^{-6}	10^{-6}		$^{207}Pb/^{206}Pb$	±1σ	$^{207}Pb/^{235}U$	±1σ	$^{206}Pb/^{238}U$	±1σ	$^{208}Pb/^{232}Th$	±1σ	$^{207}Pb/^{206}Pb$	±1σ	$^{207}Pb/^{235}U$	±1σ	$^{206}Pb/^{238}U$	±1σ	$^{208}Pb/^{232}Th$	±1σ
F2-2-05	41.1	120.6	0.34	0.10886	0.00103	4.77306	0.05002	0.31775	0.00195	0.08744	0.00101	1781	17	1780	9	1779	10	1694	19
F2-2-14	26.5	73.9	0.36	0.10705	0.00169	4.56823	0.07412	0.31020	0.00280	0.08811	0.00107	1750	34	1743	14	1742	14	1707	20
F2-2-17	192.0	457.8	0.42	0.05139	0.00149	0.25411	0.00723	0.03601	0.00039	0.01063	0.00016	257	67	230	6	228	2	214	3
F2-2-19	72.0	159.1	0.45	0.10860	0.00097	4.76735	0.05400	0.31775	0.00218	0.08573	0.00087	1776	16	1779	10	1779	11	1662	16
F2-2-39	53.8	125.8	0.43	0.11331	0.00137	5.09690	0.07126	0.32579	0.00221	0.09559	0.00112	1854	22	1836	12	1818	11	1845	21
C3-2-02	92.7	261.2	0.35	0.11119	0.00360	4.94331	0.17670	0.32101	0.00429	0.09816	0.00322	1820	59	1810	30	1795	21	1893	59
C3-2-03	78.1	257.4	0.30	0.11527	0.00255	5.09212	0.13232	0.31932	0.00463	0.09982	0.00347	1884	40	1835	22	1786	23	1923	64
C3-2-05	216.4	668.1	0.32	0.11163	0.00251	4.98562	0.16792	0.32320	0.00808	0.09080	0.00232	1828	41	1817	29	1805	39	1757	43
C3-2-10	61.8	191.3	0.32	0.11210	0.00200	5.13071	0.09705	0.33145	0.00357	0.10046	0.00188	1835	27	1841	16	1845	17	1935	35
C3-2-14	394.5	885.7	0.45	0.11267	0.00175	5.13562	0.08132	0.32899	0.00297	0.09242	0.00140	1843	29	1842	14	1833	14	1787	26
C3-2-15	59.7	140.6	0.42	0.11548	0.00207	5.34408	0.10373	0.33445	0.00366	0.10353	0.00228	1887	33	1876	17	1860	18	1991	42
C3-2-19	137.8	548.0	0.25	0.11366	0.00197	5.12836	0.09295	0.32628	0.00282	0.08865	0.00148	1859	36	1841	15	1820	14	1717	27

注：由西北大学大陆动力学国家重点实验室测试。

表 4-5 中条山陶家窑基性岩墙 Sr-Nd 同位素组成

样品编号	Rb /10^{-6}	Sr /10^{-6}	$^{87}Rb/^{86}Sr$	$^{87}Sr/^{86}Sr$	I_{Sr}	ε_{Sr} (0)	ε_{Sr} (t)	$f_{Rb/Sr}$	Sm /10^{-6}	Nd /10^{-6}	$^{147}Sm/^{144}Nd$	$^{143}Nd/^{144}Nd$	I_{Nd}	t_{DM} /Ma	t_{2DM} /Ma	t_{chur} /Ma	ε_{Nd} (0)	ε_{Nd} (t)	$f_{Sm/Nd}$
ZTSH-01	211. 6	281. 5	2. 1788	0. 757176	0. 69956	747. 7	-39. 2	25. 35	4. 33	15. 2	0. 1737	0. 5122	0. 5101	3448	2510	2617	-7. 74	-2. 32	-0. 12
ZTSH-02	145. 0	391. 7	1. 0730	0. 731945	0. 70357	389. 6	17. 9	11. 97	6. 37	33. 6	0. 1156	0. 5115	0. 5101	2585	2604	2168	-22. 59	-3. 48	-0. 41
ZTSH-03	164. 6	326. 0	1. 4635	0. 747195	0. 7085	606	88. 1	16. 7	20. 8	105. 1	0. 1207	0. 5112	0. 5097	3250	3210	2954	-28. 93	-11. 04	-0. 39
ZTSH-04	137. 4	340. 0	1. 1714	0. 738135	0. 70716	477. 4	69	13. 16	20. 5	84	0. 1488	0. 5120	0. 5102	2658	2394	1976	-12. 15	-0. 85	-0. 24
ZTSH-05	158. 6	203. 4	2. 2601	0. 749895	0. 69013	644. 4	-173. 5	26. 33	2. 84	19. 6	0. 0884	0. 5111	0. 5100	2468	2663	2137	-29. 74	-4. 2	-0. 55
ZTSH-06	193. 4	169. 2	3. 3131	0. 766306	0. 6787	877. 3	-336. 2	39. 06	2. 49	17. 2	0. 0883	0. 5111	0. 5101	2447	2636	2113	-29. 43	-3. 87	-0. 55
ZTSH-07	103. 1	344. 3	0. 8680	0. 727113	0. 70416	321	26. 3	9. 5	2. 31	11. 2	0. 1258	0. 5114	0. 5099	3018	2922	2646	-24. 15	-7. 45	-0. 36
ZTSH-08	48. 9	328. 9	0. 4309	0. 720565	0. 70917	228	97. 6	4. 21	5. 3	30. 5	0. 1060	0. 5114	0. 5101	2485	2566	2093	-24. 39	-3. 01	-0. 46
ZTSH-09	37. 1	334. 0	0. 3220	0. 716964	0. 70845	176. 9	87. 4	2. 89	5. 56	30. 6	0. 1108	0. 5114	0. 5100	2612	2670	2223	-24. 54	-4. 3	-0. 44
ZTSH-10	30. 1	339. 0	0. 2574	0. 715429	0. 70862	155. 1	89. 8	2. 11	5. 73	30. 3	0. 1153	0. 5114	0. 5100	2760	2786	2381	-24. 92	-5. 75	-0. 41
ZTSH-11	40. 5	318. 9	0. 3681	0. 718661	0. 70893	201	94. 2	3. 45	6. 58	35. 1	0. 1143	0. 5113	0. 5099	2794	2831	2427	-25. 71	-6. 3	-0. 42
ZTSH-12	34. 0	349. 4	0. 2821	0. 716149	0. 70869	165. 4	90. 8	2. 41	5. 5	30. 8	0. 1089	0. 5114	0. 5101	2564	2633	2174	-24. 53	-3. 83	-0. 45
ZTSH-13	42. 9	297. 2	0. 4184	0. 720615	0. 70955	228. 7	103	4. 06	4. 81	27. 3	0. 1074	0. 5113	0. 5101	2573	2654	2192	-25. 14	-4. 1	-0. 45
ZTSH-14	41. 5	328. 5	0. 3662	0. 718661	0. 70898	201	94. 9	3. 43	5. 36	26. 9	0. 1215	0. 5114	0. 5099	2900	2861	2521	-24. 39	-6. 67	-0. 38
ZTSH-15	40. 6	337. 2	0. 3490	0. 717899	0. 70867	190. 2	90. 5	3. 22	5. 67	28. 6	0. 1209	0. 5114	0. 5099	2902	2870	2527	-24. 65	-6. 79	-0. 39
ZTSH-16	40. 3	325. 3	0. 3591	0. 718401	0. 70891	197. 3	93. 9	3. 34	6. 08	33. 6	0. 1103	0. 5114	0. 5100	2614	2676	2228	-24. 73	-4. 38	-0. 44
ZTSH-17	34. 4	325. 8	0. 3060	0. 716525	0. 70843	170. 7	87. 1	2. 7	5. 42	31. 3	0. 1056	0. 5113	0. 5100	2597	2696	2228	-26. 09	-4. 61	-0. 46
ZTSH-18	36. 6	279. 4	0. 3797	0. 720547	0. 71051	227. 8	116. 7	3. 59	5. 16	30. 4	0. 1035	0. 5114	0. 5101	2438	2529	2047	-24. 51	-2. 54	-0. 47
ZTSH-19	42. 2	327. 7	0. 3733	0. 718589	0. 70872	200	91. 2	3. 51	5. 78	30. 9	0. 1141	0. 5114	0. 5100	2693	2728	2305	-24. 49	-5. 02	-0. 42

注：由西北大学大陆动力学国家重点实验室测试。

表 4-6 中条山陶家窑基性岩墙 Pb 同位素组成

样品编号	$U/10^{-6}$	$Th/10^{-6}$	$Pb/10^{-6}$	$^{206}Pb/^{204}Pb$	$^{207}Pb/^{204}Pb$	$^{208}Pb/^{204}Pb$	$^{206}Pb/^{204}Pb_t$	$^{207}Pb/^{204}Pb_t$	$^{208}Pb/^{204}Pb_t$	$^{206}Pb/^{207}Pb$	μ	ω	Th/U	V1	V2
ZTSH-01	5.25	12	21.1	18.527	15.568	38.368	13.315	14.982	34.816	1.1901	9.39	35.33	3.64	213.14	178.66
ZTSH-02	2.99	10	16.1	18.478	15.606	38.515	14.581	15.168	34.629	1.184	9.47	36.52	3.73	215.51	174.98
ZTSH-03	6.7	17.6	18.8	18.613	15.534	39.063	11.072	14.687	33.157	1.1982	9.32	37.28	3.87	233.81	174.44
ZTSH-04	4.73	13.7	22.3	18.589	15.537	39.022	14.105	15.033	35.15	1.1964	9.32	37.28	3.87	232.02	173.64
ZTSH-05	1.45	14.5	12.4	18.707	15.568	39.169	16.225	15.289	31.769	1.2016	9.37	37.51	3.87	239.37	179.31
ZTSH-06	1.43	10.5	18.8	18.525	15.566	39.154	16.915	15.385	35.629	1.1901	9.39	38.44	3.96	233.55	169.08
ZTSH-07	1.56	5.01	9.5	18.643	15.562	39.085	15.165	15.171	35.755	1.198	9.37	37.48	3.87	235.27	176.53
ZTSH-08	0.72	3.25	19.7	18.418	15.549	39.071	17.646	15.462	38.033	1.1845	9.36	38.55	3.99	228.2	163.58
ZTSH-09	0.62	2.74	14.6	18.555	15.602	38.631	17.662	15.502	37.454	1.1893	9.45	36.54	3.74	220.83	177.89
ZTSH-10	0.64	2.88	16.2	18.671	15.742	39.148	17.831	15.648	38.021	1.1861	9.72	39.31	3.91	237.75	181.52
ZTSH-11	0.7	2.94	18.2	18.415	15.545	38.53	17.609	15.454	37.521	1.1846	9.36	36.35	3.76	214.02	169.81
ZTSH-12	0.64	2.64	13.7	18.596	15.799	39.119	17.604	15.687	37.898	1.177	9.84	40.19	3.95	234.76	178.91
ZTSH-13	7.47	2.42	13.3	18.726	15.683	38.997	6.811	14.344	37.846	1.194	9.59	37.84	3.82	235.46	185.1
ZTSH-14	0.92	2.22	15.6	18.679	15.3	39.047	17.434	15.16	38.151	1.2208	8.87	34.65	3.78	235.36	173.01
ZTSH-15	0.68	2.5	15	18.907	15.421	38.546	17.952	15.314	37.499	1.2261	9.08	32.83	3.5	229.11	194.79
ZTSH-16	0.72	2.65	18.7	18.647	15.3	38.776	17.838	15.209	37.888	1.2188	8.87	33.83	3.69	227.35	174.43
ZTSH-17	0.87	2.68	16.2	18.439	15.274	38.686	17.315	15.148	37.654	1.2072	8.83	34.3	3.76	218.8	163.07
ZTSH-18	6.31	2.41	13.5	18.551	15.358	38.672	8.745	14.256	37.555	1.2079	8.98	34.46	3.71	221.78	171.55
ZTSH-19	1.29	2.88	11.3	18.303	15.294	38.543	15.922	15.027	36.958	1.1967	8.88	34.65	3.78	211.02	157.49

注：由西北大学大陆动力学国家重点实验室测试。

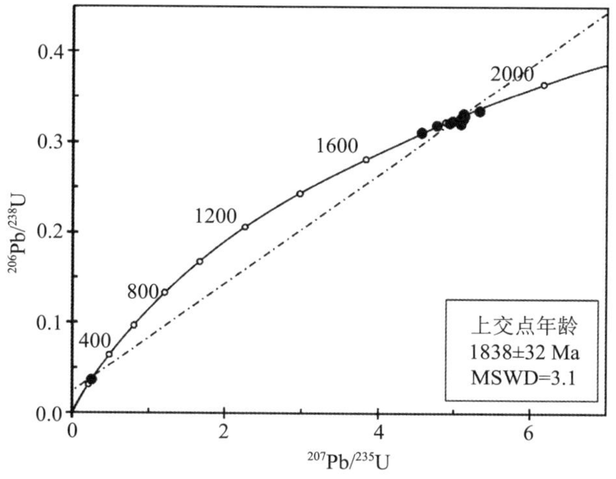

图 4-10 中条山陶家窑基性岩墙群的锆石 LA-ICPMS U-Pb 年龄

基性岩墙 LA-ICPMS U-Pb 年龄晚于其围岩太古宇涑水群、绛县群锆石 U-Pb 不一致线年龄 2.53~2.50 Ga（Wan et al.，2009），与基性岩墙群呈墙状侵位于围岩中的地质事实吻合。与熊耳群火山岩以及华北克拉通其他地区该时期的岩墙群年龄接近（Peng，2005；Halls et al.，2000；Wang et al.，2004；Hu et al.，2010），它们共同代表这一时期可能存在较大范围的岩浆事件。

（2）地球化学特征

1）主量元素特征。岩石 SiO_2 含量为 47.85%~73.05%，大多为中—基性，少量为基性；MgO 含量为 0.89%~6.47%，$Mg^{\#}$（$Mg^{\#}=100\times Mg^{2+}/(Mg^{2+}+Fe^{2+})$）变化较大（47.0~65.4）；低碱（$K_2O+Na_2O$ 为 4.41%~13.29%），且钾、钠含量比值变化较大（$K_2O/Na_2O=0.55\sim1.89$）；FeO^T（$FeO^T=FeO+0.9\times Fe_2O_3$）变化范围为 1.08%~10.15%。岩石系列判别图解（图 4-11）表明，研究区基性岩墙以玄武安山岩、安山岩为主，属于拉斑玄武岩系列。

固结指数（*SI*）用于确定玄武岩岩石的分异程度（Kuno et al.，1957），本区基性岩墙群的固结指数变化较大（3.68~30.02），反映了比较明显的分异趋势（表 4-1）。从 *SI*-SiO_2 图解［图 4-12（a）］和 *SI*-MgO 图解［图 4-12（b）］可以看出，岩石中固结指数 *SI* 与 MgO 的含量线性相关性比较强，岩石中固结指数 *SI* 与 SiO_2 的含量没有相关性，说明 MgO 对分异结晶趋势的起主导作用（图 4-12）。

2）微量元素特征。在球粒陨石标准化图解中，样品均表现为右倾斜的 REE 配分模式［图 4-13（a）］。REE 总量变化于 $65.2\times10^{-6}\sim481.38\times10^{-6}$，LREE/HREE 比值为 5.4~24.7，La 含量较高（$13.5\times10^{-6}\sim83.7\times10^{-6}$），Yb 含量较低（$0.23\times10^{-6}\sim4.95\times10^{-6}$），$(La/Yb)_N$ 值为 4.97~86.70，体现 LREE、HREE 强烈分异的特点。大部分样品显示 Eu 正异常（δEu 为 0.81~1.53）。

微量元素组成上，总体富集 Rb、Th、U、Pb 等大离子亲石元素，相对亏损 Nb、Ta、Zr、Hf 等高场强元素，而 Sr 相对相邻元素（Pr 和 Nd）亏损［图 4-13（b）］，这些特征

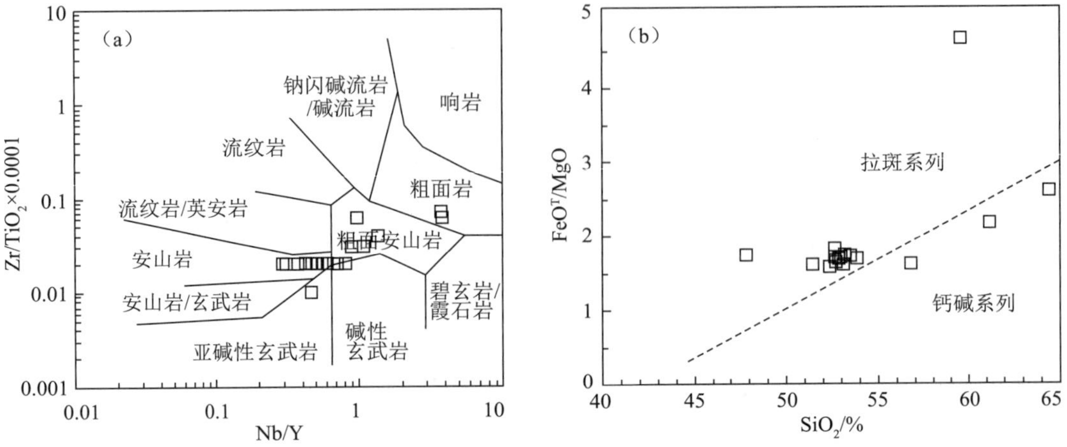

图 4-11　中条山陶家窑基性岩墙群的岩石系列判别图解

（a）（Zr/TiO_2×0.0001）–（Nb/Y）图解（据 Winchester et al.，1977）；（b）（FeO^T/MgO）–SiO_2 图解

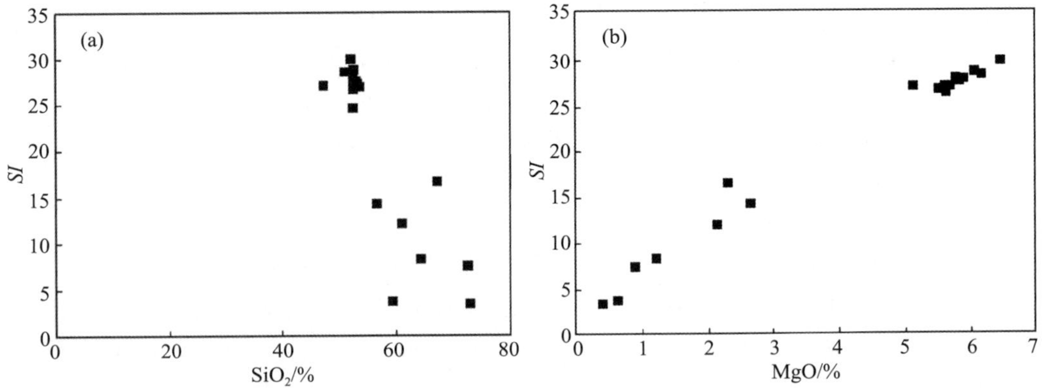

图 4-12　华北克拉通东南缘中条山陶家窑基性岩墙群的 *SI*–SiO_2 图解（a）和 *SI*–MgO 图解（b）

表明俯冲沉积物交代了岩浆的地幔源区（Yan et al.，2001b；Tang et al.，2014）。岩墙的 Nb/Ta 比值变化范围大，变化在 7.96~49.31 之间，与球粒陨石和原始地幔的 Nb/Ta 比值（约 17.5）相差比较大，大部分样品高于新太古代大陆地壳平均值（11~12），说明岩浆来自某种过渡型地幔或富集地幔源区（Hofmann，1988；Green，1995；Zhang et al.，2004）。

3）Sr-Nd-Pb 同位素地球化学。Sr-Nd-Pb 同位素分析结果列于表 4-5、表 4-6。岩墙的 Sr 含量（平均为 313.0×10^{-6}）低于地壳丰度（370×10^{-6}），$^{87}Rb/^{86}Sr$、$^{87}Sr/^{86}Sr$ 比值分别为 0.2574~3.3131 和 0.7154~0.7663，I_{Sr} 值为 0.6787~0.7105。岩石 $^{147}Sm/^{144}Nd$ 和 $^{143}Nd/^{144}Nd$ 比值分别为 0.0883~0.1737 和 0.5112~0.5122，所有样品的 ε_{Nd}（t）值为 −11.04~−2.32，t_{DM}=2.438~3.448 Ga，平均为 2.727 Ga（表 4-5）。

Pb 同位素比值变化较小，$^{208}Pb/^{204}Pb_t$、$^{207}Pb/^{204}Pb_t$、$^{206}Pb/^{204}Pb_t$ 值分别是 31.769~38.151、14.256~15.687、6.811~17.952（表 4-6）。

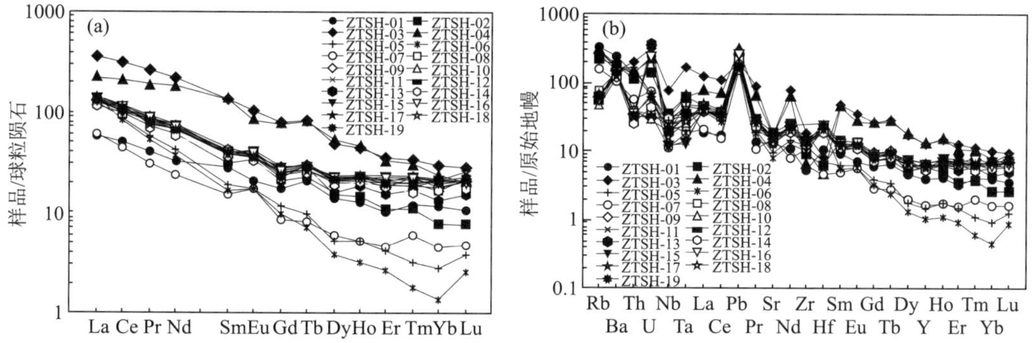

图 4-13　中条山陶家窑基性岩墙球粒陨石标准化稀土配分曲线（a）和微量元素原始地幔标准化蛛网图（b）

（球粒陨石标准化值和原始地幔数据据 Sun and McDonough，1989）

（五）讨论

（1）地壳混染

中条山陶家窑地区基性岩墙总体上以 Nb、Ta、Zr、Hf 亏损和较低的 ε_{Nd}（t）值（-11.04～-2.32）为特征，表明在形成过程中有地壳物质或者富集岩石圈地幔物质的加入。基性岩墙的 Nb/La 比值大部分小于 1，变化范围为 0.29～0.92，与 SiO_2 的含量相关性不强，说明岩浆在分异演化过程中受地壳混染的程度较低，反映的是源区的特点（Hu et al.，2010）。Nb/La<1（1 为原始地幔值；Weaver，1991）表示源区有陆壳物质的加入，与俯冲作用有关（Hergt et al.，1991）。岩墙群的 $^{143}Nd/^{144}Nd$ 比值变化范围很小，变化范围为 0.51112～0.51122，而且 ε_{Nd}（t）值与 MgO 和 SiO_2 没有明显的相关性（图 4-14），说明岩浆在上升过程中受到地壳的混染作用不大。

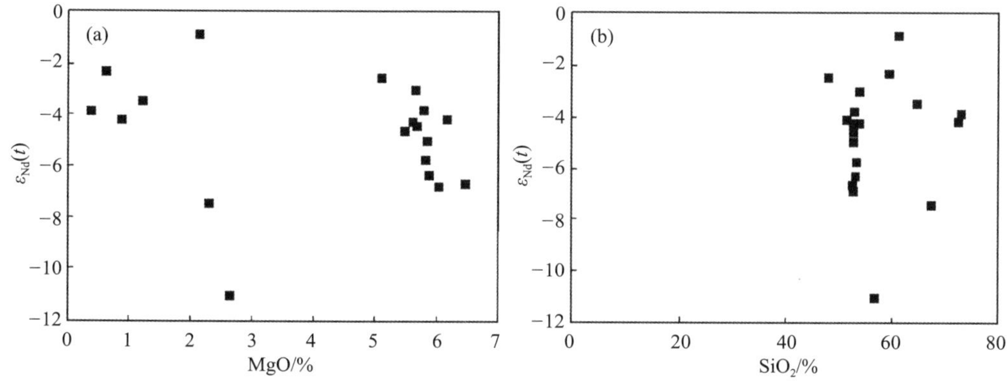

图 4-14　中条山陶家窑地区基性岩墙 ε_{Nd}（t）-MgO（a）和 ε_{Nd}（t）-SiO_2（b）图解

因此，岩浆中地壳物质主要来源于俯冲过程中陆壳物质的加入，与岩浆结晶分异以及上升过程中地壳混染作用关系不大。

（2）岩浆源区性质

基性岩墙群大部分样品亏损 HFSE，富集 LILE，有明显的 Nb、Ta 和 Ti 负异常以及 Ba

和 Pb 的正异常，其$^{143}Nd/^{144}Nd$ 值和$^{206}Pb/^{204}Pb$ 值都表现出富集地幔的特征（Zindler et al.，1986）。从图 4-15 可以看出，基性岩墙样品都落在地球演化线的右侧，分布于 EMⅡ范围内及其附近，而且都位于下地壳分布区，说明岩浆源区具有与 EMⅡ和下地壳相似的同位素组成，富集地幔（EMⅡ）可能受下地壳组分的改造。

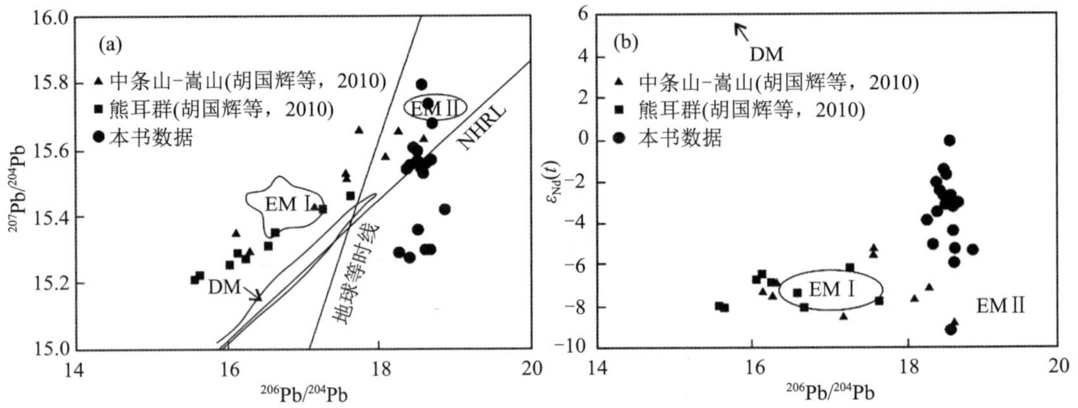

图 4-15 中条山陶家窑基性岩墙（$^{206}Pb/^{204}Pb$）-（$^{207}Pb/^{204}Pb$）（a）和（$^{206}Pb/^{204}Pb$）-ε_{Nd}（t）（b）图解

（据 Zindler et al.，1986）

Nd 同位素的 t_{DM}（2.43～3.45 Ga）表明它们起源于太古宙陆下岩石圈地幔。微量元素特征表明该基性岩墙群的富集地幔源区可能经历与大洋俯冲相关的交代作用（Rudnick et al.，1995；LaFlèche et al.，1998；Hu et al.，2010）。与华北克拉通其他地区的同期岩墙群类似（Peng et al.，2007；Hou et al.，2001，2005；Wang et al.，2004）。

（3）构造环境

从图 4-16（a）可以看出，大多数样品落在活动大陆边缘和板内玄武岩范围之内，

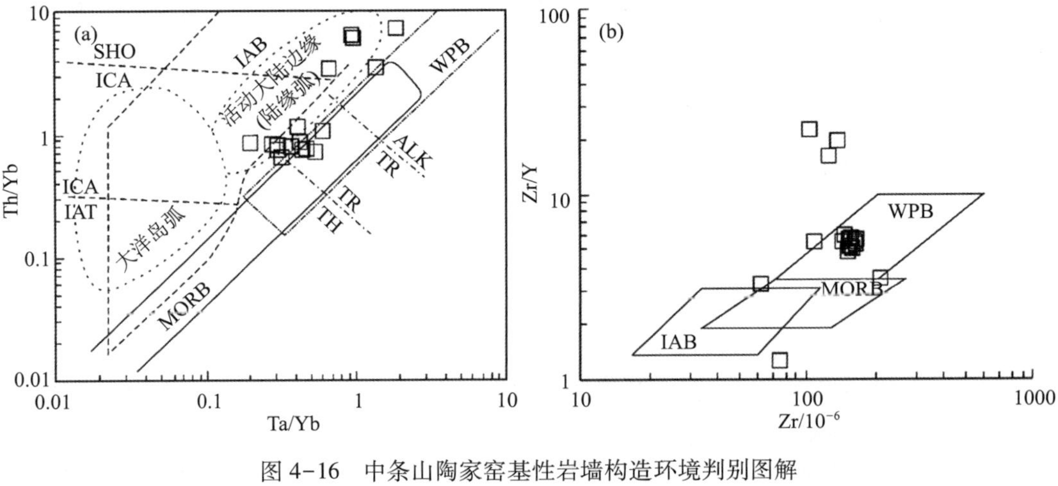

图 4-16 中条山陶家窑基性岩墙构造环境判别图解

（a）（Th/Yb）-（Ta/Yb）图解（据 Pearce et al.，1982）；（b）（Zr/Y）-Zr 图解（据 Pearce et al.，1973）

在形成环境上表现出由大陆向活动大陆边缘演化的趋势，这一演化特征可能指示了大陆裂解的地质过程（Zeng et al.，2004）。从图 4-16（b）可以看出，大部分样品都落在板内玄武岩区域，表明基性岩墙群可能是在陆内裂解期间形成的（Zhao et al.，2001）。因此，本书认为该基性岩墙群可能形成碰撞后伸展构造环境。

（六）小结

1）中条山陶家窑基性岩墙群岩性以辉绿岩为主，少量辉长辉绿岩和辉绿玢岩，主要造岩矿物为斜长石和单斜辉石，属于拉斑玄武岩。

2）锆石 LA-ICPMS U-Pb 年龄为 1838±32 Ma，可为该基性岩墙群的结晶年龄。

3）岩浆来源于受俯冲交代的富集岩石圈地幔，地壳物质混染作用主要发生在源区。

4）形成于华北克拉通碰撞期后伸展构造环境。

三、中元古代中期火山事件

1.35~1.20 Ga 主要发育伸展构造背景活动岩浆，与燕辽裂谷发育息息相关。在华北克拉通东北部燕辽地区从西到东发现了大量年龄为约 1370 Ma 的中元古代凝灰岩（或斑脱岩）和约 1320 Ma 的基性岩墙（床）和花岗岩（Zhang et al.，2009；李怀坤等，2009；乔秀夫等，2014）。例如，白云鄂博矿区发育 1.4~1.2 Ga 的火成碳酸岩脉（范宏瑞等，2006）；吉林通化地区发育中元古代北东向辉绿岩墙（1244±28 Ma；裴福萍等，2013）。晚些时期朝鲜 Nangrim 地块北部发育含角闪石花岗岩体（1195 Ma；Zhao，et al.，2006）；甘肃马衔山发育“S”壳源重熔型花岗岩杂岩体（1192±38 Ma；王洪亮等，2007）。

四、新元古代早期火山事件

约 844 Ma 为弧后伸展裂解时期，主要发育于徐淮地区、北秦岭地区和北祁连地区。例如，徐淮地区侵位于青白口系九顶山组的辉绿岩年龄为 890 Ma（王清海等，2011）。北秦岭地区、北祁连造山带多处发育 840 Ma 左右的碱性、双峰式和侵入岩体（王星等，2008；苏犁，2004；吕林素等，2007）。内蒙古自治区乌海市海勃湾区千里山苏白沟基性岩墙群为新元古代早期火山活动的产物。

（一）地质概况

千里山位于华北克拉通北缘西段，属于阴山-大青山孔兹岩系（孔兹岩带）向西延伸的一部分；其西以断层与阿拉善地块相邻（Zhao et al.，2005；Yin et al.，2009，2011，2014；Dan et al.，2012b；沈其韩等，2016；Qiao et al.，2016；彭澎等，2018）（图 4-17）。千里山地区的基底为千里山杂岩，主要由高级变质表壳岩系和少量 S 型花岗岩组成，其中，表壳岩系主要包括含石墨矽线石榴片麻岩、石榴子石石英岩、斜长黑云母片麻岩、钙硅质岩石和大理岩，称为千里山（岩）群（阎月华，1983；Yin et al.，2009，2014；彭澎等，2018）。

千里山地区的盖层包括黄旗口组（群）、王全口组（群）和正目观组（宁夏回族自治区地质矿产局，1990；内蒙古自治区地质矿产局，1991）。黄旗口组为一套由灰紫、紫

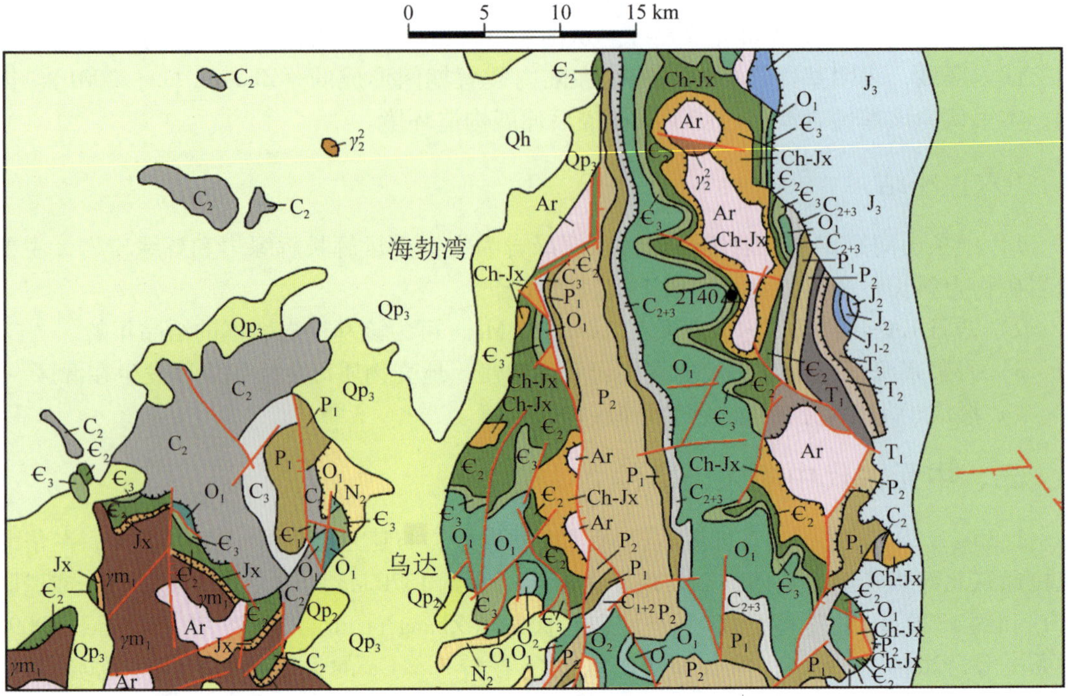

图 4-17 千里山苏白沟地质图

红、灰白色石英岩、石英岩状砂岩、杂色泥质岩及白云岩组成的滨浅海相沉积，不整合于变质基底之上，厚约 552m；自下而上可分为两个岩性段：下段以滨浅海相石英岩状砂岩、石英砂岩为主，夹灰绿色、紫红色板岩；上段为灰白色、灰色石英岩状砂岩、石英砂岩、白云岩、白云质灰岩互层，夹少量板岩（宁夏回族自治区地质矿产局，1990；史晓颖等，2008；李明涛等，2014；宋立军等，2016a）。王全口组为一套硅质条带灰质白云岩，底部有少量石英岩、粉砂岩和钙质板岩，厚度上千米到不足百米；与黄旗口组之间为假整合关系（宁夏回族自治区地质矿产局，1990；宋立军等，2016a；彭澎等，2018）。

用于锆石 LA-ICPMS U-Pb 年龄分析的基性岩墙群样品采自乌海市海勃湾区千里山苏白沟（图 4-17）。基性岩墙宽度变化范围较大，最窄的约几十厘米，最宽可达几十米。岩墙走向较稳定、平直，不受地层地形的影响。一般可见 0.2~0.6 cm 宽的冷凝边，围岩具有 0.2~1.0 cm 宽的浅黄褐色弱烘烤边（附图 6）。

（二）岩相学特征

岩墙群岩石类型主要为辉绿岩，具有典型的辉绿结构，造岩矿物组合主要为辉石和长石，含有少量角闪石、黑云母以及不透明矿物。长石以斜长石为主，含量 48%~62%，呈长柱状，自形程度较好。辉石主要为单斜辉石，自形程度相对较差，充填于斜长石构成的三角形格架之中，也有一些辉石呈自形、半自形斑晶出现，部分辉石发生绿泥石化、角闪石化和黑云母化，42%~48%。副矿物包括 Ti-Fe 氧化物、磷灰石等。

（三）地球化学特征

（1）锆石 U-Pb 年龄

共做 27 个锆石分析点，具体分析结果见表 4-7。其 U 含量变化大（58.14×10^{-6} ~ 810.60×10^{-6}），但 $^{232}Th/^{238}U$ 比值变化范围较小（0.21~1.39），位于岩浆成因锆石 Th/U 比值范围内（Hoskin et al., 2000; Belousova et al., 2002）。27 个测点给出的谐和线下交点年龄为 743±32 Ma，可代表岩墙的结晶年龄（图 4-18）。

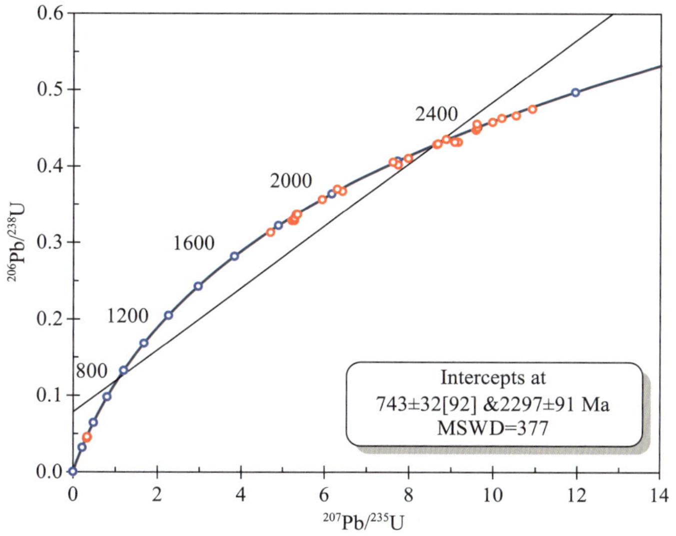

图 4-18 千里山苏白沟基性岩墙群的锆石 LA-ICPMS U-Pb 年龄

在千里山苏白沟基性岩墙群侵位于长城系黄旗口组中，据彭澎等（2018）研究，该岩墙群被石炭系不整合截切。因此，该套基性岩墙群形成时代应该晚于长城纪黄旗口期，早于石炭纪。与千里山钢厂附近岩墙年龄 813±7 Ma 接近（彭澎等；2018），可能代表了同期异相火山活动。

（2）地球化学特征

1）主量元素特征。主量元素分析结果见表 4-8。岩石 SiO_2 含量为 40.61%~53.70%，大多为基性，少量为中-基性；MgO 含量为 1.28%~3.81%，$Mg^{\#}$ 变化较小（37.45~44.47）；低碱（K_2O+Na_2O 为 4.57%~5.77%），且钾、钠含量比值变化较大（K_2O/Na_2O=1.03~3.68）；高铁，FeO^T 变化范围为 22.84%~34.18%。根据岩石系列判别图解（图 4-19、图 4-20），研究区基性岩墙以玄武岩、安山岩为主，属于拉斑玄武岩系列。

固结指数（*SI*）用于确定玄武岩岩石的分异程度（Kuno et al., 1957），本区基性岩墙群的固结指数变化较小（5.69~12.45），反映了不太明显的分异趋势。从 *SI*-SiO_2 图解（图 4-21）和 *SI*-MgO 图解（图 4-22）可以看出，岩石中固结指数 *SI* 与 MgO 的含量线性相关性比较强，岩石中固结指数 *SI* 与 SiO_2 的含量没有相关性，说明 MgO 对分异结晶趋势起主导作用。

表 4-7 千里山苏白沟基性岩墙的锆石 LA-ICPMS U-Pb 数据

测点号	Th	U	Th/U	U-Pb 同位素比值								年龄/Ma							
	10^{-6}	10^{-5}		$^{207}Pb/^{206}Pb$	±1σ	$^{207}Pb/^{235}U$	±1σ	$^{206}Pb/^{238}U$	±1σ	$^{208}Pb/^{232}Th$	±1σ	$^{207}Pb/^{206}Pb$	±1σ	$^{207}Pb/^{235}U$	±1σ	$^{206}Pb/^{238}U$	±1σ	$^{208}Pb/^{232}Th$	±1σ
F1-1-26	97.43	215.24	0.45	0.05372	0.00147	0.32278	0.00887	0.04372	0.00036	0.01337	0.00018	366.72	61.1050	284.04	6.8067	275.84	2.2528	268.37	3.6216
F1-1-33	252.24	810.60	0.31	0.05520	0.00080	0.34314	0.00507	0.04509	0.00028	0.01441	0.00014	420.42	33.3300	299.55	3.8322	284.28	1.7371	289.18	2.7435
F1-1-25	111.24	310.47	0.36	0.05246	0.00118	0.32947	0.00762	0.04555	0.00032	0.01451	0.00019	305.62	56.4750	289.16	5.8174	287.16	1.9938	291.09	3.7042
F1-1-04	54.33	58.14	0.93	0.10874	0.00158	4.69349	0.07381	0.31322	0.00236	0.09259	0.00078	1788.89	27.0075	1766.08	13.1633	1756.55	11.5858	1789.75	14.4059
F1-1-22	143.66	397.34	0.36	0.11496	0.00067	5.21195	0.04361	0.32870	0.00247	0.09934	0.00079	1879.63	15.5850	1854.57	7.1276	1832.07	11.9634	1914.22	14.5597
C3-1-07	170.58	122.41	1.39	0.11583	0.00254	5.26912	0.11918	0.32880	0.00532	0.09606	0.00186	1894.45	39.0450	1863.87	19.3445	1832.57	25.8399	1853.89	34.3024
C3-1-09	60.25	85.83	0.70	0.11499	0.00234	5.27585	0.12357	0.33215	0.00669	0.10043	0.00257	1879.94	37.1875	1864.96	20.0331	1848.79	32.3944	1934.37	47.1378
F1-1-20	106.91	126.31	0.85	0.11428	0.00099	5.31142	0.06868	0.33672	0.00333	0.09793	0.00090	1868.21	15.2750	1870.70	11.0492	1870.88	16.0441	1888.30	16.5874
F1-1-05	139.44	631.63	0.22	0.11500	0.00053	5.34489	0.02660	0.33700	0.00121	0.09928	0.00055	1879.94	7.8700	1876.07	4.2564	1872.22	5.8206	1913.27	10.0302
F1-1-31	76.64	70.29	1.09	0.12050	0.00143	5.93451	0.09294	0.35663	0.00351	0.10678	0.00138	1964.82	21.2950	1966.30	13.6098	1966.18	16.6863	2050.68	25.2919
C3-1-15	64.34	134.45	0.48	0.12672	0.00228	6.42811	0.12799	0.36741	0.00441	0.10513	0.00191	2053.70	31.7875	2036.12	17.5503	2017.22	20.8144	2020.54	34.8911
C3-1-05	87.44	202.50	0.43	0.12251	0.00222	6.29893	0.12381	0.37020	0.00460	0.10778	0.00188	1994.45	31.9400	2018.31	17.2778	2030.36	21.6700	2068.81	34.3585
F1-1-16	121.94	257.90	0.47	0.13943	0.00074	7.73889	0.04997	0.40209	0.00208	0.09902	0.00061	2220.06	9.2600	2201.13	5.8062	2178.67	9.5455	1908.38	11.1903
C3-1-02	60.00	64.20	0.93	0.13582	0.00249	7.61916	0.15246	0.40549	0.00510	0.11667	0.00207	2175.93	31.7900	2187.12	18.0226	2194.27	23.4440	2230.39	37.5476

注：由西北大学大陆动力学国家重点实验室测试。

续表

测点号	Th	U	Th/U	U-Pb 同位素比值								年龄/Ma							
	10^{-6}	10^{-6}		$^{207}Pb/^{206}Pb$	±1σ	$^{207}Pb/^{235}U$	±1σ	$^{206}Pb/^{238}U$	±1σ	$^{208}Pb/^{232}Th$	±1σ	$^{207}Pb/^{206}Pb$	±1σ	$^{207}Pb/^{235}U$	±1σ	$^{206}Pb/^{238}U$	±1σ	$^{208}Pb/^{232}Th$	±1σ
F1-1-06	24. 41	92. 49	0. 26	0. 13986	0. 00192	7. 98121	0. 16419	0. 41053	0. 00412	0. 12551	0. 00162	2225. 61	24. 2325	2228. 90	18. 5647	2217. 32	18. 8454	2389. 85	29. 1084
C3-1-13	115. 48	407. 45	0. 28	0. 14612	0. 00275	8. 65088	0. 17619	0. 42875	0. 00507	0. 11859	0. 00229	2301. 85	32. 4100	2301. 92	18. 6031	2300. 10	22. 8944	2265. 17	41. 4092
C3-1-03	72. 51	159. 29	0. 46	0. 14577	0. 00243	8. 67867	0. 16125	0. 42946	0. 00518	0. 11966	0. 00212	2298. 15	28. 3975	2304. 84	16. 9887	2303. 28	23. 3997	2284. 49	38. 2084
F1-1-13	64. 61	312. 88	0. 21	0. 15364	0. 00068	9. 16070	0. 04749	0. 43171	0. 00161	0. 12554	0. 00093	2386. 73	7. 4100	2354. 19	4. 7463	2313. 42	7. 2418	2390. 45	16. 7116
F1-1-36	56. 75	138. 38	0. 41	0. 15237	0. 00111	9. 07874	0. 08048	0. 43182	0. 00285	0. 11668	0. 00111	2372. 53	11. 8825	2345. 97	8. 1080	2313. 91	12. 8210	2230. 63	20. 0641
C3-1-10	105. 90	290. 27	0. 36	0. 14700	0. 00242	8. 87757	0. 18654	0. 43549	0. 00671	0. 12488	0. 00260	2322. 23	28. 3975	2325. 50	19. 2404	2330. 44	30. 1727	2378. 50	46. 7157
F1-1-21	85. 25	260. 05	0. 33	0. 15513	0. 00073	9. 58460	0. 06537	0. 44744	0. 00216	0. 12640	0. 00088	2403. 39	8. 7950	2395. 69	6. 2710	2383. 87	9. 6144	2405. 74	15. 7670
F1-1-23	57. 23	124. 36	0. 46	0. 15462	0. 00111	9. 61456	0. 08154	0. 45061	0. 00248	0. 12513	0. 00091	2397. 84	11. 2650	2398. 56	7. 8000	2397. 96	11. 0404	2383. 07	16. 3593
F1-1-18	91. 47	261. 50	0. 35	0. 15275	0. 00080	9. 60351	0. 07760	0. 45534	0. 00299	0. 12916	0. 00134	2376. 86	9. 4150	2397. 51	7. 4311	2418. 97	13. 2421	2455. 34	24. 0214
C3-1-17	48. 08	66. 46	0. 72	0. 15793	0. 00305	9. 97917	0. 21263	0. 45780	0. 00575	0. 12631	0. 00233	2435. 18	67. 1325	2432. 86	19. 7344	2429. 83	25. 4801	2404. 11	41. 8259
C3-1-12	158. 28	150. 69	1. 05	0. 15908	0. 00314	10. 1949	0. 25656	0. 46294	0. 00809	0. 13316	0. 00318	2445. 98	32. 8700	2452. 62	23. 3297	2452. 51	35. 6875	2526. 67	56. 7694
F1-1-32	109. 40	204. 14	0. 54	0. 16371	0. 00084	10. 5334	0. 07898	0. 46610	0. 00278	0. 12861	0. 00085	2494. 14	7. 8700	2482. 86	6. 9530	2466. 44	12. 2375	2445. 36	15. 2239
F1-1-28	130. 82	192. 10	0. 68	0. 16650	0. 00097	10. 9163	0. 08753	0. 47487	0. 00248	0. 13215	0. 00075	2524. 07	9. 8775	2516. 02	7. 4583	2504. 87	10. 8179	2508. 75	13. 3311

注：由西北大学大陆动力学国家重点实验室测试。

表 4-8 千里山苏白沟基性岩墙主量元素含量

单位：$w_B/\%$

样品编号	SiO_2	TiO_2	Al_2O_3	TFe_2O_3	FeO	Fe_2O_3	MnO	MgO	CaO	Na_2O	K_2O	P_2O_5	SO_3	LOI	$Mg^\#$	*SI*	Total
SHBG2017-01	45. 11	6. 24	8. 29	27. 17	5. 45	21. 11	0. 02	3. 81	2. 18	0. 02	0. 22	1. 49	0. 28	7. 98	41. 14	12. 45	99. 32
SHBG2017-02	46. 51	4. 73	6. 98	30. 36	4. 27	25. 61	0. 03	3. 42	1. 87	0. 02	0. 19	1. 10	0. 04	6. 94	44. 47	10. 20	99. 42
SHBG2017-03	45. 78	5. 51	7. 79	28. 81	5. 36	22. 85	0. 04	3. 62	2. 19	0. 02	0. 19	1. 36	0. 10	7. 68	40. 31	11. 30	99. 44
SHBG2017-04	49. 75	4. 33	6. 15	28. 97	2. 67	26. 00	0. 03	1. 79	2. 92	0. 02	1. 00	0. 96	0. 17	5. 96	40. 13	5. 69	99. 39
SHBG2017-05	50. 18	4. 46	6. 47	29. 40	4. 38	24. 53	0. 02	2. 67	1. 76	0. 02	0. 29	1. 14	0. 03	6. 44	37. 87	8. 37	99. 49
SHBG2017-06	48. 30	4. 59	5. 99	31. 79	3. 97	27. 38	0. 01	2. 98	1. 61	0. 02	0. 09	0. 99	0. 01	5. 98	42. 88	8. 65	99. 52
SHBG2017-07	53. 70	4. 19	6. 29	25. 38	1. 69	23. 50	0. 03	1. 28	2. 80	0. 02	1. 70	1. 04	0. 17	6. 10	43. 10	4. 54	99. 47
SHBG2017-08	40. 61	3. 84	6. 49	37. 99	4. 61	32. 87	0. 03	2. 76	2. 67	0. 02	0. 15	1. 10	0. 01	6. 48	37. 45	6. 83	99. 38
SHBG2017-09	51. 44	4. 28	6. 52	27. 96	2. 72	24. 94	0. 03	1. 84	2. 37	0. 02	0. 98	1. 04	0. 01	6. 51	40. 35	6. 03	99. 49
SHBG2017-10	50. 50	4. 95	7. 21	26. 10	4. 76	20. 81	0. 02	3. 15	1. 87	0. 02	0. 18	1. 18	0. 53	6. 62	39. 82	10. 89	99. 3
SHBG2017-11	41. 91	4. 48	6. 93	36. 36	4. 92	30. 89	0. 02	3. 06	1. 85	0. 02	0. 12	1. 17	0. 15	6. 76	38. 35	7. 84	99. 57
SHBG2017-12	47. 45	4. 47	6. 41	32. 05	4. 75	26. 77	0. 02	3. 01	1. 67	0. 02	0. 13	1. 11	0. 02	6. 39	38. 79	8. 68	99. 46
SHBG2017-13	47. 90	4. 50	6. 93	31. 06	4. 48	26. 08	0. 02	2. 87	1. 76	0. 02	0. 20	1. 19	0. 01	6. 92	39. 05	8. 53	99. 51
SHBG2017-14	42. 24	4. 90	6. 63	33. 28	4. 39	28. 40	0. 03	3. 29	3. 35	0. 02	0. 20	1. 17	0. 01	6. 62	42. 84	9. 06	99. 43
SHBG2017-15	45. 09	4. 27	6. 51	34. 35	3. 99	29. 92	0. 03	2. 73	1. 81	0. 02	0. 41	1. 12	0. 01	6. 50	40. 63	7. 37	99. 43
SHBG2017-16	50. 40	4. 59	6. 53	28. 75	3. 42	24. 95	0. 02	2. 49	1. 89	0. 02	0. 51	1. 11	0. 08	6. 44	42. 13	7. 93	99. 5

注：由西北大学大陆动力学国家重点实验室测试，$Mg^\# = 100 \times Mg^{2+}/(Mg^{2+}+Fe^{2+})$，$SI = (MgO \times 100)/(MgO+FeO+Fe_2O_3+Na_2O+K_2O)$。

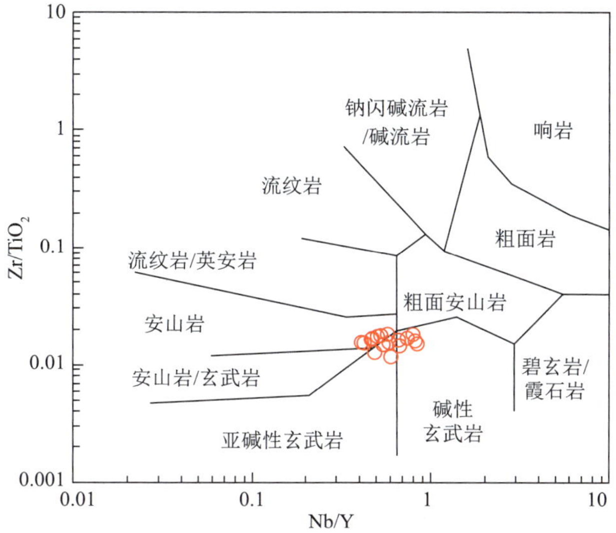

图 4-19 千里山苏白沟基性岩墙群 $Zr/TiO_2 \times 0.0001$-（Nb/Y）图解

（据 Winchester et al.，1977）

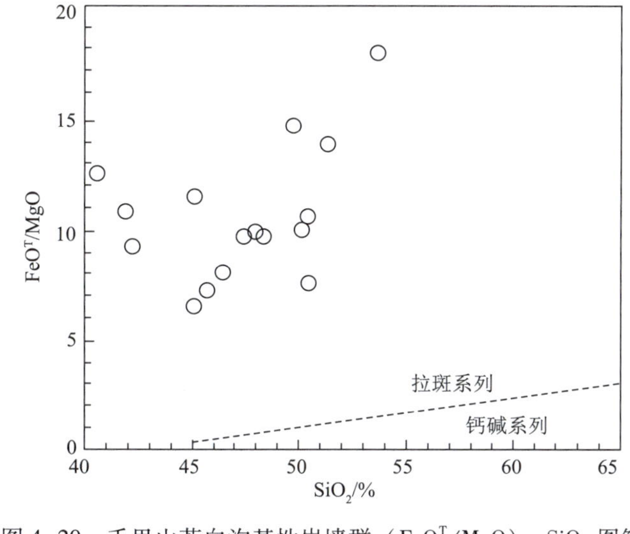

图 4-20 千里山苏白沟基性岩墙群（FeO^T/MgO）-SiO_2 图解

2）稀土元素及微量元素特征。稀土元素分析结果见表 4-9。在球粒陨石标准化图解中，样品均表现为右倾斜的 REE 配分模式（图 4-23）。REE 总量变化于 128.13×10^{-6}～331.39×10^{-6} 之间，LREE/HREE 比值为 3.77～7.82，La 含量较高（32.6×10^{-6}～94.3×10^{-6}），Yb 含量较低（2.5×10^{-6}～4.07×10^{-6}），$(La/Yb)_N$ 值为 6.88～18.18，体现 LREE、HREE 强烈分异的特点。大部分样品显示 Eu 正异常（δEu 为 1.23～1.48）。

微量元素分析结果见表 4-10。总体富集 Rb、Ba、La 等大离子亲石元素，相对亏损 Nb、Ta、Zr、Hf 等高场强元素，而 Sr 相对相邻元素（Pr 和 Nd）亏损（图 4-24）。岩墙

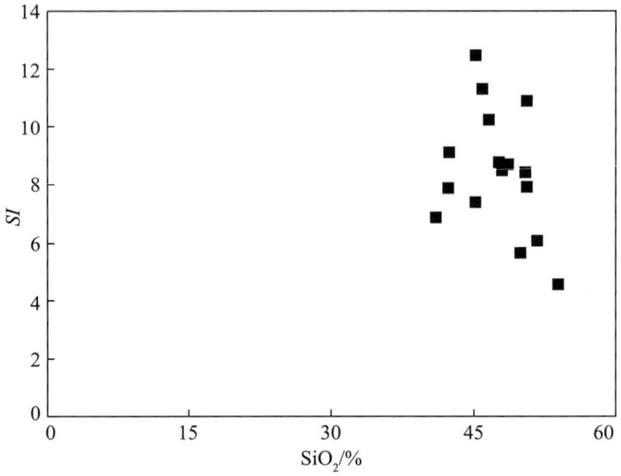

图 4-21　千里山苏白沟基性岩墙群的 SI-SiO_2 图解

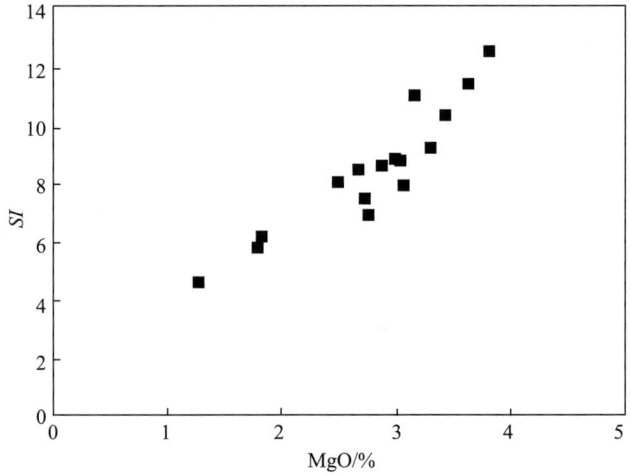

图 4-22　千里山苏白沟基性岩墙群 SI-MgO 图解

的 Nb/Ta 比值变化范围小，变化在 15.75～23.50，与球粒陨石和原始地幔的 Nb/Ta 比值（约 17.5）接近，大部分样品高于新太古代大陆地壳平均值（11～12）（Hof mann，1988；Green，1995）。

3）Sr-Nd-Pb 同位素地球化学。Sr-Nd-Pb 同位素分析结果列于表 4-11、表 4-12。岩墙的 Sr 含量（平均为 422.5×10^{-6}）高于地壳丰度（370×10^{-6}），$^{87}Rb/^{86}Sr$、$^{87}Sr/^{86}Sr$ 比值分别为 0.00993～0.11838 和 0.704591～0.709092，I_{Sr} 值为 0.70444～0.70886。岩石 $^{147}Sm/^{144}Nd$ 和 $^{143}Nd/^{144}Nd$ 比值分别为 0.13815～0.17690 和 0.51201～0.51244，所有样品的 ε_{Nd}（t）值为-8.58～0.84，t_{DM}=1.370～3.225 Ga，平均为 2.288 Ga（表 4-11）。

Pb 同位素比值变化较小，$^{208}Pb/^{204}Pb_t$、$^{207}Pb/^{204}Pb_t$、$^{206}Pb/^{204}Pb_t$ 值分别是 37.17～38.047、15.109～16.502、14.668～16.458（表 4-12）。

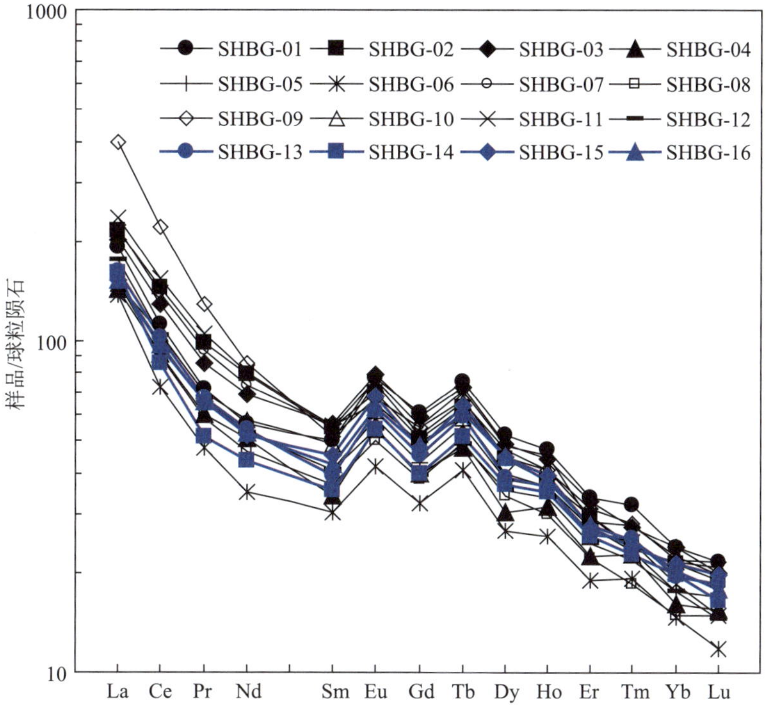

图 4-23 千里山苏白沟基性岩墙稀土元素球粒陨石标准化配分曲线

（球粒陨石标准化值据 Sun and McDonough，1989）

表 4-9 千里山苏白沟基性岩墙稀土元素含量 单位：10^{-6}

样品编号	La	Ce	Pr	Nd	Sm	Eu	Gd	Tb	Dy	Ho	Er	Tm	Yb	Lu	Y
SHBG2017-01	45.30	68.40	6.78	26.30	7.63	4.50	12.50	2.82	13.20	2.67	5.57	0.81	4.05	0.55	60.00
SHBG2017-02	51.00	88.90	9.35	36.90	8.36	4.04	10.40	2.37	11.20	2.15	4.90	0.62	3.60	0.48	51.20
SHBG2017-03	48.10	79.00	8.16	32.10	8.61	4.59	12.20	2.71	12.40	2.50	5.42	0.70	4.07	0.51	56.00
SHBG2017-04	34.00	56.10	5.70	23.70	5.20	3.13	8.21	1.79	7.69	1.78	3.70	0.58	2.74	0.39	39.40
SHBG2017-05	36.20	60.20	6.23	24.60	6.22	3.38	8.84	2.07	9.78	2.06	4.53	0.59	2.99	0.43	43.20
SHBG2017-06	32.60	44.60	4.50	16.40	4.66	2.44	6.68	1.53	6.84	1.45	3.14	0.49	2.50	0.30	32.90
SHBG2017-07	51.70	85.10	8.87	34.50	8.43	4.43	11.40	2.64	12.20	2.57	4.74	0.71	3.82	0.50	52.30
SHBG2017-08	35.50	55.50	5.58	21.80	5.62	2.90	7.92	1.84	8.71	1.71	3.67	0.47	2.52	0.38	39.60
SHBG2017-09	94.30	135.10	12.30	40.30	7.91	3.92	11.20	2.49	11.40	2.30	5.18	0.72	3.72	0.55	50.30
SHBG2017-10	35.10	64.60	6.65	27.10	7.45	4.31	10.70	2.45	11.90	2.31	4.94	0.60	3.66	0.53	51.60
SHBG2017-11	56.20	94.90	9.96	37.50	8.51	3.74	10.20	2.21	10.10	2.07	4.40	0.63	3.15	0.38	45.90
SHBG2017-12	41.70	63.50	6.35	24.60	6.22	3.15	8.08	1.83	9.05	1.92	4.06	0.56	3.00	0.37	42.30
SHBG2017-13	38.70	63.00	6.36	25.30	6.00	3.55	9.35	2.20	9.83	2.05	4.34	0.65	3.30	0.47	47.90
SHBG2017-14	38.00	52.80	4.91	20.30	5.43	3.14	8.20	1.93	9.31	1.98	4.27	0.58	3.34	0.42	44.90
SHBG2017-15	36.20	58.70	6.20	24.40	6.89	3.94	9.83	2.40	11.30	2.22	4.54	0.61	3.62	0.50	48.60
SHBG2017-16	36.10	59.50	6.21	24.60	6.46	3.68	9.90	2.26	11.30	2.14	4.59	0.64	3.43	0.45	50.30

注：由西北大学大陆动力学国家重点实验室测试。

表 4-10　千里山苏白沟基性岩墙微量元素含量

单位：10^{-6}

样品编号	P	Sc	V	Cr	Mn	Cu	Zn	Ga	As	Sr	Zr	Ba	Pb	Rb	Li	Be	Co	Ni	Nb
SHBG2017-01	5911.2	43.1	654.3	134.9	155.4	85.4	41.1	21.3	10.9	906.7	935.4	1312.6	30.3	6.7	84.2	1.43	58.1	296	278
SHBG2017-02	4716.2	30.8	427.4	93.4	238.2	43.1	56.7	20.2	6.8	424.9	763	382.7	25.3	<2.0	98.1	1.44	52.4	151	228
SHBG2017-03	5787.6	31.9	529.9	90.7	340.8	25.1	54.9	21	7.8	583.9	860	516.2	27	<2.0	125.2	1.5	58.5	150	249
SHBG2017-04	4477	26.2	445.7	80.9	249.6	47.8	17.2	13.6	6.1	317.5	520.8	800.3	21.4	9	58.6	1.51	25.3	89.4	204.4
SHBG2017-05	5418.5	23.1	464.3	84	175.2	64.1	28.5	18.4	6.4	424.3	688	368.3	22.8	<2.0	95.7	1.35	38.7	135.4	219.9
SHBG2017-06	4773.8	42.6	459.4	435.2	61.3	101.1	59	19.7	7	263.4	608.5	81.5	22.6	<2.0	102	1.39	48.3	264.2	179.8
SHBG2017-07	4807.1	27.8	419.5	64.7	254.2	51.7	14.1	16.9	6.5	408.9	625.5	881.9	24.6	16.7	36	1.96	18.3	71.8	211
SHBG2017-08	5347.1	24.2	464	127.8	206.8	64.7	40.5	18.3	5.3	334	613.2	141.9	28.3	<2.0	103.1	1.23	39.9	126.6	189.1
SHBG2017-09	4674.2	26.8	443.7	47.8	208	55.8	33.1	17.6	7	392.1	689.1	261.7	24.6	8.1	66.4	1.81	26.5	89.7	227.1
SHBG2017-10	5467.4	28.2	448.2	69.9	183.4	38.6	2.7	17.7	9.9	504.6	758	2704	18.1	<2.0	121	1.29	48.4	126	264
SHBG2017-11	5483	29.2	498.7	108.6	158.9	35.4	32.4	19.5	6.3	392.8	689.5	242.5	30.5	<2.0	102.7	1.1	45.8	141.7	233.1
SHBG2017-12	5160.8	28.7	447.2	114.9	140.5	52.7	46.6	18.4	4.2	313.4	698.8	173.3	28.1	<2.0	77.5	1.22	40.6	134.4	220
SHBG2017-13	5381.8	29.8	490.7	98.8	150.5	65.9	31.6	17.5	5.8	419.5	708.2	155.7	24.5	<2.0	97.5	1.14	39.5	132.7	231.7
SHBG2017-14	5347.6	34.6	449.6	165.6	202	62.5	45.1	19.8	5.7	330.5	721.7	191	23.5	<2.0	87.2	1.22	49.6	191.2	239.8
SHBG2017-15	5010.8	24.6	407	94.1	191.9	103.4	43.4	19.3	8.7	339.8	673.1	174.7	28.1	<2.0	98.1	1.33	36.1	129.1	216
SHBG2017-16	5003.1	28.2	446.3	72.6	171.6	56.2	31.3	17.5	5.8	405.4	711	263.7	26	<2.0	83.9	1.39	34.9	125.1	216.2

注：由西北大学大陆动力学国家重点实验室测试。

续表

样品编号	Cd	Cs	Ta	W	Hf	Tl	Th	U	Ge	In	Ag	Sn	Mo	B	Te	Bi	Sb	Hg
SHBG2017-01	1. 08	6. 19	12. 8	3. 68	36. 7	0. 34	16	11. 2	3. 56	0. 043	0. 042	6. 73	2. 16	4. 96	0. 07	0. 084	0. 57	10. 3
SHBG2017-02	1. 32	3. 65	13	3. 67	34. 1	0. 11	12. 5	8. 43	4. 01	0. 059	0. 1528	7. 222	3. 201	9. 338	0. 078	0. 077	0. 61	9. 87
SHBG2017-03	1. 14	2. 64	14. 1	5. 48	37. 6	0. 083	15. 6	11	3. 86	0. 077	0. 1038	7. 78	3. 023	13. 848	0. 05	0. 053	0. 44	10
SHBG2017-04	0. 86	1. 73	11. 2	4. 86	26. 7	0. 17	12	7. 28	3. 41	0. 053	0. 0854	5. 538	3. 053	32. 466	0. 052	0. 09	0. 48	14
SHBG2017-05	1. 15	1. 78	11. 2	4. 64	30. 2	0. 072	12. 4	8. 74	3. 67	0. 039	0. 1232	6. 434	2. 686	13. 237	0. 033	0. 063	0. 44	9. 55
SHBG2017-06	0. 94	1. 67	7. 65	3. 39	26. 9	0. 057	10. 6	8. 19	3. 91	0. 075	0. 0355	6. 592	2. 987	11. 561	0. 016	0. 047	0. 65	9. 31
SHBG2017-07	0. 87	1. 4	9. 56	10. 5	25. 7	0. 19	12. 4	8. 44	3. 2	0. 067	0. 1405	7. 245	3. 382	34. 592	0. 036	0. 08	0. 51	8. 86
SHBG2017-08	0. 79	1. 76	11. 1	4. 81	23. 6	0. 056	10. 7	7. 61	4. 41	0. 033	0. 1997	6. 843	2. 903	3. 699	0. 027	0. 085	0. 48	14. 2
SHBG2017-09	1. 02	1. 86	9. 75	10. 8	25. 4	0. 14	13. 1	8. 17	3. 74	0. 052	0. 1886	9. 185	5. 073	29. 41	0. 065	0. 12	0. 43	9. 72
SHBG2017-10	0. 91	2. 62	9. 23	4. 47	28. 7	0. 091	12. 8	8. 91	3. 48	0. 051	0. 1353	7. 784	3. 203	10. 598	0. 056	0. 061	0. 37	8. 53
SHBG2017-11	1. 06	2. 17	14. 8	4. 2	30. 8	0. 053	13. 1	8. 95	4. 49	0. 041	0. 107	7. 336	3. 319	7. 075	0. 038	0. 038	0. 43	9. 91
SHBG2017-12	1	2. 35	11. 3	3. 3	27. 7	0. 059	12. 2	8. 44	3. 67	0. 041	0. 1609	6. 736	1. 921	6. 1	0. 032	0. 057	0. 46	10. 6
SHBG2017-13	1. 081	1. 77	12. 8	4. 93	31. 5	0. 064	13	9. 34	3. 74	0. 032	0. 1156	6. 815	2. 431	10. 898	0. 03	0. 062	0. 41	10. 7
SHBG2017-14	1. 1	1. 56	14. 7	3. 08	31. 3	0. 058	14. 5	9. 5	3. 93	0. 061	0. 0635	7. 81	2. 13	6. 379	0. 03	0. 081	0. 34	9. 74
SHBG2017-15	1. 03	2. 37	11. 2	7. 51	28. 4	0. 074	12	8. 45	4. 12	0. 046	0. 1202	7. 691	3. 126	15. 564	0. 029	0. 068	0. 36	8. 55
SHBG2017-16	0. 92	1. 65	9. 53	5. 41	29. 1	0. 12	14. 2	9. 51	3. 65	0. 039	0. 0971	7. 229	2. 858	14. 612	0. 038	0. 05	0. 47	9. 9

注：由西北大学大陆动力学国家重点实验室测试。

表 4-11　千里山苏白沟基性岩墙 Sr-Nd 同位素组成

样品编号	Rb /10^{-6}	Sr /10^{-6}	$^{87}Rb/^{86}Sr$	$^{87}Sr/^{86}Sr$	I_{Sr}	$\varepsilon_{Sr}(0)$	$\varepsilon_{Sr}(t)$	$f_{Rb/Sr}$	Sm /10^{-6}	Nd /10^{-6}	$^{147}Sm/^{144}Nd$	$^{143}Nd/^{144}Nd$	I_{Nd}	t_{DM} /Ma	t_{2DM} /Ma	t_{chur} /Ma	$\varepsilon_{Nd}(0)$	$\varepsilon_{Nd}(t)$	$f_{Sm/Nd}$
SHBG-01	6. 7	906. 7	0. 02142	0. 709092	0. 70886	65. 2	74. 4	-0. 74	7. 63	26. 3	0. 17690	0. 51242	0. 51156	3008	1613	1659	-4. 21	-2. 34	-0. 1
SHBG-02	2	424. 9	0. 01364	0. 705133	0. 70499	9	19. 4	-0. 84	8. 36	36. 9	0. 13815	0. 51229	0. 51162	1737	1528	909	-6. 81	-1. 25	-0. 3
SHBG-03	2	583. 9	0. 00993	0. 704662	0. 70456	2. 3	13. 3	-0. 88	8. 61	32. 1	0. 16355	0. 51236	0. 51156	2413	1617	1300	-5. 52	-2. 38	-0. 17
SHBG-04	9	317. 5	0. 08216	0. 70767	0. 7068	45	45. 2	-0. 01	5. 2	23. 7	0. 13379	0. 51236	0. 51171	1508	1382	674	-5. 42	0. 55	-0. 32
SHBG-05	2	424. 3	0. 01366	0. 705023	0. 70488	7. 4	17. 9	-0. 83	6. 22	24. 6	0. 15417	0. 51229	0. 51154	2195	1646	1239	-6. 75	-2. 71	-0. 22
SHBG-06	2	263. 4	0. 02201	0. 704845	0. 70461	4. 9	14	-0. 73	4. 66	16. 4	0. 17326	0. 51242	0. 51158	2731	1582	1390	-4. 17	-1. 95	-0. 12
SHBG-07	16. 7	408. 9	0. 11838	0. 708432	0. 70718	55. 8	50. 6	0. 43	8. 43	34. 5	0. 14899	0. 51236	0. 51163	1865	1501	895	-5. 46	-0. 94	-0. 24
SHBG-08	2	334	0. 01736	0. 705009	0. 70482	7. 2	17	-0. 79	5. 62	21. 8	0. 15719	0. 51227	0. 51151	2362	1698	1406	-7. 12	-3. 38	-0. 2
SHBG-09	8. 1	392. 1	0. 05988	0. 708103	0. 70747	51. 1	54. 7	-0. 28	7. 91	40. 3	0. 11968	0. 51231	0. 51172	1370	1359	658	-6. 48	0. 84	-0. 39
SHBG-10	2	504. 6	0. 01149	0. 706102	0. 70598	22. 7	33. 5	-0. 86	7. 45	27. 1	0. 16763	0. 51206	0. 51124	3596	2115	3026	-11. 33	-8. 58	-0. 15
SHBG-11	2	392. 8	0. 01476	0. 704809	0. 70465	4. 4	14. 6	-0. 82	8. 51	37. 5	0. 13837	0. 51224	0. 51156	1851	1615	1053	-7. 86	-2. 32	-0. 3
SHBG-12	2	313. 4	0. 01850	0. 704948	0. 70475	6. 4	16	-0. 78	6. 22	24. 6	0. 15417	0. 51232	0. 51157	2129	1605	1146	-6. 24	-2. 21	-0. 22
SHBG-13	2	419. 5	0. 01382	0. 704591	0. 70444	1. 3	11. 6	-0. 83	6	25. 3	0. 14461	0. 51235	0. 51164	1772	1486	852	-5. 68	-0. 72	-0. 26
SHBG-14	2	330. 5	0. 01754	0. 705108	0. 70492	8. 6	18. 4	-0. 79	5. 43	20. 3	0. 1631-	0. 51244	0. 51164	2147	1485	912	-3. 92	-0. 72	-0. 17
SHBG-15	2	339. 8	0. 01706	0. 705651	0. 70547	16. 3	26. 3	-0. 79	6. 89	24. 4	0. 17218	0. 51241	0. 51158	2697	1590	1391	-4. 37	-2. 05	-0. 12
SHBG-16	2	405. 4	0. 0143	0. 705744	0. 70559	17. 7	28	-0. 83	6. 46	24. 6	0. 16012	0. 51201	0. 51123	3225	2131	2599	-12. 23	-8. 77	-0. 19

注：由西北大学大陆动力学国家重点实验室测试。

表 4-12 千里山苏白沟基性岩墙 Pb 同位素组成

样品编号	U /10^{-6}	Th /10^{-6}	Pb /10^{-6}	$^{206}Pb/^{204}Pb$	$^{207}Pb/^{204}Pb$	$^{208}Pb/^{204}Pb$	$^{206}Pb/^{204}Pb_t$	$^{207}Pb/^{204}Pb_t$	$^{208}Pb/^{204}Pb_t$	$^{206}Pb/^{207}Pb$	μ	ω	Th/U	V1	V2
SHBG-01	11.2	16	30.3	18.725	15.349	38.468	15.855	15.165	37.17	1.2199	8.96	32.77	3.54	116.26	96.17
SHBG-02	8.43	12.5	25.3	18.658	15.275	38.628	16.07	15.109	37.413	1.2215	8.82	33.01	3.62	118.42	89.23
SHBG-03	11	15.6	27	18.426	15.321	38.631	15.27	15.119	37.213	1.2027	8.92	34.6	3.75	112.26	78.33
SHBG-04	7.28	12	21.4	18.751	15.673	39.06	16.076	15.502	37.663	1.1964	9.57	37.85	3.83	131.6	98.11
SHBG-05	8.74	12.4	22.8	18.482	15.642	39.21	15.474	15.449	37.858	1.1816	9.54	39.67	4.02	128.09	81.89
SHBG-06	8.19	10.6	22.6	18.7	15.669	38.814	15.862	15.487	37.651	1.1934	9.57	37.12	3.75	124.15	98.21
SHBG-07	8.44	12.4	24.6	18.688	15.672	38.762	16.003	15.5	37.513	1.1924	9.58	37	3.74	122.54	98.25
SHBG-08	7.61	10.7	28.3	18.555	15.648	38.671	16.458	15.514	37.737	1.1858	9.54	37.13	3.77	116.72	91.92
SHBG-09	8.17	13.1	24.6	18.639	16.466	38.599	16.02	16.298	37.269	1.132	11.2	44.13	3.81	117.19	115.61
SHBG-10	8.91	12.8	18.1	18.525	15.643	39.042	14.668	15.396	37.287	1.1842	9.54	38.75	3.93	125.09	86.04
SHBG-11	8.95	13.1	30.5	18.645	15.669	38.782	16.35	15.522	37.718	1.1899	9.58	37.28	3.77	121.88	95.75
SHBG-12	8.44	12.2	28.1	18.448	15.648	39.124	16.094	15.497	38.047	1.1789	9.55	39.57	4.01	125.05	81.26
SHBG-13	9.34	13	24.5	18.539	15.645	39.028	15.552	15.454	37.711	1.185	9.54	38.63	3.92	125.12	86.96
SHBG-14	9.5	14.5	23.5	18.612	15.647	39.112	15.438	15.444	37.578	1.1895	9.54	38.58	3.91	129.15	89.8
SHBG-15	8.45	12	28.1	18.717	16.654	38.468	16.341	16.502	37.399	1.1239	11.59	44.82	3.74	116.05	125.37
SHBG-16	9.51	14.2	26	18.761	15.668	38.677	15.899	15.485	37.324	1.1974	9.56	36.24	3.67	122.4	102.88

注：由西北大学大陆动力学国家重点实验室测试。

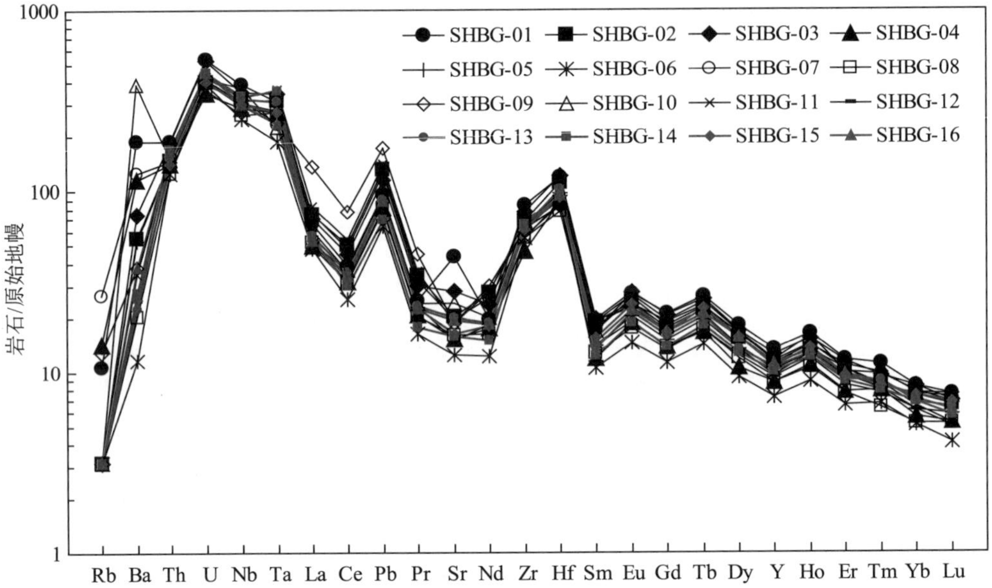

图 4-24　千里山苏白沟基性岩墙微量元素原始地幔标准化蛛网图

（原始地幔数据据 Sun and McDonough，1989）

（四）讨论

千里山苏白沟岩墙的 Mg#较低（Mg# = 37.45～44.47），说明经历明显的结晶分异或者同时经历同化混染与结晶分异。岩墙为拉斑玄武岩系列，高 TiO_2（3.84%～6.24%）和 $Fe_2O_3^T$（27.17%～37.99%），低 Mg#，推测母岩浆同样具有高 Ti、Fe 的特征。同时期本区及邻区阿拉善地块未见花岗质岩浆活动，但见双峰式火山岩和镁铁、超镁铁岩及镍矿（彭润民等，2010；Hu et al.，2014；Li et al.，2004；Porter，2016；彭澎等，2018）。推测千里山岩墙群代表了陆内裂谷岩浆活动。

阿拉善地区边缘见这一时期岩浆活动，如狼山群双峰式火山岩（彭润民等，2010；Hu et al.，2014）和金川镁铁超镁铁岩及镍矿（王来生等，1990；Zhang et al.，2013c；Li et al.，2004；Porter，2016；彭澎等，2018）。这些岩体的基性岩单元表现了与千里山苏白沟岩墙群明显一致的稀土元素配分型式（图 4-24）。同时，两地都发育变质和岩浆年龄相近的古元古代表壳岩系（沈其韩等，2004；Zhao et al.，2005；耿元生等，2006；Zhang et al.，2012，2013a，2015，2016a，2016b；Wu et al.，2004；Yin et al.，2009，2011；Dan et al.，2012a，2014a，b，2016；Feng et al.，2013；wang et al.，2016；Tang et al.，2014）。这些地质观察说明阿拉善地块可能经历了与千里山-贺兰山地区相似的演化，二者可能属于同一个构造带。810 Ma 的岩浆活动可能代表华北克拉通西部同时发生于同一裂谷系（千里山-狼山-金川）的岩浆活动（彭澎等，2018）。

第三节 中新元古代“拗拉槽”厘定

一、元古宙伸展事件

（1）区域伸展构造背景

上述不同期次基性岩浆活动表明，鄂尔多斯地区与华北克拉通中新元古代整体处于伸展构造环境，开始了裂谷系的发育与演化。裂谷系可大致分为南、北两个地表没有完全连接的裂陷槽以及北缘、东缘各一个裂谷带（翟明国等，2016）。

（2）盆地内部基性岩浆活动

鄂尔多斯盆地中元古界长城系普遍钻遇基性岩，说明盆地中新元古代同样处于伸展构造环境。

目前盆地内部钻达中新元古界的探井数量比较少，但已有多口在中新元古界钻遇基性岩体，并且分布范围广，反映出当时盆地内部整体处在一种拉张环境，可能存在多个次级裂陷。庆深1井在蓟县系下部钻遇玄武质喷出岩（图4-25；附图7），斑晶矿物主要为斜长石和辉石（已绿泥石化），颜色呈浅绿色、深灰色。天深1井钻穿震旦系、蓟县系，长城系未钻穿（图4-26）。长城系岩性以石英砂岩为主；蓟县系和震旦系岩性以燧石条带白云岩为主。其中长城系钻遇四段侵入岩体，蓟县系钻遇一段侵入岩体，反映当时火山活动比较频繁。桃59井震旦系、蓟县系缺失，自4403.6 m钻入长城系，共计钻入264.4 m，未钻穿。其顶部为一套深灰色辉绿岩，厚度达56.6 m（附图8）。

古探1井长城系钻入332 m，岩性为浅褐色、褐红色石英岩，夹褐灰色辉绿岩侵入体（图4-27、图4-28）。其中长城系辉绿岩侵入体的锆石年龄为1.4~1.9 Ga（图4-29），反映其可能形成于长城纪末期。水幽沟长城系石英砂岩中的锆石年龄较宽泛，为1.8~2.5 Ga（图4-30），反映其物源来自太古宙及古元古代变质岩系。

二、区域地震大剖面证实盆地内部发育裂陷

区域地质及地震大剖面揭示盆地内发育多个裂陷槽，其走向与北东向基底断裂的走向大体一致，同样证实鄂尔多斯地区整体处于拉张环境。

中新元古代在南北向上整体表现为隆坳相间的沉积格局，局部地区发育坳陷。测线G12-02穿过灵1、镇探1、庆深2、天深1和伊27井，如图4-31所示，镇探1和庆深2之间存在明显的长城系坳陷。测线G12-04穿过庆深1和鄂18井，如图4-32所示，发育多个局部坳陷，其中以鄂18井所在部位坳陷最为明显。

中新元古代在东西向上整体表现为西沉东隆的沉积格局，局部地区发育坳陷，并表现出受断层控制的特点。测线G12-05穿过天深1和龙探1井，发育多个明显坳陷，以天深1井部位最为明显（图4-33）。测线G12-07穿过铁1、察1、苏100和霍3井，铁1与苏100之间整体厚度较大，苏100与霍3之间发育明显坳陷（图4-34）。测线G12-09穿过克1、伊深2、伊11和伊12井，中新元古界厚度整体较薄，但发育两个明显坳陷（图4-35）。

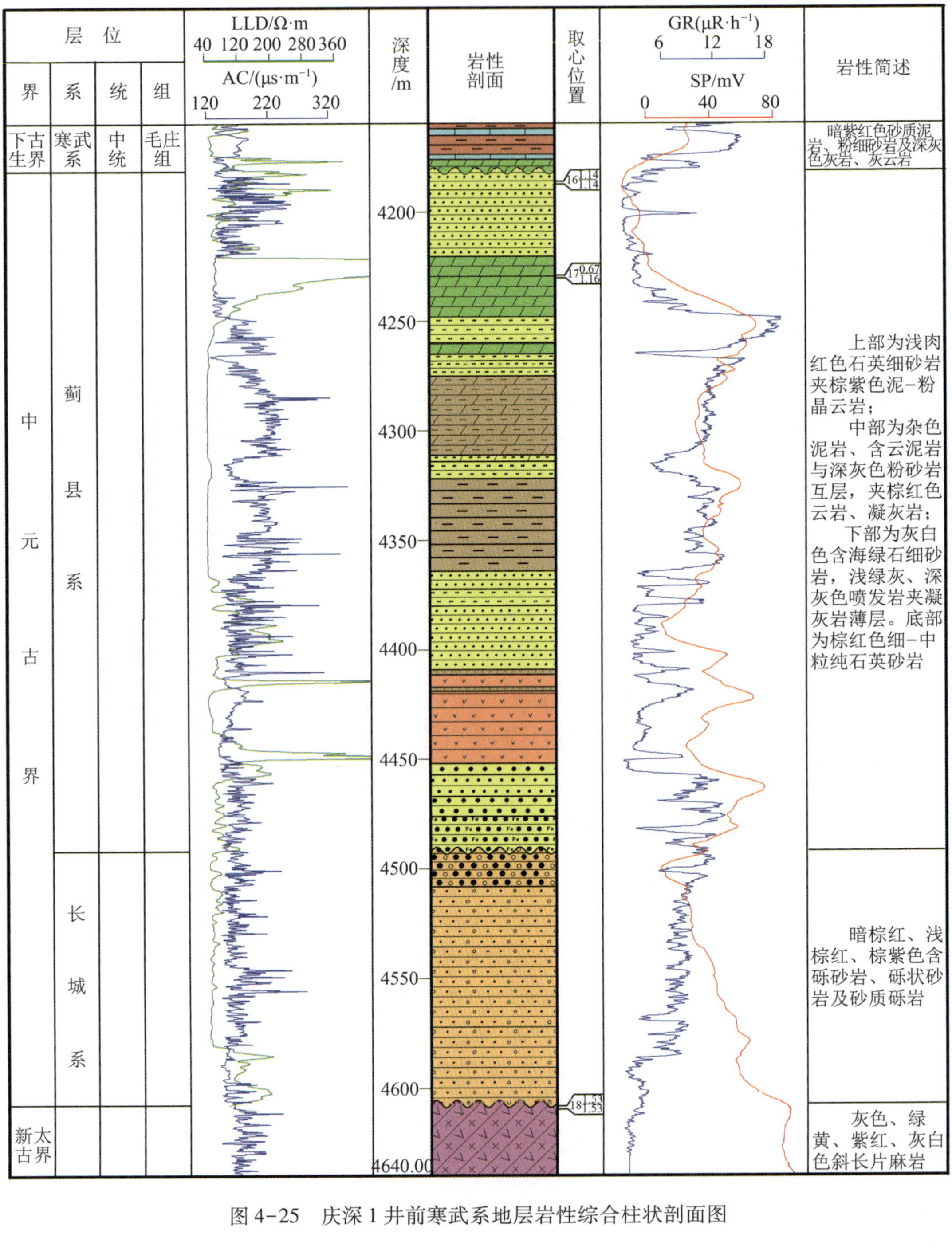

图 4-25　庆深 1 井前寒武系地层岩性综合柱状剖面图

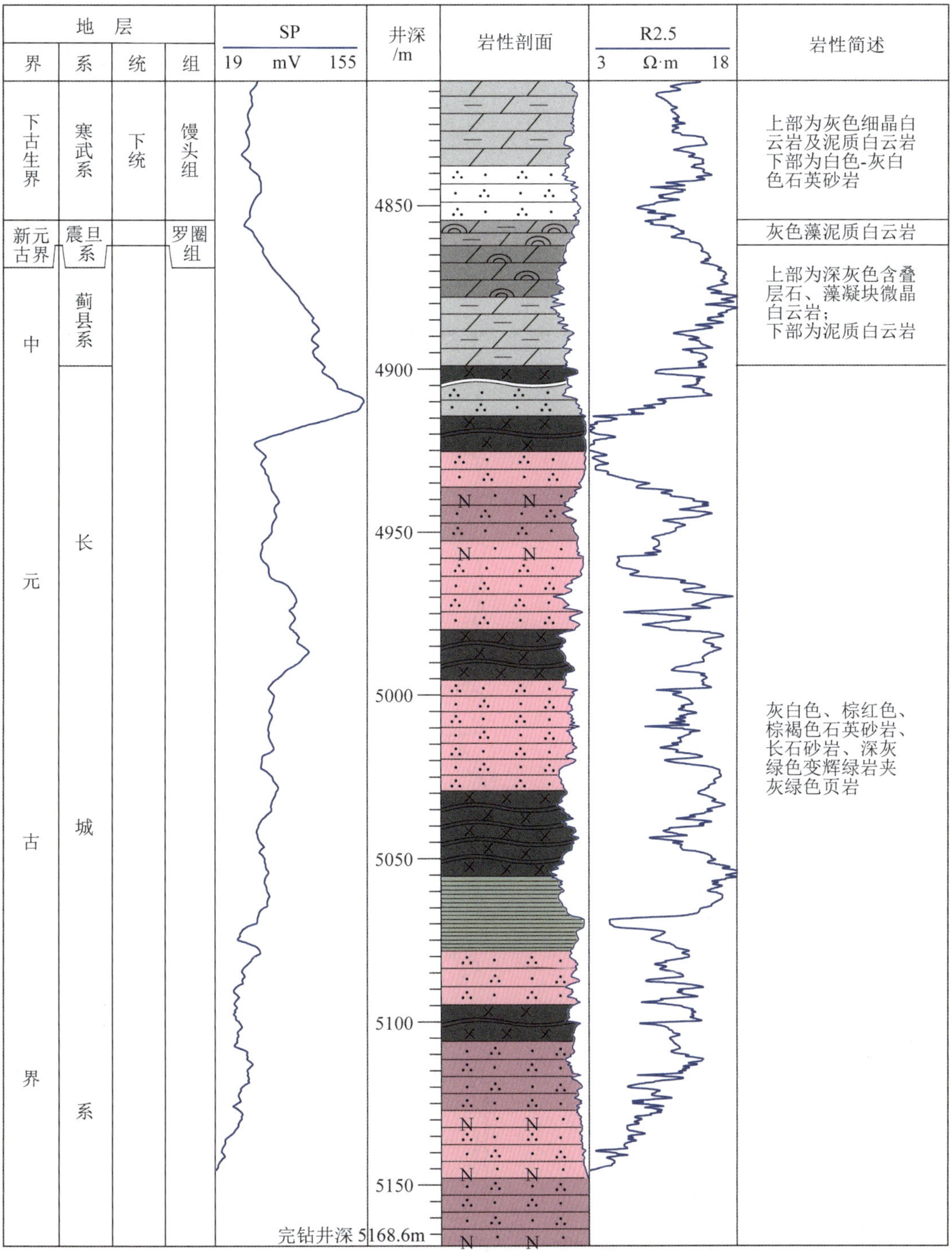

图 4-26 天深 1 井前寒武系地层岩性综合柱状剖面图

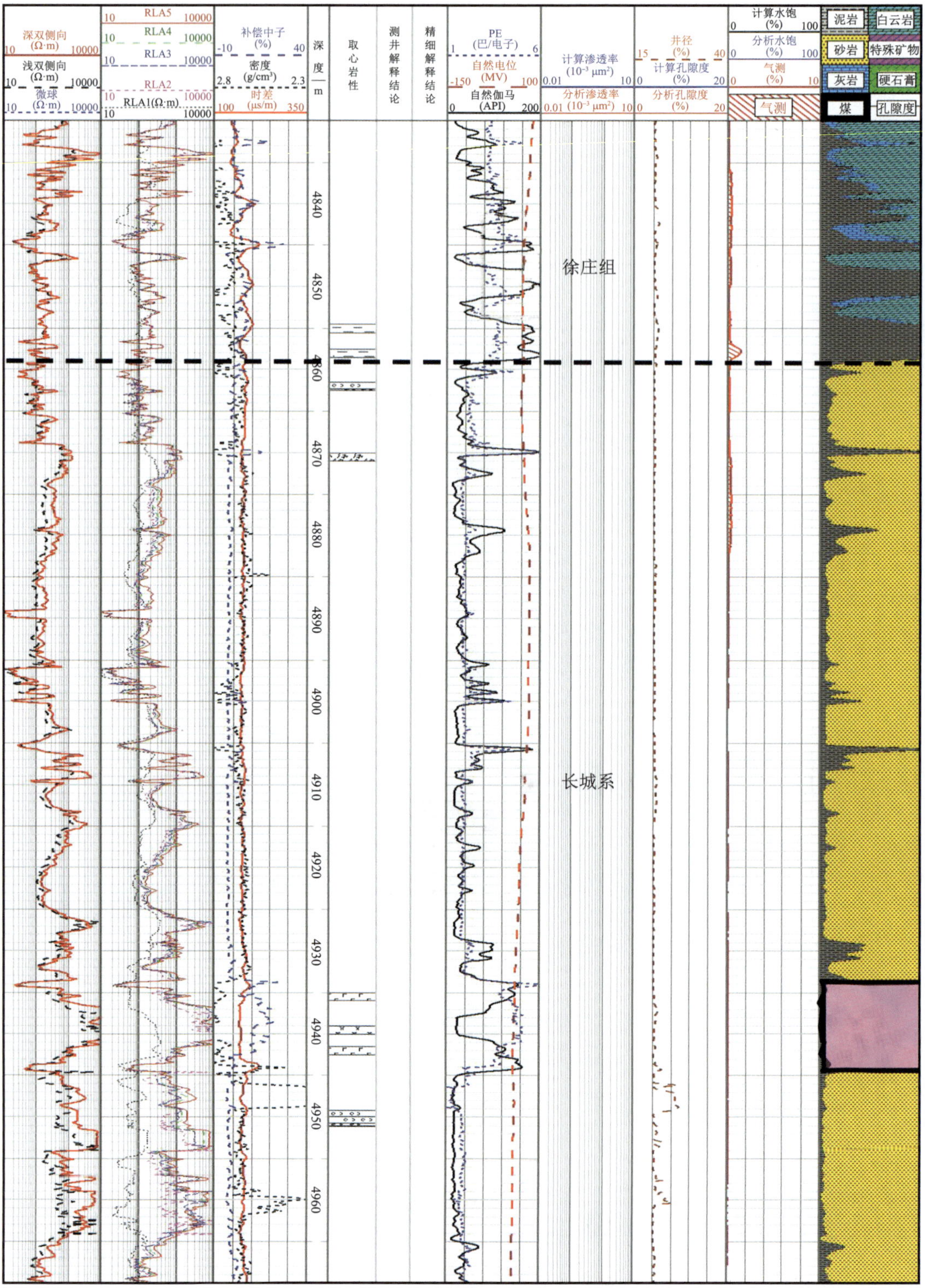

图 4-27 古探 1 井长城系测井解释综合图

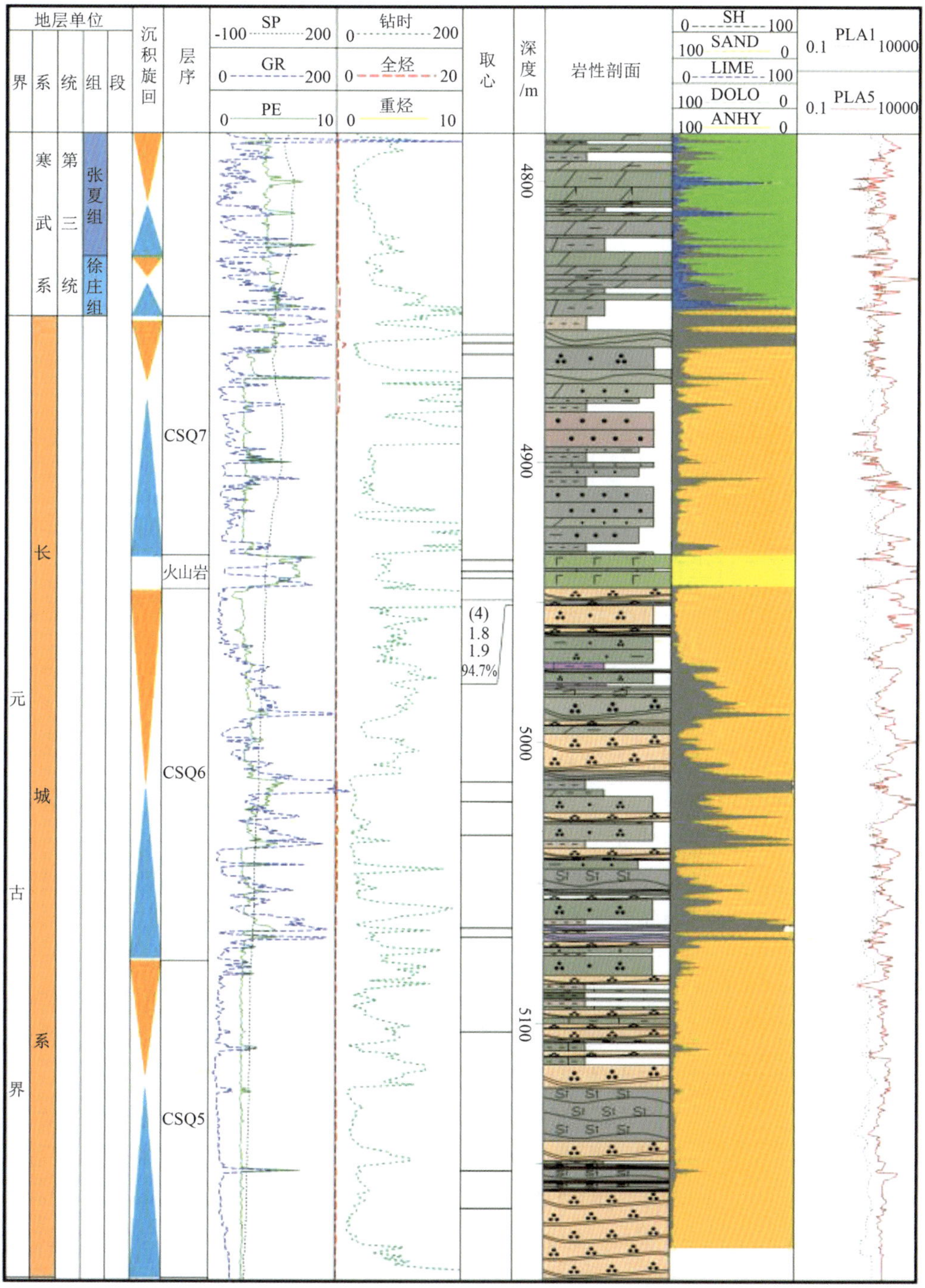

图 4-28 古探 1 井长城系地层综合柱状图

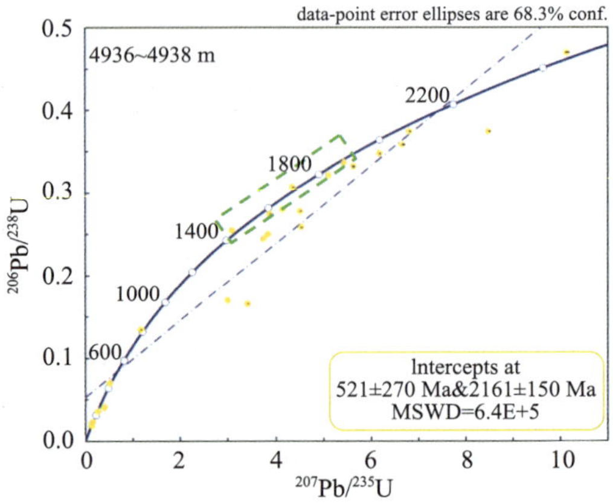

图 4-29　古探 1 井长城系侵入岩锆石测年

三、中新元古界“拗拉槽”重新厘定

“拗拉槽”是元古宇烃源岩发育的有利部位，弄清“拗拉槽”的空间展布对于鄂尔多斯地区深层元古宇“自生自储”型油气勘探具有重要的指导作用。

目前，关于鄂尔多斯地区是否发育“拗拉槽”存在较大的争议，部分学者认为贺兰山地区发育“拗拉槽”（张杭，1983；赵重远，1983）；还有部分学者认为中、古元古界除贺兰山地区之外，鄂尔多斯盆地亦发育了一系列“拗拉槽”（朱夏，1986；林畅松等，1995；吴奇之等，1997；李克勤，1992；孙枢等，1992；赵国春，2009）。近年来，邸领军等（2008）认为贺兰山地区不发育“拗拉槽”。

近几年，长庆油田开始关注盆地深层的风险勘探，针对元古宇部署了一些区域地震大剖面（图 4-36），为重新厘定“拗拉槽”的空间展布范围奠定了基础。因此，作者利用重磁、地震、钻井与地质等资料，对该地区“拗拉槽”这一重大科学问题进行研究，旨在为鄂尔多斯地区深层中新元古界油气勘探提供基础资料与参考建议。

（1）地层展布规律

利用地震大剖面与钻井资料，落实了研究区中元古界长城系的空间展布规律。从鄂尔多斯地区中元古界长城系等厚图可以看出，长城系继承了基底结构宏观构造格局，展布方向与地球物理场展布方向大体一致（图 4-37）。

中元古界长城系整体上自西北向东南呈坳隆相间格局，表现出“五隆夹四坳”的沉积特点。地层相截于大断层处，为典型伸展背景下的沉积建造。长城系展布方位呈北东向，地层西南部较厚，向北东方向逐渐尖灭。地层厚度变化范围比较大，变化范围一般为 0~6000 m，最大超过 10000 m。研究区北东部整体抬升较高，长城系没有沉积或者剥蚀殆尽。

（2）“拗拉槽”空间展布

通过钻井、地震、非地震与长城系展布规律等方面的研究，鄂尔多斯地区“拗拉槽”应进一步细化为 4 个“拗拉槽”：宁-蒙拗拉槽、甘-陕拗拉槽、秦-晋拗拉槽和秦-豫拗

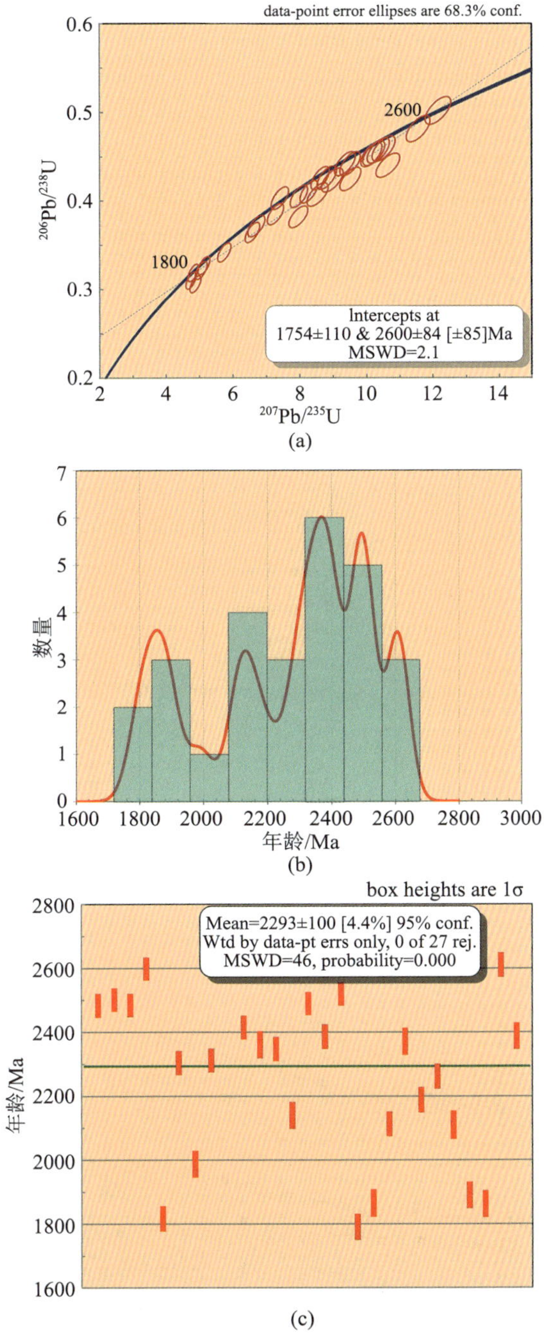

图 4-30 山西省永济市水幽沟长城系北大尖组锆石测年

（a）锆石 U-Pb 年龄协和图；（b）锆石年龄频谱直方图；（c）锆石$^{207}Pb/^{206}Pb$加权平均年龄图

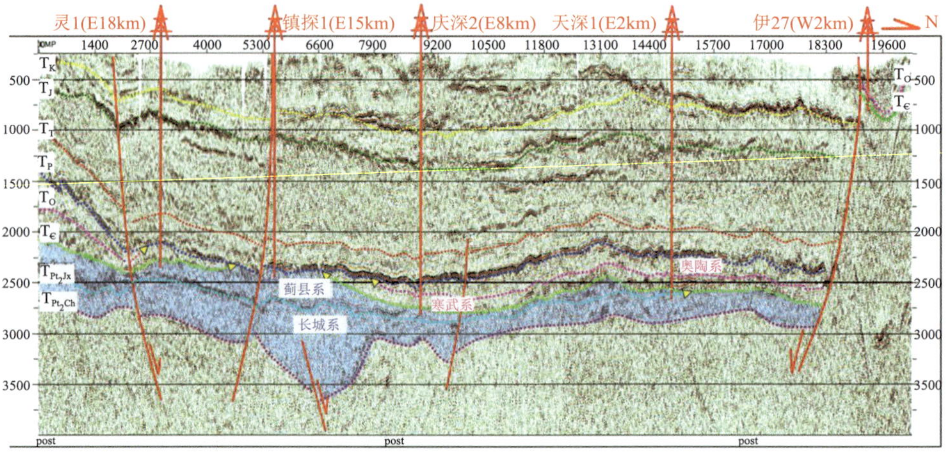

图 4-31　鄂尔多斯盆地区域地震测线 G12-02 解释剖面

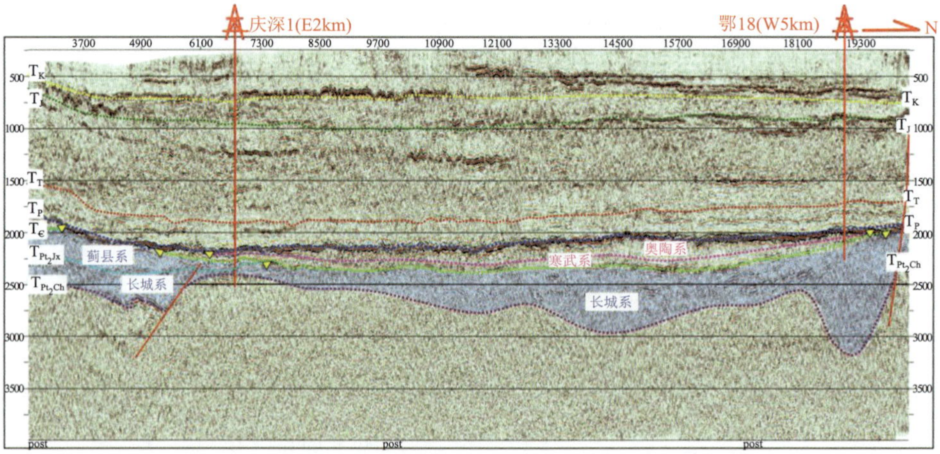

图 4-32　鄂尔多斯盆地区域地震测线 G12-04 解释剖面

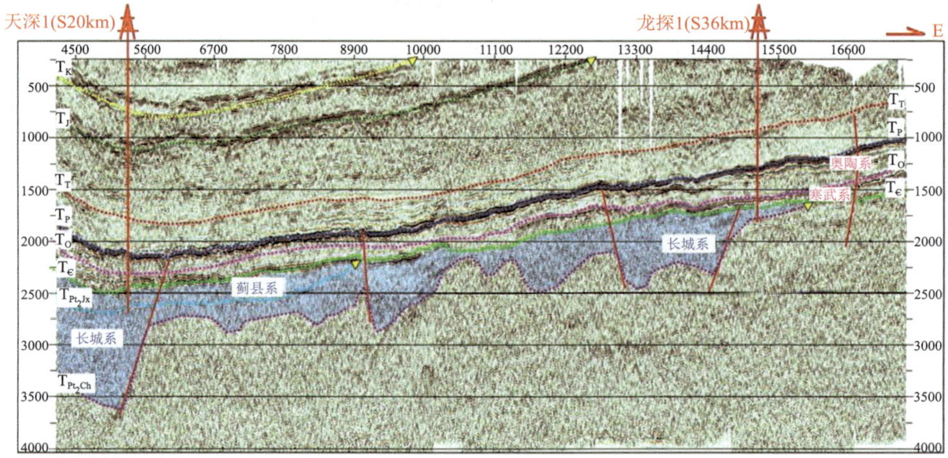

图 4-33　鄂尔多斯盆地区域地震测线 G12-05 解释剖面

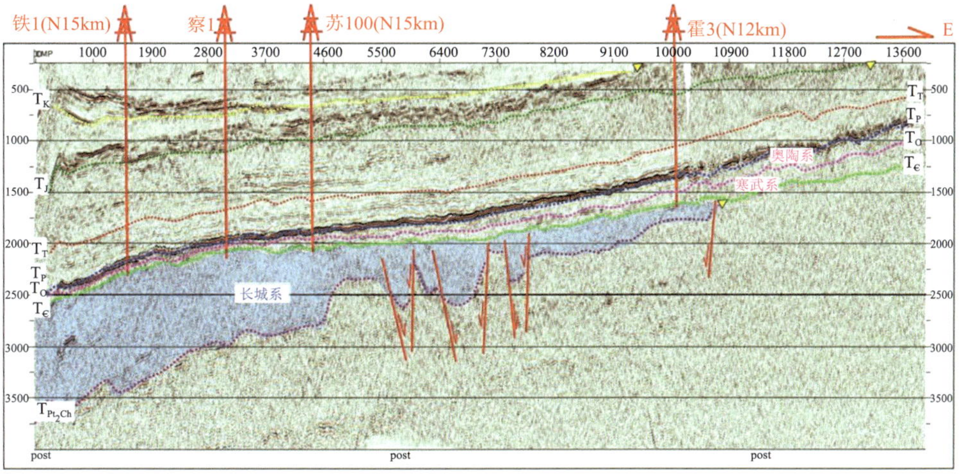

图 4-34　鄂尔多斯盆地区域地震测线 G12-07 解释剖面

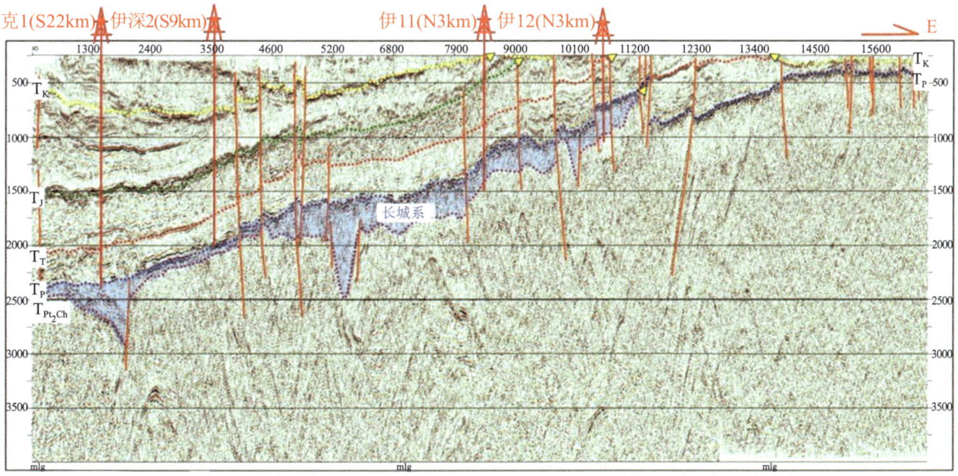

图 4-35　鄂尔多斯盆地区域地震测线 G12-09 解释剖面

拉槽，总体上呈北东向展布（图 4-38）。

宁-蒙拗拉槽呈北东向展布，延伸约 350 km；宽度变化较大，最窄处约 3 km，最宽处可达 160 km 左右；深度自北东向西南逐渐加深，深度范围变化较大，一般为 2000～6000 m，最深可达 10000 m 以上（图 4-38、图 4-39）。

甘-陕拗拉槽同样呈北东向展布，延伸约 250 km；宽度变化在 30～60 km；深度自北东向西南逐渐加深，深度范围变化较大，一般为 2200～6200 m，最深可达 10000 m 以上（图 4-38、图 4-40）。桃 59 井位于该拗拉槽边缘，由于工程原因未钻穿元古宇，仅钻入长城系 264 m。长城系顶部为绿灰色泥岩、杂色泥岩夹浅灰色中砂岩。中、下部为棕红、浅棕色中砂岩、细砂岩，夹薄层棕褐色页岩、炭质泥岩。该井已钻入的长城系以砂岩为主，紫色泥岩次之，夹薄层暗色泥岩，说明该井长城系沉积时水体不深，处于拗拉槽

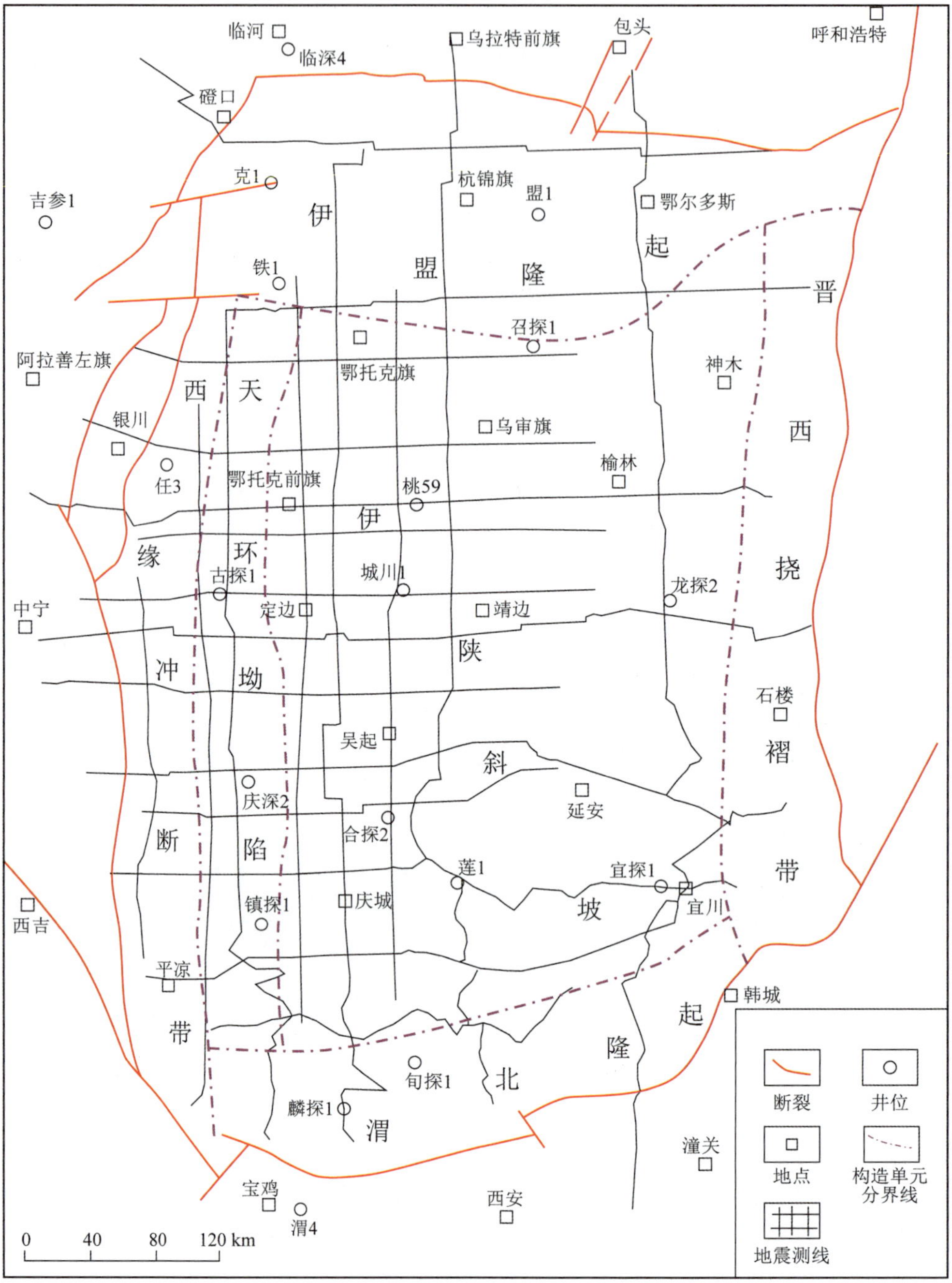

图 4-36 鄂尔多斯地区盆地区域地震大剖面位置图

边缘。

秦-晋拗拉槽呈北东向展布，延伸约 420 km；宽度变化较大，最窄处约 12 km，最宽处可达 140 km 左右；深度同样自北东向西南逐渐加深，深度范围变化较大，一般为 2400~6500 m，最深可达 10000 m 以上（图 4-38）。

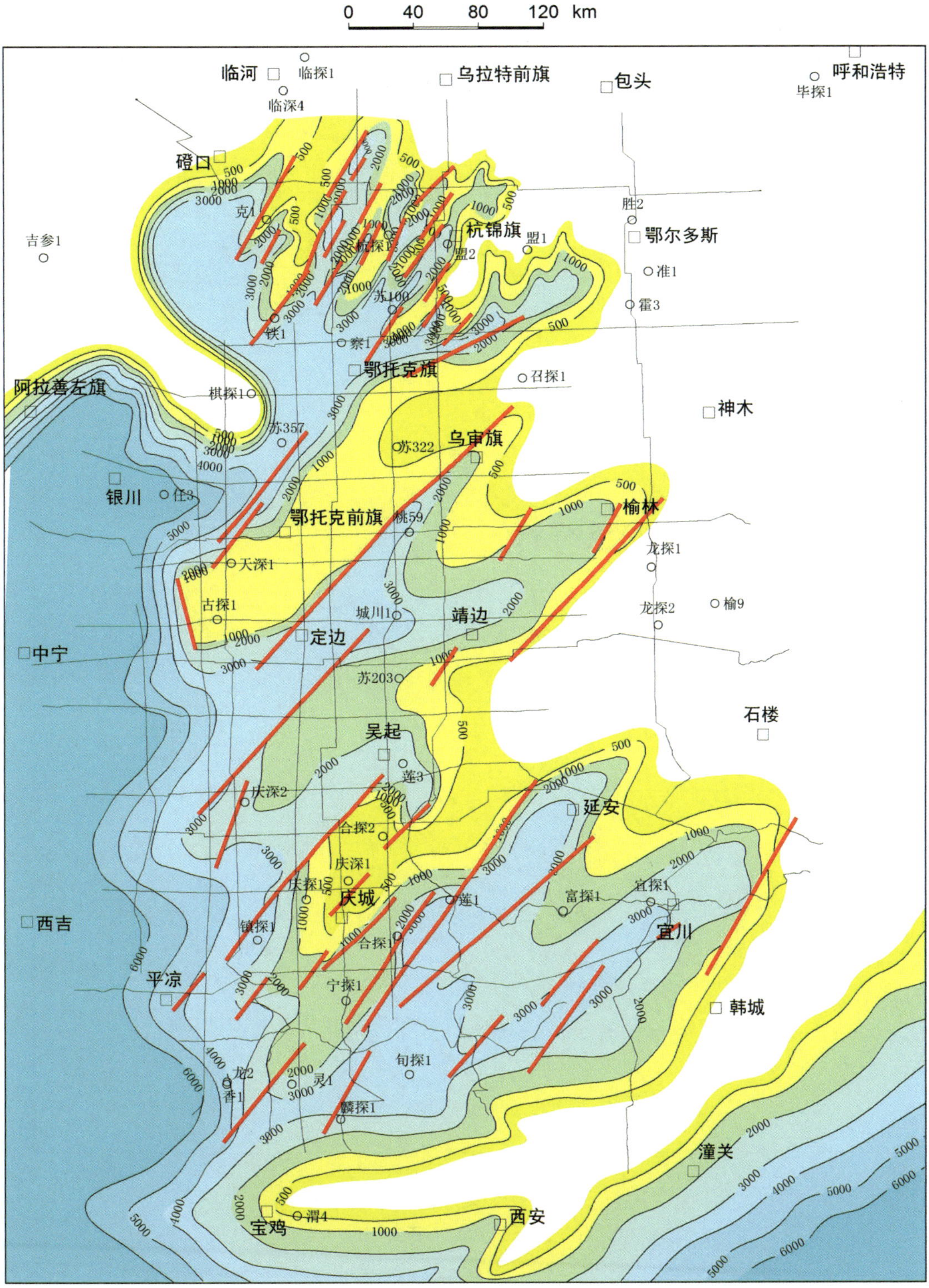

图 4-37 鄂尔多斯地区中元古界长城系等厚图

（单位：m）

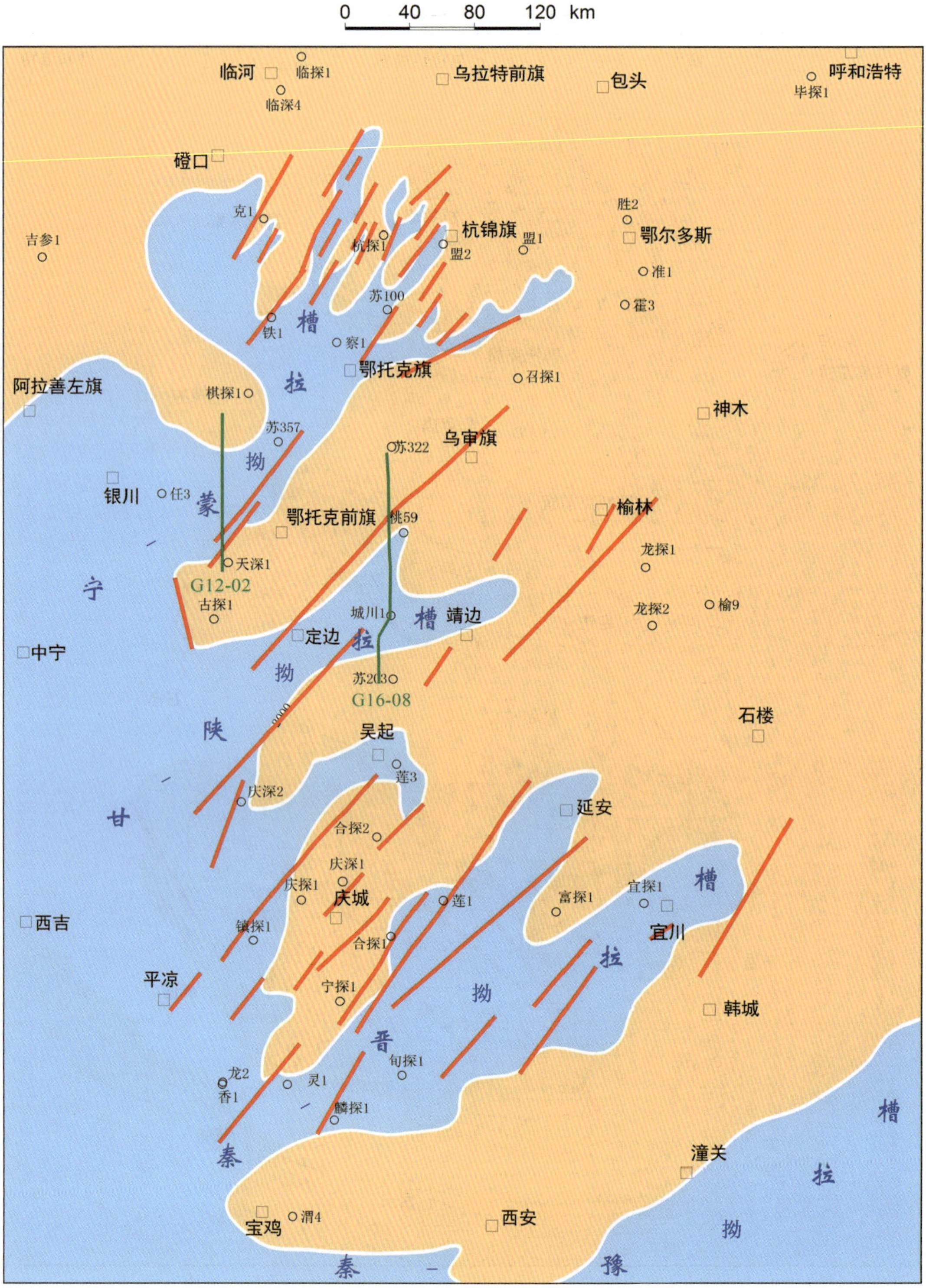

图4-38 鄂尔多斯地区中元古代长城纪“拗拉槽”展布范围图

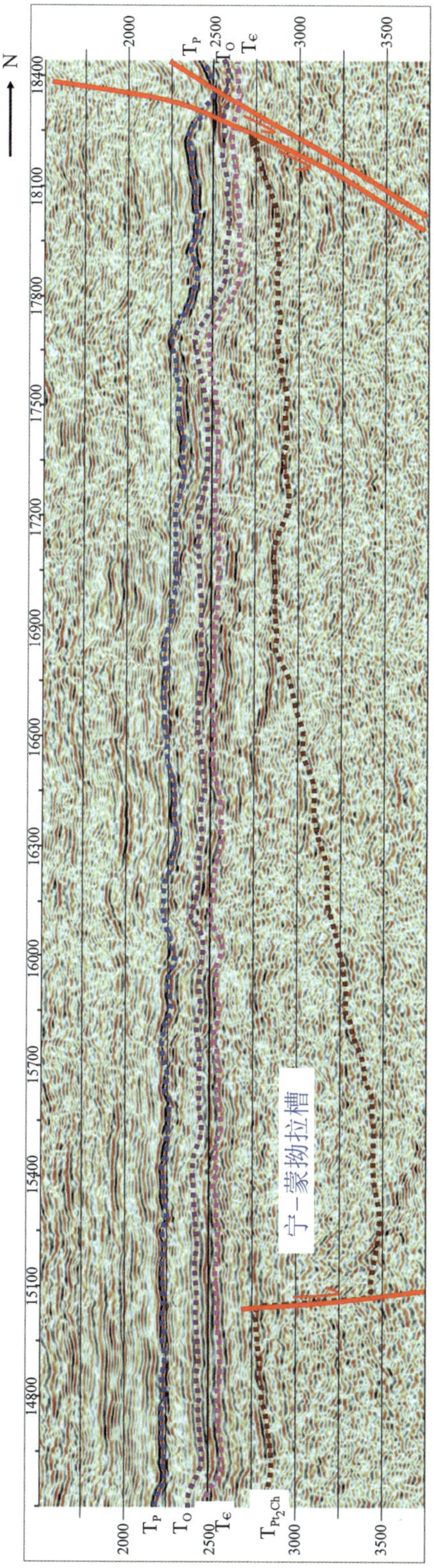

图4-39 鄂尔多斯地区G12-02区域地震地质解释大剖面（局部放大）

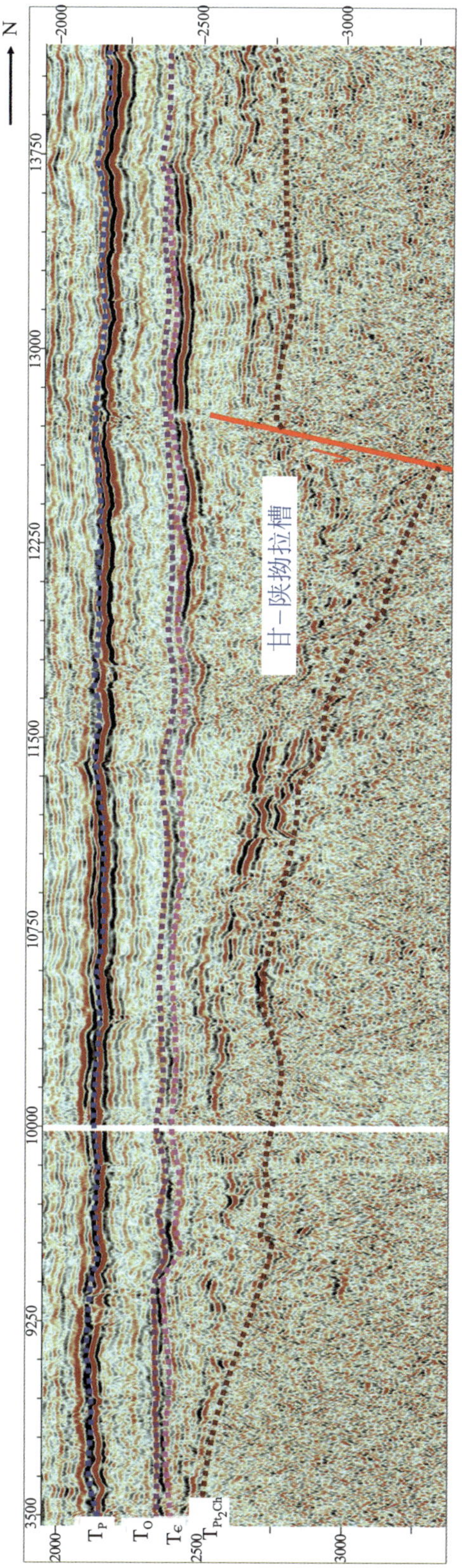

图4-40 鄂尔多斯地区G16-08区域地震地质解释大剖面（局部放大）

秦-豫拗拉槽呈北东向展布，宽度较宽，延伸范围大，深度范围为2700~7000 m，最深可达10000 m以上（图4-38）。

（3）小结

1）长城系继承了基底宏观构造格局，自北西向南东呈坳隆相间排列；这与地球物理场展布规律大体一致，呈北东向展布。

2）长城纪发育4个北东向展布的“拗拉槽”：宁-蒙拗拉槽、甘-陕拗拉槽、秦-晋拗拉槽和秦-豫拗拉槽。

第五章　鄂尔多斯地区中新元古界沉积特征

鄂尔多斯地区中元古界主要包括长城系和蓟县系，新元古界主要包括青白口系和震旦系。总体上，西南部保留相对较全，沉积厚度较大；向北东方向逐渐减薄，甚至缺失。

第一节　中元古界长城系沉积特征

目前，鄂尔多斯地区基础地质与油气地质相关研究工作开展得不多，主要集中在以下几个方面：① 重新厘定了鄂尔多斯地区中元古界“拗拉槽”的空间展布（冯娟萍等，2018）；② 探讨了鄂尔多斯地块中元古代长城纪原盆地属性（陈有智等，2016）；③ 初步厘定鄂尔多斯盆地中新元古代不同时期地层系统（高建平等，2016a；公王斌等，2016）；④ 开展了鄂尔多斯盆地及邻区不同时期岩相古地理研究（高建平等，2016b）；⑤ 对鄂尔多斯地区烃源岩条件与勘探方向、潜力进行初步研究（冯娟萍等，2015；郝松立等，2016；田刚等，2017）。

总体上，鄂尔多斯地区中-新元古界勘探与研究程度均低，勘探与研究现状尚不能满足大规模油气勘探的要求。已有研究表明，盆地中元古界长城系是烃源岩与储层发育的最有利层位。因此，本书对中元古界长城系沉积特征开展研究，以期对盆地烃源岩预测与有利勘探区带、目标优选提供基础资料。

一、沉积特征

（一）岩石学特征

（1）岩石类型

鄂尔多斯地区中元古界长城系下部岩性主要为紫红色、灰白色石英岩、石英岩状砂岩及石英砂岩，底部为一套厚可达几米的石英细砾岩。中部主要为石英岩、石英砂岩、含燧石的粉砂岩和粉晶、泥晶白云岩。上部主要为石英砂岩，含有少量白云岩。砂岩类型主要为石英砂岩，其次为长石石英砂岩、岩屑石英砂岩及少量长石砂岩（图 5-1）。

（2）结构特征

石英岩中的石英颗粒粒度通常较粗，接触紧密，为镶嵌结构［附图 9（a）］。而石英砂岩中的颗粒间呈点-线接触，为颗粒支撑结构，孔隙式胶结，胶结物以硅质为主，颗粒分选好，粒径为中砂级，磨圆度较好，为圆—次圆状［附图 9（b），附图 9（c）］。

（3）粒度特征

石英颗粒大部分为中等—较好分选，成熟度高，少部分分选性差，成熟度低。磨圆度较好，大部分为圆—次圆状，少部分为次棱角状。胶结类型主要有薄膜-孔隙式、次生

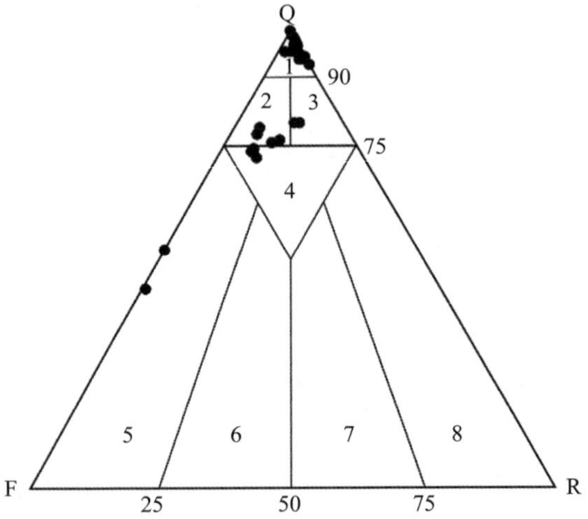

图 5-1　鄂尔多斯地区长城系砂岩的成分分类图

1—石英砂岩；2—长石石英砂岩；3—岩屑石英砂岩；4—长石岩屑石英砂岩；
5—长石砂岩；6—岩屑长石砂岩；7—长石岩屑砂岩；8—岩屑砂岩

加大式、加大-孔隙式、接触式、孔隙式、孔隙-薄膜式、孔隙-加大式和镶嵌-加大式等几种类型。粒径变化范围较大，变化在 0.05~1.60 mm 之间，最大粒径可达 5.60 mm，可见长城系砂岩结构成熟度总体上比较高。

结构成熟度受沉积环境的控制作用比较明显。桃 59 井长城系钻井岩心分析化验结果表明其岩性为石英砂岩，分选性好，成熟度高。磨圆度好，为圆状。胶结类型为孔隙-加大式。粒径变化范围在 0.08~0.14 mm 之间，最大可达 0.24 mm。从图 5-2 可以看出，桃 59 井长城系砂岩具备海滩砂的沉积特点。跳跃组分是主要的，线段在图中央处分为两条直线，坡度较陡，说明分选性好。悬浮组分含量小，缺失牵引组分。可见，桃 59 井长城系处于滨浅海沉积环境，具备结构成熟度高的特点。

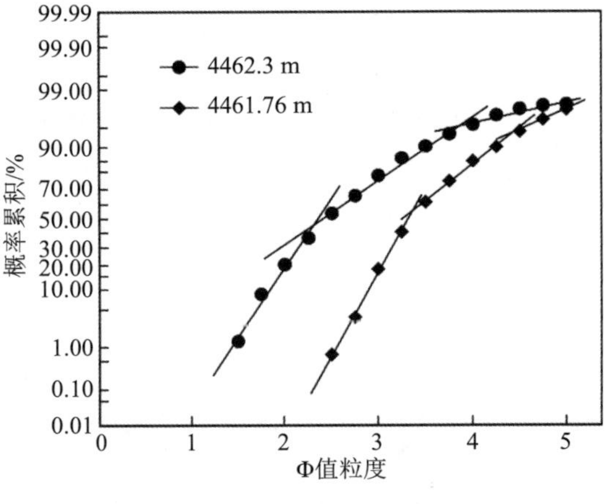

图 5-2　桃 59 井长城系石英砂岩粒度概率累积曲线图

(4) 沉积构造

中元古界长城系层理构造比较发育，潮坪、辫状河、三角洲、滨浅海和浅海相沉积相沉积构造比较常见。潮坪相层理构造主要为脉状层理、透镜状层理和“人”字形交错层等沉积构造。如桃59井脉状层理比较发育，以砂岩为主体，泥质岩在其中呈脉状，分支状［附图10（a）］，［附图10（b）］。洛南县巡检司镇常见透镜状层理和“人”字形交错层理，其中“人”字形交错层理非常发育，是潮坪沉积的典型标志之一，具有明显的双向性，这是由于受到涨潮流和落潮流的方向改变而形成的，即水介质运动具双向性［附图10（c）］。透镜状层理是砂质透镜体被包围在泥岩中，有扁平状、透镜状和串珠状形态［附图10（d）］。

辫状河与三角洲层理构造主要有平行层理、块状层理、粒序层理和交错层理等。平行层理主要发育在高山河群下部的中厚层状石英砂岩中，细层和层系呈水平或近于水平［附图10（e）、（f）］。块状层理主要发育于长城系厚层块状砂岩中，单层内部物质成分均匀，没有界线［附图10（g）］。粒序层理（递变层理）由粗逐渐变细的正粒序或由细变粗的逆粒序构成，大部分由含砾粗砂岩—粗砂岩—砂岩—砂泥岩互为过渡，由此构成正粒序层，韵律层之间常为突变接触，其底面常有冲刷，具有河口沙坝沉积的特征［附图10（h）、（i）］。交错层理在长城系中非常发育，按其形态可划分为有板状交错层、楔状交错层和波状交错层［附图10（j）］。

浅海相层理构造中水平层理最为常见，由细砂岩、粉砂质黏土岩、黏土岩组成连续的平行细层，呈水平状，一般厚1~5 mm，形成明暗相间的条带状构造，往往反映的是低能沉积环境［附图10（k）］。

鄂尔多斯及邻区中新元古界的层面构造主要有形态多样的波痕和干裂。

干裂分布于高山河群各组中，是潮坪亚相区内较发育的层面构造。其形态在平面上呈网格状，断面形态为“V”字形，壁陡直而平整，切割岩层的顶部，也见有切穿整个岩层的现象。［附图10（l）］。

波痕常在石英砂岩的层面上出现，在其他岩石的层面上也曾见到，主要是浪成波痕、小型流水波痕、流水与波浪合成波痕、变形波痕、叠加波痕等［附图10(m)、(n)、(o)］。

(二) 沉积相类型

中元古界长城系发育辫状河、三角洲、潮坪、海滩、浅海和深海等沉积相（图5-3，图5-4，附图11）。例如在鄂尔多斯盆地南缘洛南县长城系高山河群中潮坪相非常发育，厚度大，分布范围广，并有规律地交替出现。除了潮坪沉积以外，高山河群还发育三角洲、海滩和潟湖等沉积相类型（图5-3）。桃59井长城系录井段（4402~4668 m，未穿）中、下部为棕红、浅棕色中砂岩、细砂岩，夹薄层棕褐色页岩、炭质泥岩。砂岩成分中石英占75%~85%，长石占5%~15%，其他矿物约占10%。钻遇两段灰黑色炭质泥岩（4630~4632 m、4656~4657 m），累积厚度3 m，质不纯，炭化程度中等，说明中、下部处于海陆过渡环境，发育海滩、滨浅海、台地和浅海等沉积相类型。上部为绿灰色、杂色泥岩夹浅灰色中砂岩，泥岩质纯，说明处于浅水环境，发育海滩、浅海等沉积相（图5-4）。

(1) 辫状河

在乌海市苏白沟、银川市拜寺口等地长城系下部为一套砾岩、含砾粗砂岩，发育大型交错层理，为一套辫状河沉积［附图11（a）、(b)］。

(2) 三角洲

在鄂尔多斯盆地南缘洛南县巡检司镇长城系底部发育三角洲沉积。灰白色、灰色石英砂岩与灰色泥岩互层，可见交错层理、平行层理、波状层理，砂岩底见冲刷面。砂岩成熟度高，为河口坝沉积，泥岩为前三角洲沉积（图5-3）。

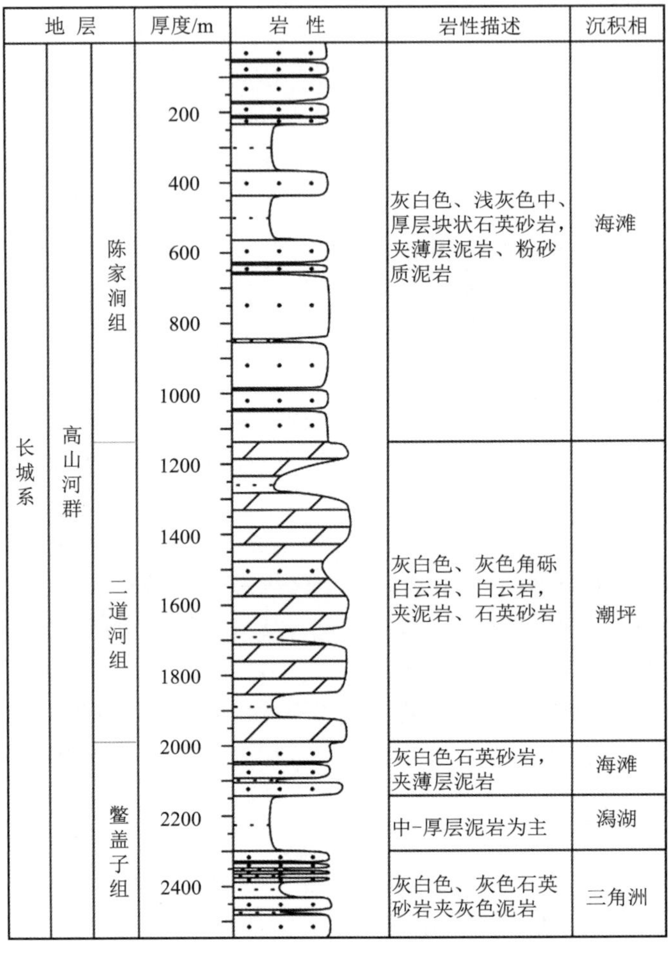

图5-3　洛南县巡检司镇长城系沉积相综合柱状剖面图

(3) 潮坪

潮坪相在长城系比较发育，在洛南县长城系中部可以看到典型的潮坪沉积［(图5-3，附图11（c)］。发育灰白色、灰色角砾白云岩、白云岩、灰白色石英砂岩和灰黑色、灰绿色泥岩。砂岩中发育羽状或“人”字形的双向形态的交错层理。

(4) 海滩

海滩相在长城系广泛发育，在乌海市苏白沟、洛南巡检司镇和桃59井等多处均可见

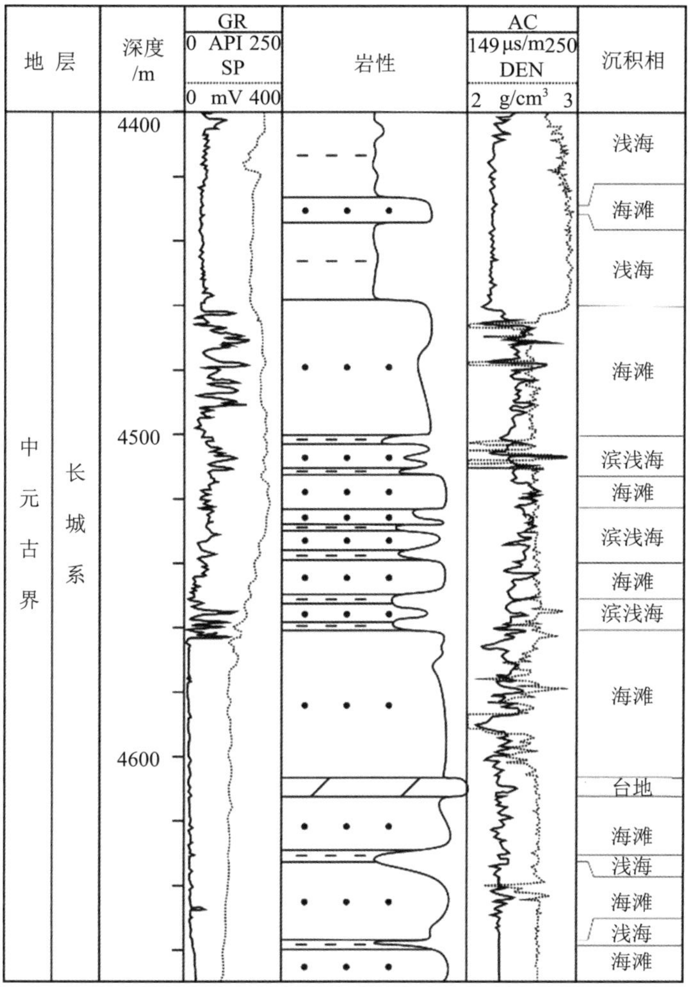

图 5-4 鄂尔多斯盆地桃 59 井长城系沉积相剖面图

[图 5-3，图 5-4，附图 11（d）]。洛南巡检司镇长城系海滩沉积往往由粉砂岩、砂质板岩、板岩向上过渡为分选好的中—粗粒岩，交错层理、楔状层理，波痕非常发育。桃 59 井海滩沉积为紫色中砂岩、细砂岩，夹薄层棕褐色页岩、炭质泥岩，砂岩成分成熟度和结构成熟度比较高。

（5）浅海—深海

浅海—深海相主要发育于鄂尔多斯地区西南部，岩性主要为灰色、灰黑色泥岩，水平层理非常发育［图 5-3、图 5-4，附图 11（e）、（f）］。

二、平面展布规律

鄂尔多斯地区中元古界长城系发育陆相、海陆过渡相和海相沉积建造。总体上，自北东向南西具有水体逐渐加深的趋势。辫状河沉积主要发育于研究区北部乌海市-杭锦旗、银川市-阿拉善左旗等地区，为一套以棕红色、灰白色石英砂岩、石英岩、石英粗砂岩和极少量细砂岩为主的陆源碎屑岩沉积建造，沉积厚度变化较大。浅海、深海沉积主要发育于研究区西南部，为一套由火山岩、碎屑岩和碳酸盐岩组成的沉积建造，沉积厚度可达万米以上。二者之间主要发育海陆过渡三角洲和滨浅海沉积，为一套以碎屑岩为主、碳酸盐岩为辅的沉积建造（图 5-5）。

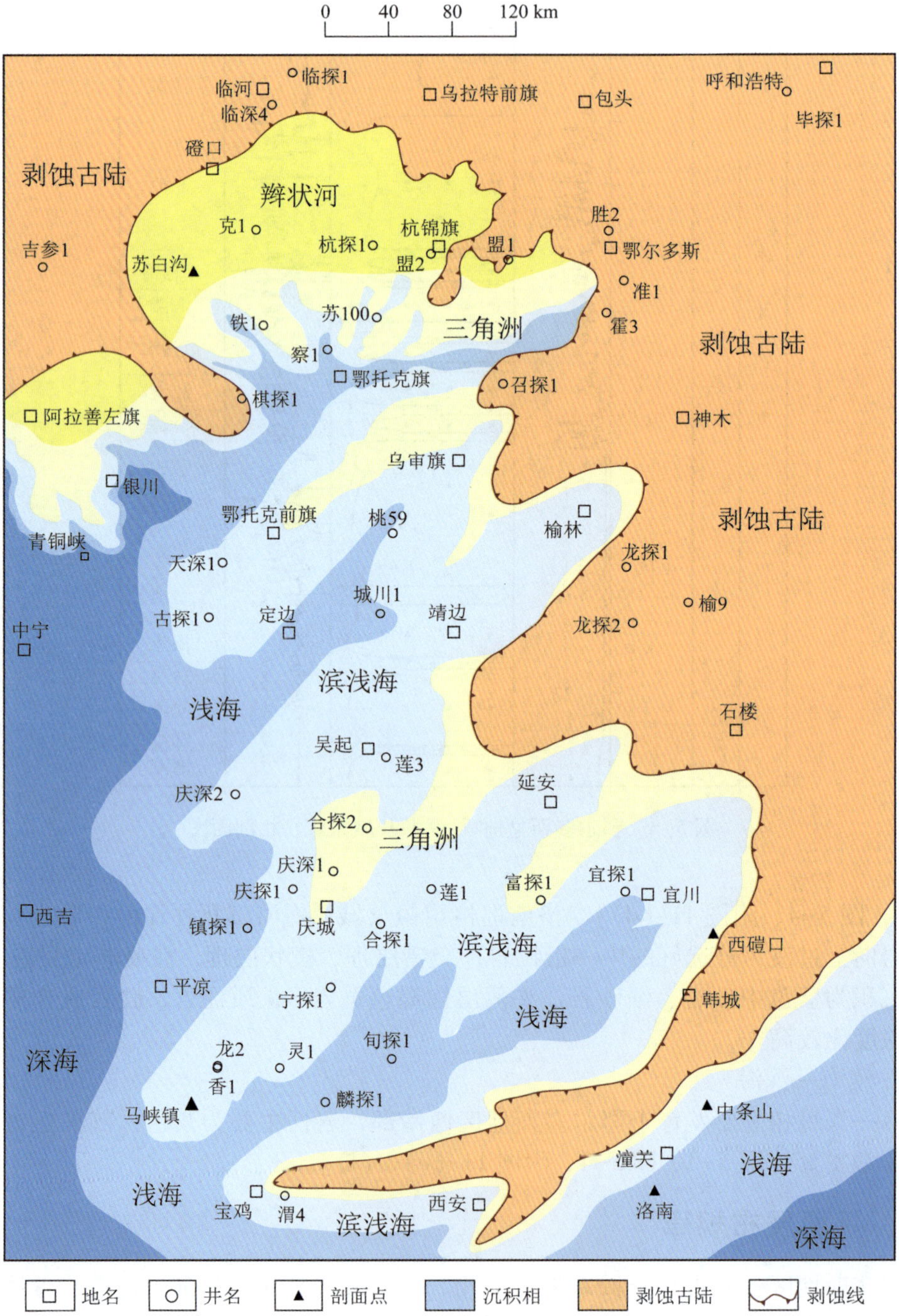

图 5-5　鄂尔多斯地区长城纪沉积相图

三、小结

1）鄂尔多斯地区中元古界长城系下部岩性主要为碎屑岩，中上部为碎屑岩夹碳酸盐岩，其中碎屑岩主要为石英砂岩，石英颗粒主要为中砂级，以点-线接触为主，为颗粒支撑，成分成熟度和结构成熟度比较高，受沉积环境的控制作用比较明显。

2）长城系层理构造发育，主要发育平行层理、块状层理、水平层理、粒序层理和交错层理，透镜状层理和“人”字形交错层理，可见波痕和干裂等层面构造。

3）长城系沉积相类型多样，发育辫状河、三角洲、潮坪、海滩、浅海和深海等各种沉积相类型。鄂尔多斯地区中元古界长城系自北东向西南具有水体逐渐加深的趋势，依次发育河流相、三角洲相、滨浅海相、浅海相及深海沉积相。

第二节　中元古界蓟县系沉积特征

总体上，鄂尔多斯地区中-新元古界勘探与研究程度均低，其现状已经不能满足大规模油气勘探的要求。其中蓟县系相对于长城系来说其研究与勘探程度更低，蓟县系是否具有生烃条件、储集性能和封盖能力等相关基础油气地质问题尚未弄清，有待于进一步深化研究。

蓟县系在研究区西南部沉积厚度大，保留较全，而且西厚东薄、南厚北薄（图5-6）并向北东方向逐渐减薄甚至缺失（欧阳征健等，2020）。在鄂尔多斯盆地西缘和南缘，地层分别为近南北向及东西向分布，沉积厚度最大可在2000 m以上。在盆地中部庆阳一带，地层厚度仅有100 m，而在盆地东部则未接受沉积。地层厚度变化及分布明显受元古宙南北向及东西向大断裂控制。

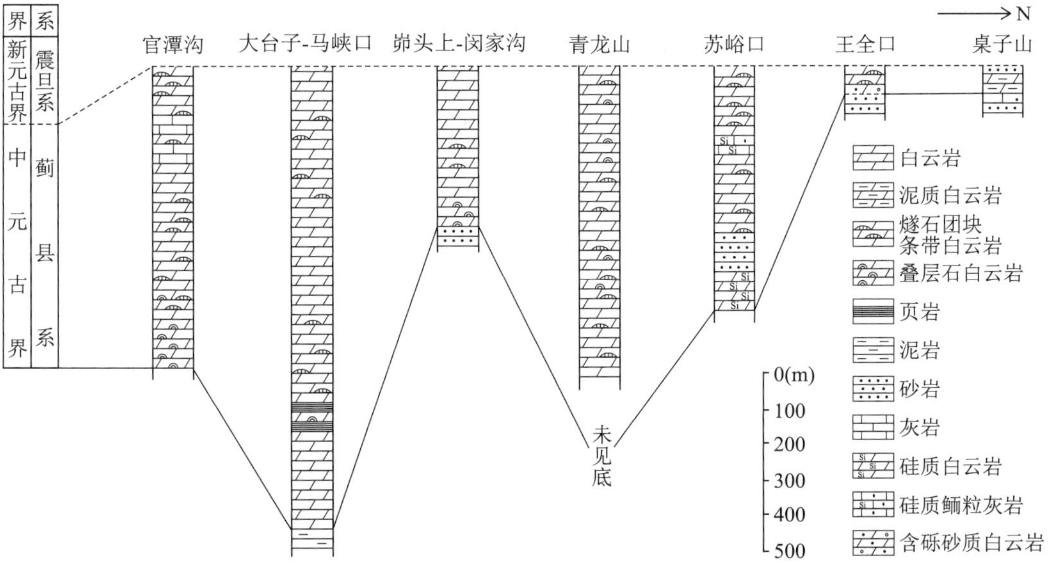

图5-6　鄂尔多斯盆地西缘中元古界蓟县系地层对比图

一、沉积特征

（一）岩石学特征

蓟县系岩石类型以大量海相富镁碳酸盐岩为主，含少量陆源碎屑岩。岩石类型主要有泥晶—粉晶白云岩、叠层石白云岩、内碎屑白云岩、球（团）粒白云岩、重结晶白云岩和硅质岩等几种类型。

（1）泥晶—粉晶白云岩

主要为浅灰色、灰色、灰白色、浅黄色、褐色厚层块状泥晶—粉晶白云岩、灰岩，质纯［附图 12（a）、（b）］。其中泥晶白云石晶粒粒径主要为 0.005 mm 左右，粉晶白云岩晶粒粒径变化范围一般为 0.02~0.05 mm。

（2）叠层石白云岩

研究区蓟县系叠层石白云岩十分发育，主要有层状叠层石白云岩［附图 12（c）］、波状叠层石白云岩［附图 12（d）］、球状叠层石白云岩［附图 12（e）、（f）］、柱状叠层石白云岩和锥状叠层石白云岩等多种类型叠层石白云岩。

（3）内碎屑白云岩

内碎屑白云岩内碎屑以砂屑、砾屑为主，砾屑粒径范围一般为 1.0~8 cm，最大可达 30 cm［附图 12(g)、(h)］。内碎屑含量变化范围较大，一般含量变化在 10%~80%之间。

（4）球（团）粒白云岩

球（团）粒白云岩呈不规则的夹层产出，由硅质和白云质交替显现同心层结构［附图 12（i）、（j）、（k）、（l）］，可能是由于藻类生物成因或藻类直接参与形成。球粒、团粒白云岩局部重结晶，颗粒面式接触［附图 12（j）］；还有部分球粒、团粒白云岩基质胶结，局部见交代作用形成的同心鲕粒、结核［附图 12（k）、（l）］。

（5）重结晶白云岩

重结晶白云岩以晶粒粒径大于 10 μm 的粗粉晶白云岩为主，可见白云石、方解石重结晶现象［附图 12（m）、（n）］。

（6）硅质条带白云岩

硅质条带白云岩中常见浅白色、灰白色条带状、条纹状、团块状或结核状燧石，还可见微纹层、细纹层状黑色燧石［附图 12（o）、（p）］。

（二）沉积相类型

（1）潮上带

潮上带与上潮间带呈过渡关系，其岩石类型主要为纹层状白云岩、纹层状藻叠层石白云岩、含泥白云岩和含砂白云岩［附图 12（d）］。由于长期暴露，沉积地层较薄，潮上带有时可见干裂、石膏及石盐假晶等干旱沉积相标志。洛南县巡检司镇洛南群石庄组、龙家园组和巡检司组底部分别发育含砾砂岩、0.5 m 厚灰白色石英杂砂岩以及灰绿色砂质板岩，为潮上带沉积环境下的沉积建造。

（2）潮间带

潮间带位于平均高潮线和平均低潮线之间，以间歇能沉积为特点。主要发育砂屑白云岩、鲕粒白云岩、锥状叠层石白云岩、柱状叠层石白云岩和层状叠层石白云岩等岩石类型（图 5-7）。潮间带可进一步划分为上潮间带和下潮间带。

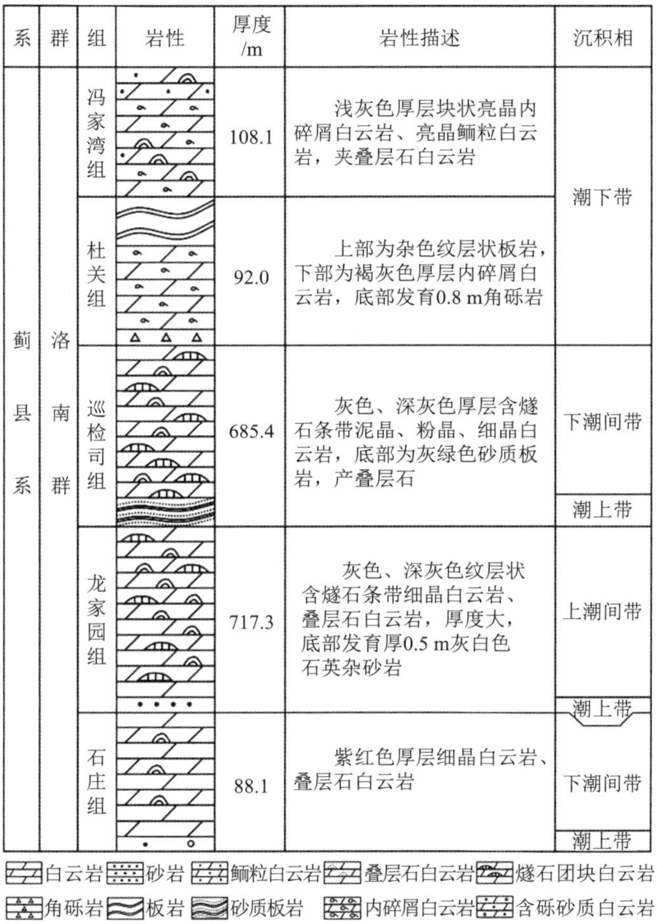

图 5-7　鄂尔多斯南缘洛南县巡检司镇蓟县系洛南群沉积相柱状剖面图

上潮间带发育纹层状藻叠层石白云岩［附图 12（g）、（h）、（i）、（j）］，常具斑点及小凝块结构，纹层间可见干裂收缩细纹或微冲刷现象。常见含硅质条带竹叶状白云岩，硅质与白云石之间存在拼合面，见同心鲕粒，硅质受后期挤压应力重结晶［附图 12（q）］。

下潮间带沉积相标志主要有波纹状藻叠层石白云岩、中—小型柱（锥）状藻叠层石白云岩、亮（微）晶粒屑云岩［附图 12（a）、（b）、（c）］，常见单向水流交错层理、交错层理、高幅度较对称波痕、准同生角砾等，角砾大小差异大，整体上呈粒序排列，见重结晶［附图 12（r）、（s）、（t）、（v）］。

（3）潮下带

潮下带可分为潮下高能带、具水下浅滩的潮下低能带和潮下低能带（开阔海）三种主要类型，岩石类型主要为内碎屑白云岩、亮晶鲕粒白云岩、叠层石白云岩和泥岩（图 5-7）。

潮下高能带位于平均低潮面以下，波基面以上。开阔陆表海中的潮下高能带一般比较宽阔，具持续高能特点，尤其是邻近滨线附近的能量最高。主要发育大型锥或柱状藻叠层石白云岩、砂屑白云岩和鲕粒白云岩等岩性类型［附图 12（u）］。可见各种交错层理、波痕和巨波痕。

具水下浅滩的潮下低能带由于水流而使底部物质经常移动，在地形微起伏地带鲕粒或藻团聚集而成水下浅滩型沉积。由于浅滩的隔拦作用，在近岸一侧形成较闭塞的沉积环境，可称之为潮下潟湖或局限海。水下浅滩粒屑以藻鲕、高能鲕为主［附图 12（k）、(l)］，多发育成锥状或柱状藻叠层石构造，进而演化成礁体。

潮下低能带（开阔海）位于波基面以下，即为陆棚区，具有低能特点，是碳酸盐沉淀的有利场所（图 5-8）。主要发育泥晶白云岩、含泥泥晶白云岩、粉砂岩、泥岩［（附图 12（w）、(x)］。无明显的沉积构造，泥晶白云岩均呈块状构造。

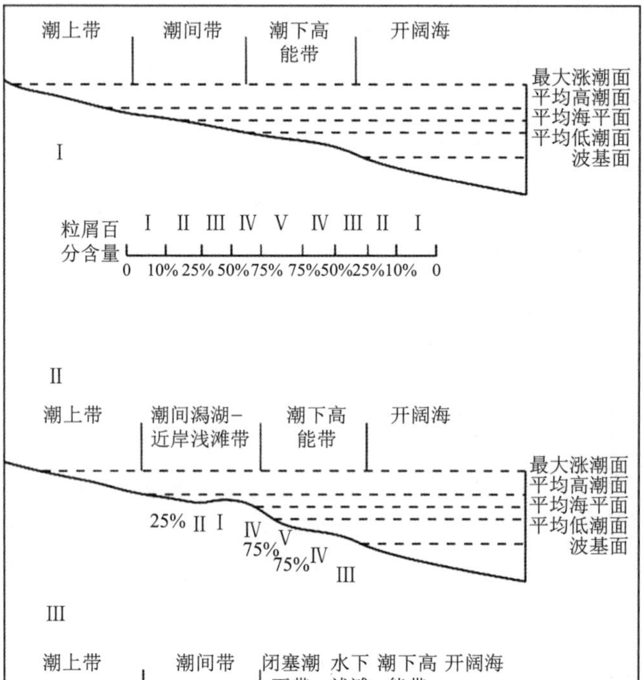

图 5-8 鄂尔多斯地区蓟县系沉积模式

（三）沉积相模式

鄂尔多斯地区蓟县系具有华北地区陆表海的沉积特征，与赵澄林等（1997）提出的华北地区中-新元古界沉积相分类非常相似，同样具有开阔型陆表海和闭塞型陆表海两种沉积模式（图 5-8）。

二、岩相古地理展布特征

鄂尔多斯地区蓟县纪较长城纪沉积范围有所减少，北东部古陆面积有所扩大。蓟县系主要发育于研究区南缘、西南缘和北缘等地区，东缘基本缺失。自古陆向外缘依次分布五个不同的相区：砂坪、云坪、燧石云坪、开阔台地和浅海（图5-9）。

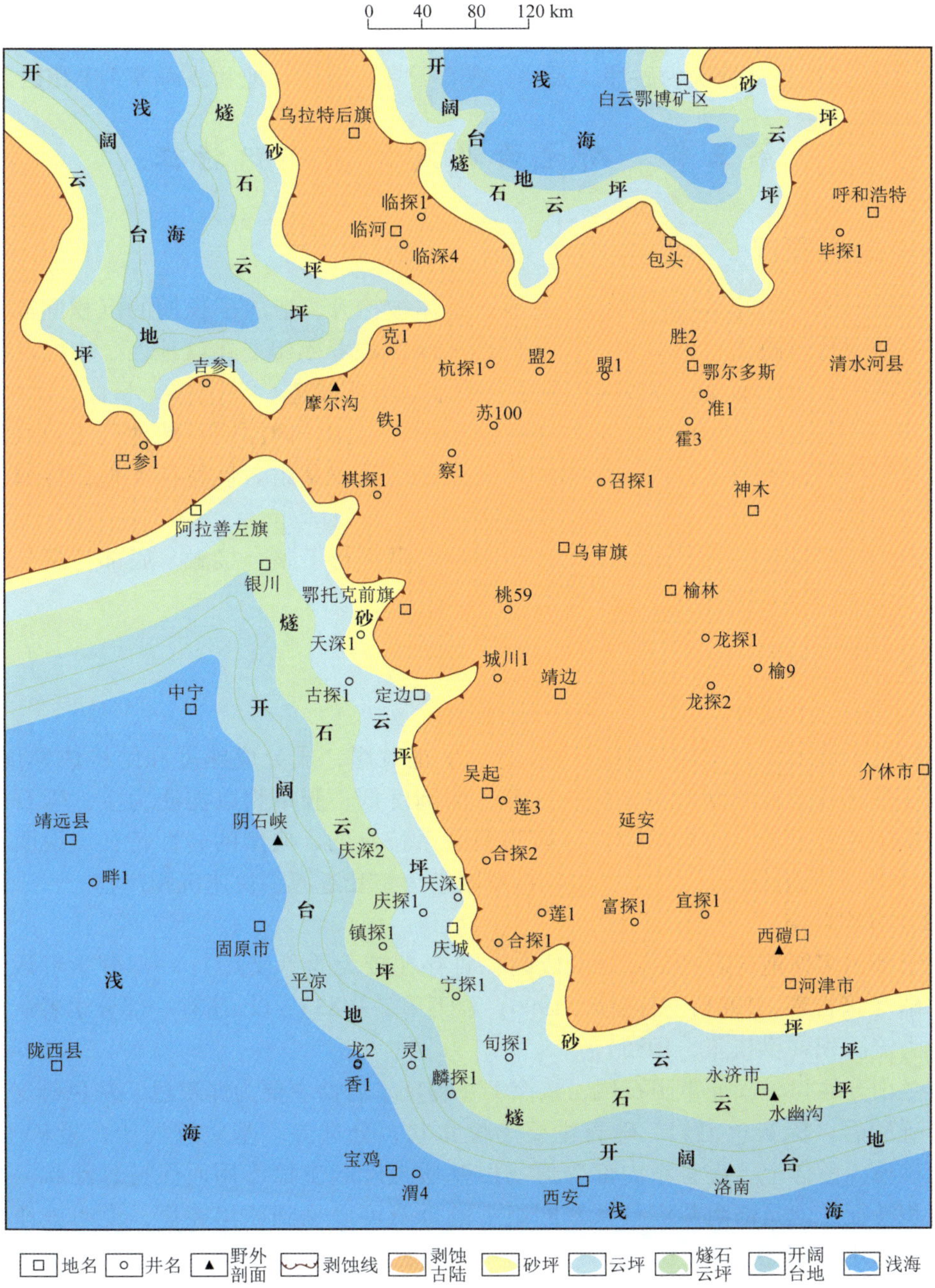

图5-9 鄂尔多斯盆地中元古代蓟县纪岩相古地理图

三、小结

1）鄂尔多斯地区中元古界蓟县系岩石类型以大量海相富镁碳酸盐岩为主，含少量陆源碎屑岩。

2）沉积相主要有潮上带、潮间带（上潮间带和下潮间带）和潮下带（潮下高能带、具水下浅滩的潮下低能带和潮下低能带）三种主要类型。

3）蓟县系可分为开阔型陆表海和闭塞型陆表海两种沉积模式。

4）自古陆向外缘依次为砂坪、云坪、燧石云坪、开阔台地和浅海等5个相区。

第三节　新元古界震旦系沉积特征

一、地质概况

受晋宁构造运动的影响，鄂尔多斯地区整体被抬升，造成了长期的沉积间断。其中鄂尔多斯盆地整体缺失青白口系，仅在局部地区沉积罗圈组。在盆地西、南缘苏峪口—演武—庆阳—长武—彬县一线以西沉积了一套混杂沉积建造。

区域上，盆地内部罗圈组与盆地西缘贺兰山-青龙山-固原阴石峡地区正目观组、阿拉善地块南缘龙首山韩母山群、华北地块南缘洛南县罗圈组岩性特征类似，应属同时异相沉积建造。

罗圈组与上覆寒武系、下伏中元古界蓟县系呈平行不整合接触，底部与蓟县系之间可见几至十几厘米厚的风化壳。

二、沉积特征

（1）岩石学特征

罗圈组总体上为一套粗碎屑沉积建造，呈正粒序，成分成熟度和结构成熟度均差。砾石以棱角状或次棱角状为主，分选性差，磨圆度低；胶结物以泥质为主；砾石成分主要为硅质条带白云岩，硅质条带白云岩为蓟县系特有的、典型的岩性特征，说明下伏蓟县系为其物源（附图13）。可见，震旦系罗圈组为一套近源、快速沉积产物。

（2）沉积环境

关于鄂尔多斯地区震旦系砾岩的成因一直存在较大的争议：① 一部分学者认为其是一套冰碛（张吉森，1981；王鸿祯，1990；蒯万筹，1983）；② 还有一部分学者认为其是一套重力流沉积（洪庆玉，1985）。

贺兰山苏峪口、固原市阴石峡、镇探1井震旦系岩性主要为深灰色、灰色砾岩，夹褐灰色含砾砂岩、深灰色泥岩。砾石主要为棱角状，分选差。基质以泥质、凝灰质为主，其次为砂质。总体上，震旦系内部碎屑物由基质强度起支撑作用而保持悬浮状，具备碎屑流沉积特征。但是洛南县震旦系罗圈组中的砾石可以见到冰川擦痕，说明该地区具有冰川沉积作用（附图14）。

（3）岩相古地理展布特征

由于受蓟县纪末期整体抬升作用的影响，鄂尔多斯地区沉积范围大为缩小。鄂尔多斯盆地整体缺失青白口系，仅在西缘、南缘分布少量震旦系。震旦系自北东向西南依次分布古陆、大陆冰川、滨岸及陆棚沉积环境（图 5-10）。

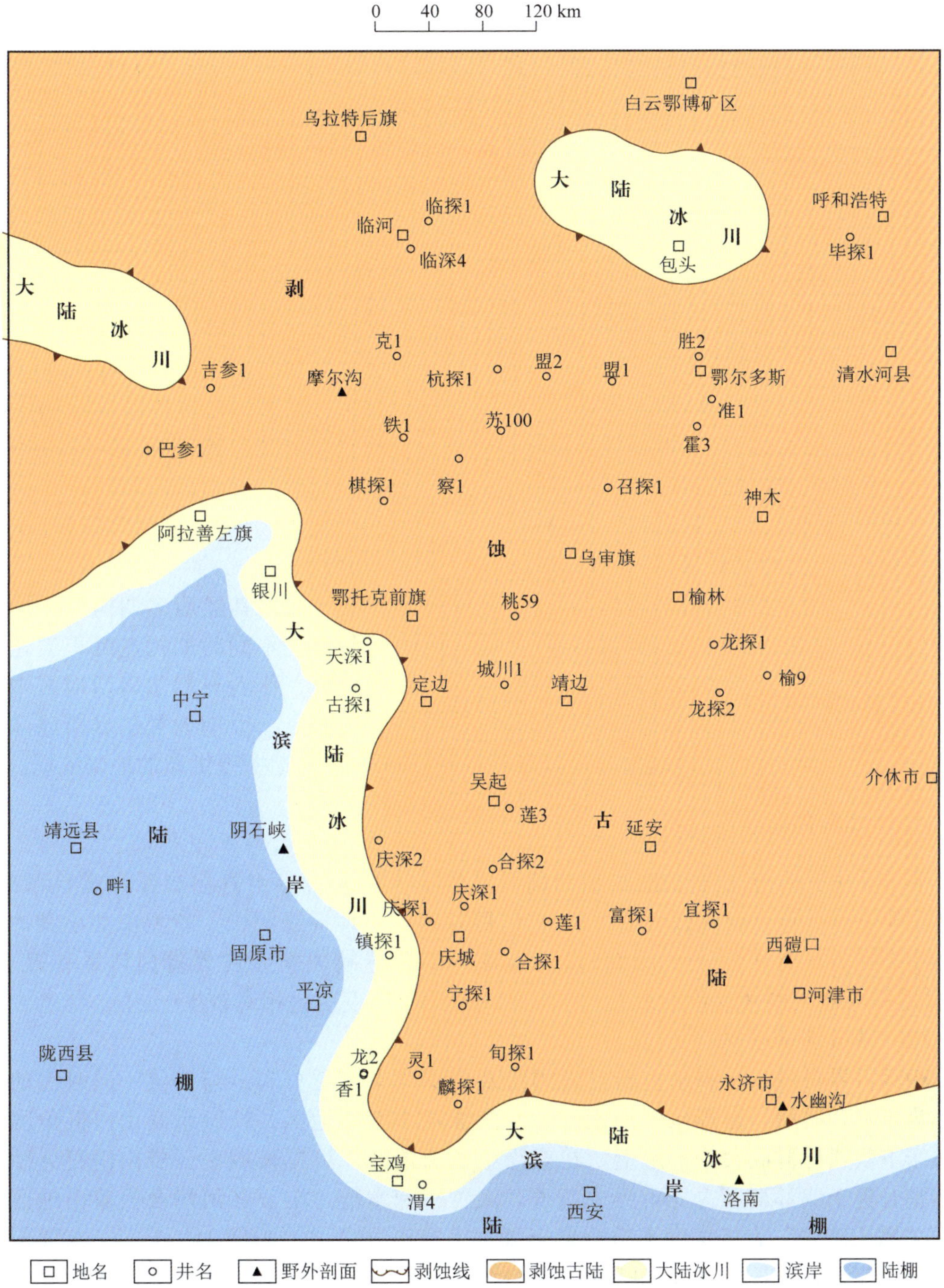

图 5-10 鄂尔多斯盆地震旦纪早期岩相古地理图

第六章　鄂尔多斯地区中新元古代构造沉积演化

前人对鄂尔多斯地区中新元古界开展过初步研究，取得了一些进展，也存在一些争议，具体表现在以下几个方面：① 不同时期构造属性争议较大。孙肇才等（1980）认为，新元古界为稳定地台型沉积；部分学者认为中元古界是深地堑或拗拉槽环境的产物（张抗，1983；赵重远，1983；朱夏，1986；李克勤，1992；林畅松等，1995；吴奇之，1997）；还有部分学者认为中、新元古界具大陆裂谷沉积特征（陆松年等，2002；李俊建等，2010；陈友智等，2016）。冯娟萍等（2018，2020）认为中元古代为拗拉槽发育时期，主要发育 4 个北东向拗拉槽。② 开展了不同时期岩相古地理研究（高建平等，2016b；欧阳征健等，2020），其中长城纪自北东向西南依次发育河流、三角洲、滨浅海、浅海及深海沉积相（欧阳征健等，2020）。③ 中新元古界，特别是长城系具有一定的生烃潜力（冯娟萍等，2015；郝松立等，2016；田刚等，2017）。

总体上，研究区中新元古界的研究、勘探程度均低，加之其经历多期构造作用叠加改造后其原始沉积格局已不复存在，导致对该区中新元古代不同时期构造沉积演化过程的认识存在明显分歧。综合利用地质、测井和地震等资料，作者对鄂尔多斯地区中新元古界原盆属性、构造沉积演化过程等基础地质问题开展研究，以期为鄂尔多斯地区乃至华北克拉通中新元古代原始构造沉积格局的恢复和深层油气勘探提供新的地质依据。

一、地层系统

研究区中元古界主要由长城系和蓟县系组成，新元古界由青白口系和震旦系组成，但是地层分布、厚度存在较大的差异：① 鄂尔多斯盆地周缘阴山、贺兰山和小秦岭等地区的中新元古界分布较全（图 6-1），盆地内部普遍缺失新元古界青白口系和震旦系；② 盆地周缘地层厚度变化非常大，而盆地内部地层厚度变化相对较少。

（1）中元古界长城系

中元古界长城系在鄂尔多斯盆地周缘及内部均有广泛分布，与下伏不同时代地层之间均为不整合接触。在鄂尔多斯南缘、西南缘及小秦岭地区，长城系高山河群角度不整合覆于下伏熊耳群或太华群之上。在东缘中条山地区，可见长城系云梦山组石英砂岩角度不整合覆于熊耳群、古元古界中条群、太古宇涑水群之上。在河津及吕梁山地区，长城系“霍山砂岩”直接角度不整合覆于太古宇涑水群之上［附图 15（a）］。在鄂尔多斯西缘及西北缘可见长城系黄旗口群底部的石英砾岩直接角度不整合覆于新太古界或古元古界千里山群（乌拉山群）之上［附图 15（b）、（c）］，缺失南缘地区的铁铜沟组和熊耳群及其相同时代的沉积。在北缘，主要表现为长城系白云鄂博群（渣尔泰山群）直接角度不整合覆于下伏太古宇和古元古界之上。

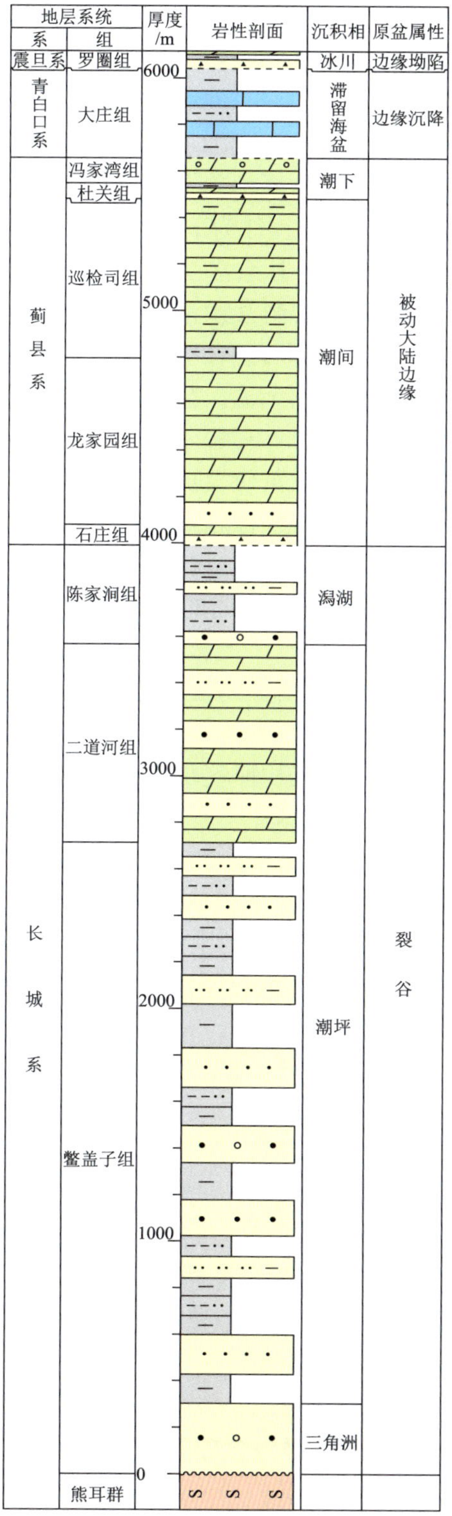

图 6-1　洛南县中新元古界综合柱状图

在鄂尔多斯盆地内部的众多钻井中，均可见长城系与下伏古元古界或新太古界之间的不整合接触，如庆深1井、天深1井、古探1井及桃59井等。这些井钻遇的长城系大多为灰白色、棕红色的石英砂岩。

（2）中元古界蓟县系

在鄂尔多斯地区，长城系上覆蓟县系，二者普遍平行不整合接触。蓟县系底部常为一套厚度不等的砾岩及含砾岩层，砾石往往为下伏长城系的石英砂岩。

在鄂尔多斯南缘及西南缘，可见蓟县系洛南群龙家园组（石庄组）与长城系高山河群之间的平行不整合接触。有些地区的蓟县系洛南群龙家园组底部砂质白云岩中可见下伏长城系高山河群棱角状的石英砂岩砾石。在鄂尔多斯东南缘的中条山地区，洛南群龙家园组为一套灰色、灰白色中厚层状白云岩、硅质条带白云岩组合，与长城系洛峪群洛峪口组平行不整合接触［附图15（d）］。在鄂尔多斯西缘及西北缘可见蓟县系王全口群硅质条带白云岩平行不整合覆于长城系黄旗口群之上［附图15（e）］，底部普遍发育一套灰白色厚层状石英质砾岩、角砾岩，且含有下伏地层棱角状的石英砂砾岩的砾石［附图15（f）］，明显具有底砾岩的特点。在盆地内部的伊盟隆起、伊陕斜坡西部、天环坳陷及渭北隆起均有井钻遇了蓟县系和长城系之间的不整合面。

（3）新元古界

新元古界青白口系大庄组在陕西洛南一带的厚度有20~385 m，主要为一套灰黑色炭质板岩、硅质板岩夹硅质灰岩［附图15（g）］，显示了滞留海盆的特征。其向东可一直延伸到河南卢氏—灵宝—栾川一带，沉积厚度加大。鄂尔多斯地区大部分地区则基本缺失青白口系。

新元古界震旦系在鄂尔多斯西南缘的贺兰山—青龙山—陇县—岐山—洛南一带及其外侧沉积了一套冰水沉积物组合，正常海相纹层状泥岩中含有大小不等、棱角状坠石［附图15（h）］。在西南缘、南缘及东南缘的中条山地区，震旦系为罗圈组，与下伏青白口系或蓟县系为平行不整合接触。在西缘及贺兰山地区，震旦系正目观组平行不整合覆于蓟县系王全口群之上［附图15（i）］。

二、原盆属性

（1）长城纪裂谷盆地

华北克拉通地区中元古代发育3期基性岩墙群，分别为约1.80 Ga熊耳构造事件、约1.75 Ga镁铁质岩墙群发育事件和约1.62 Ga基性火成岩事件（李江海等，1997；侯贵廷等，1994，1998，2002；翟明国等，2000；彭澎，2016），可能是在陆内裂解期间形成的（Zhao et al.，2002）。这说明鄂尔多斯地区中元古代长城纪具备区域伸展构造环境。

中元古界长城系在盆地周缘与下伏地层之间呈角度不整合接触，盆地内部与下伏地层呈平行不整合接触。其为华北克拉通第一套沉积盖层，自此开始进入盆地演化过程。长城系高山河群下部鳖盖子组岩性主要为含砾石英砂岩及石英岩状砂岩，夹灰色、灰黑色板岩，为滨岸-三角洲沉积环境。中部二道河组岩性主要为含叠层石白云岩，属潮坪沉积环境。上部陈家涧组岩性主要为灰黑色泥质板岩，发育于潟湖环境。总体上讲，高山河群具有水体向上变深、粒度向上变粗的趋势，具备裂谷盆地沉积特征（图6-1）。

冯娟萍等（2018）对鄂尔多斯地区中元古界“拗拉槽”重新进行了厘定，认为鄂尔多斯地区中元古界发育一系列北东向“拗拉槽”，表明鄂尔多斯地区中元古代长城纪处于拉张构造环境。鄂尔多斯盆地本部主要发育深、浅两种构造层次断层，其中深构造层次断层早期性质为同沉积断层。受基底正断层控制，长城系厚度变化较大，呈箕状，具备裂谷盆地的结构特征。

（2）蓟县纪被动大陆边缘盆地

鄂尔多斯盆地本部浅构造层次断层性质主要为逆断层，发育于元古宇、古生界和中生界。蓟县系与长城系在构造样式、构造变形和断层发育特征等方面存在较大差异，应属不同的构造层。

蓟县纪经历长城纪陆内裂谷削高补平之后，蓟县系沉积范围大为缩小。其整体上为一套浅海相碎屑岩-碳酸盐岩建造，岩性以硅质条带白云岩为主，夹泥质板岩，叠层石十分发育。其底部常为一套厚度不等的砾岩及含砾岩层，砾石成分以长城系石英砂岩为主，与下伏长城系呈平行不整合接触（图 6-1）。

由此可见，蓟县纪相对于长城纪，构造背景和沉积环境均发生了明显转变，沿大陆边缘稳定分布，原盆属性为被动大陆边缘盆地。

（3）青白口纪边缘沉降盆地

研究区青白口系与下伏蓟县系呈平行不整合接触（图 6-1），说明蓟县纪末期并没有发生大规模构造变形作用，基本继承了蓟县系的沉积格局。

大庄组岩性主要为灰黑色炭质板岩、硅质板岩，夹硅质灰岩，水平层理非常发育，常见微古化石，为一套滞留海盆沉积建造。其向东、向南沉积厚度逐渐加大，可达 1400~1600 m。大庄组仅分布于洛南深大断裂带北侧的狭长地带，其大幅度沉降与南侧秦岭向北扩张有密切关系。这说明青白口纪原盆属性为边缘沉降盆地。

（4）震旦纪边缘坳陷盆地

鄂尔多斯盆地本部震旦系罗圈组、正目观组缺失。震旦系发育于华北克拉通西南缘、北缘，其中罗圈组主要发育于鄂尔多斯盆地南缘的豫西、洛南等地区，正目观组主要发育于盆地西缘贺兰山地区。

震旦纪的冰碛岩下部岩性主要为冰碛砾岩，中上部岩性主要为板岩，局部含少量坠石。其地层分布范围有限，原盆属性为边缘坳陷盆地（图 6-1）。

三、沉积演化

（1）长城系海陆交互沉积

研究区长城系基本继承了基底的宏观构造格局，盆地本部呈北东向展布，北缘呈近南北向展布（见图 5-5）。盆地本部具有西厚东薄、南厚北薄的特点，地层厚度变化范围比较大，变化范围一般为 0~6000 m，盆地西缘、南缘地层最厚可达 10000 m 以上，北缘具有自南向北逐渐增厚的趋势，地层厚度一般变化在 0~7000 m。在盆地中部，地层厚度可达 200~400 m；发育于陆内裂谷沉积环境，为一套陆相—滨海相石英砂岩沉积建造。盆地内部，海水自南向北、向东侵入，北缘海水自北向南侵入，依次发育辫状河、三角洲、滨浅海、浅海和深海等沉积相（见图 5-5）。

（2）蓟县系陆表海沉积

中元古代蓟县纪地层分布范围及地层厚度较长城纪地层小（见图5-9）。盆地西缘、南缘地层厚度具有西厚东薄、南厚北薄的特点，地层最厚可达2000 m以上。盆地中部庆阳一带，地层厚度仅100 m，在盆地东部未接受沉积。北缘具有南薄北厚的特点，一般沉积厚度为0~1600 m，最厚可达2500 m以上。

蓟县纪主要发育陆表海碳酸盐岩台地沉积，水体较浅，依次发育砂坪、云坪、燧石云坪、开阔台地和浅海等沉积相。从洛南至庆阳、环县，再到北部的苏峪口，整体上地形平缓，水体不深，属于碳酸盐岩潮坪沉积环境；受波浪、潮汐及间歇暴露的影响，形成一套特殊的岩相标志，主要为潮间带沉积，同时也包括一部分潮上带及潮下带沉积。在西缘北部乌海摩尔沟剖面可以见到蓟县系王全口组底部含砾砂质白云岩，其陆源物质大大减少（见图5-9）。

（3）青白口系滞留海盆沉积

新元古代早期，鄂尔多斯盆地本部基本缺失青白口系。沉积主要发生在鄂尔多斯盆地南缘，西南缘局部也有分布，具有自北向南依次增厚的趋势。如在陕西省洛南县，主要发育青白口系大庄组，厚度变化范围加大（图6-2）。

青白口系大庄组为一套滞留海盆沉积建造，向南海水深度逐渐增大，由滞留海盆沉积环境逐渐过渡为大陆斜坡（图6-2）。

（4）震旦系冰川沉积

研究区新元古代震旦纪地层分布范围及地层厚度最小，主要分布于鄂尔多斯地区西南缘，沉积厚度相对长城系、蓟县系急剧减薄，自北东向西南依次加厚，一般沉积厚度为0~50 m，最厚可达100 m以上。北缘包头附近沉积少量震旦系。在盆地中部庆阳及以东未接受沉积，基本缺失青白口系（图6-2）。

研究区震旦系普遍发育一套冰水沉积或与其有联系的深水沉积。其中，冰碛砾岩沿大陆边缘呈带状分布，向外逐渐过渡为滨岸、陆棚相，地层厚度也由内带向外带逐渐增厚（见图5-10）。

四、构造-沉积演化过程

鄂尔多斯地区中新元古代经历了4个形成演化阶段：① 长城纪裂谷阶段。研究区长城纪处于造山期后伸展构造环境，发育一系列基性岩墙群和同沉积正断层；在此构造背景下，发育辫状河、三角洲、滨浅海、浅海和深海等沉积相，构成一套正粒序陆相-滨海相沉积建造；长城系呈箕状；具备陆内裂谷盆地的典型地质结构特征；② 蓟县纪被动大陆边缘阶段。蓟县纪构造环境稳定；沉积范围相对长城系大范围缩小，沿克拉通边缘稳定分布；处于浅水陆表海沉积环境，发育砂坪、云坪、燧石云坪、开阔台地和浅海等沉积相；原盆属性为大陆边缘坳陷；③ 青白口纪边缘沉降阶段。青白口纪基本继承了蓟县纪的沉积格局，其沉降幅度受洛南深大断裂控制作用明显。自北向南依次发育滞留海盆、大陆斜坡等沉积相；④ 震旦纪边缘坳陷阶段。震旦纪处于大冰期，为发生大规模冰川作用时期，沉积范围大大缩小；处于冰川沉积环境，沿边缘坳陷向外依次发育大陆冰川、滨岸、陆棚等沉积相（图6-3）。

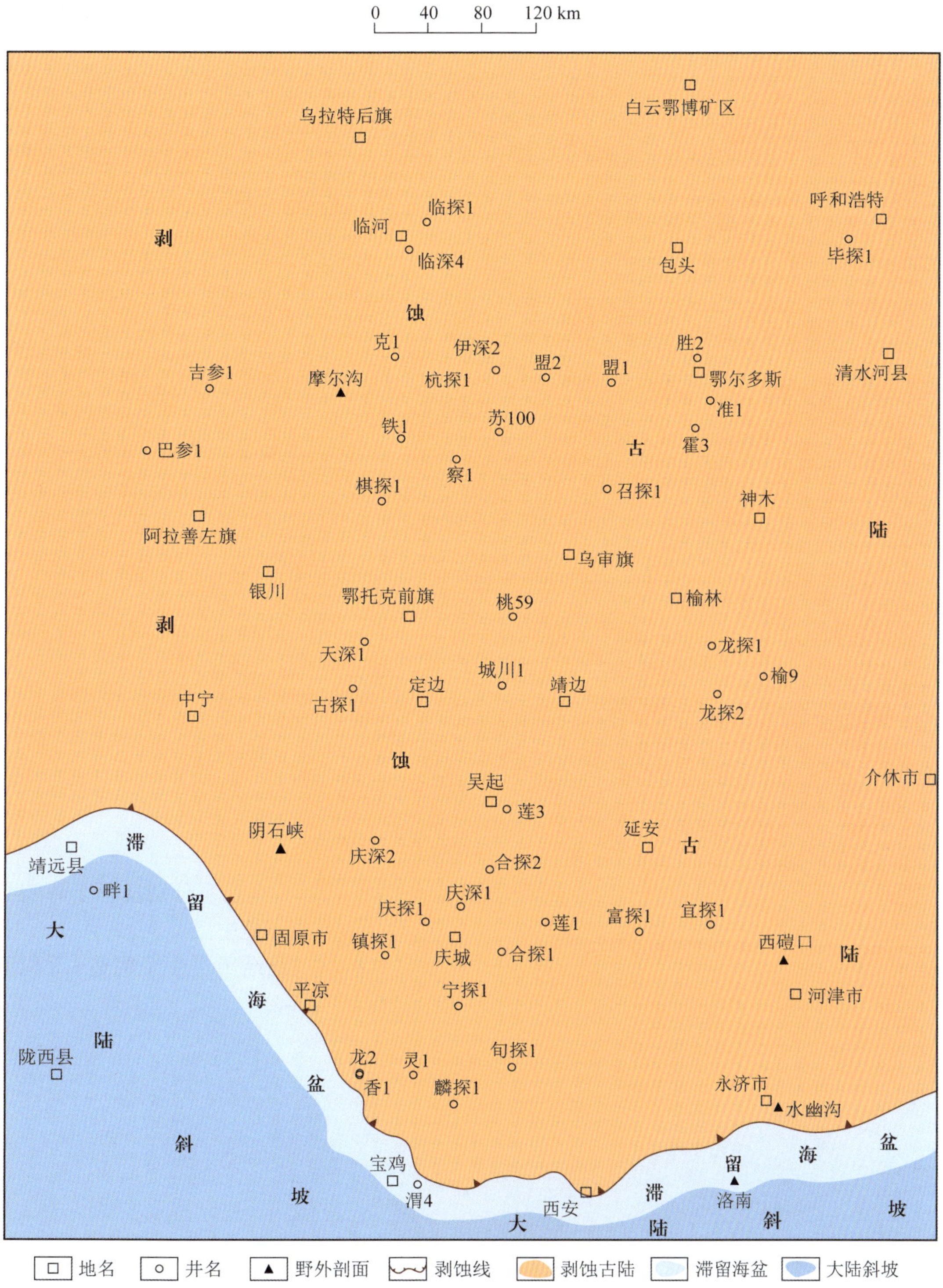

图 6-2 鄂尔多斯地区青白口纪沉积相图

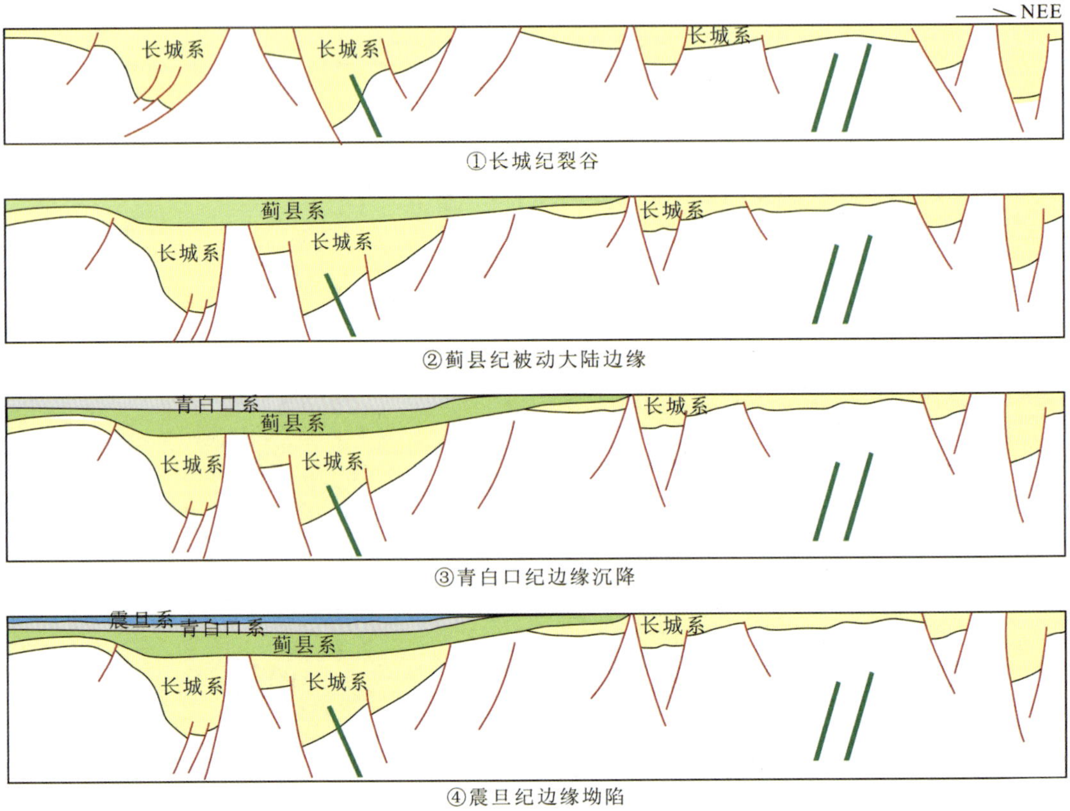

图 6-3　鄂尔多斯地区中新元古代形成演化模式图

五、小结

1）鄂尔多斯地区中新元古界长城系、蓟县系、青白口系和震旦系分别发育于海陆交互沉积环境、陆表海沉积环境、滞留海盆沉积环境和冰川沉积环境中。

2）研究区中新元古代长城纪、蓟县纪、青白口纪和震旦纪经历了 4 个构造-沉积演化阶段，分别为裂谷、被动大陆边缘、边缘沉降和边缘坳陷。

第七章　鄂尔多斯地区中新元古界烃源岩特征

由于盆地内部钻井资料有限，为明确中新元古界是否具备生烃能力，优选盆地南缘秦岭、东南缘中条山、北缘阴山-狼山、西缘贺兰山等地区出露的地质露头进行实地考察。结果证实鄂尔多斯盆地盆地周缘中元古界长城系广泛发育黑色板岩、炭质板岩，展现出良好的生烃潜力（图 7-1）。

第一节　鄂尔多斯盆地北缘中新元古界烃源岩特征

一、地质概况

鄂尔多斯盆地北缘中新元古界渣尔泰山群中存在规模较大的烃源岩，主要发育于渣尔泰山群中上部阿古鲁沟组一、三段，自巴彦诺日公一直延伸至达茂旗（巴音布拉格、巴彦诺日公、乌加河、河湾、书记沟、小佘太镇、达茂旗和固阳县北等地区）（图 7-2 至图 7-5），其中大佘太镇河湾村至固阳县北一线烃源岩最为发育。

渣尔泰山群是一套以碎屑岩为主夹碳酸盐岩的沉积建造，主要分布在内蒙古巴彦淖尔盟乌拉特中旗、前旗之间的渣尔泰山一带，总厚度超过 3000m。与下伏新太古代岩群呈不整合接触，其上被蓟县系什那干群不整合覆盖。自下而上可分为书记沟组、增隆昌组、阿古鲁沟组和刘鸿湾组。书记沟组主要为浅灰色、灰白色中厚层状含砾中—粗石英砂岩、细粒长石石英砂岩、石英岩及石英片岩、二云片岩夹粉砂质板岩。增隆昌组一段下部为碎屑岩，上部碎屑岩与碳酸盐岩互层；二段岩性主要为白云岩夹薄层泥灰岩，富含叠层石。阿古鲁沟组可划分为三个岩性段。阿古鲁沟组一段为暗灰色泥岩及炭质板岩段；二段为灰色、深灰色微晶灰岩夹炭质板岩段；三段岩性主要为灰黑色、黑色炭质粉砂质泥岩、含炭质泥岩及炭质板岩。刘洪湾组主要中—薄层状白色、灰白色细粒状石英岩，夹含砾石英岩，长石石英岩及灰色绢云母石英片岩等（图 7-2 至图 7-5）。

二、岩石学特征

盆地北缘中元古界长城系烃源岩岩性主要为灰黑色、黑色炭质板岩。渣尔泰山群经受了低绿片岩相浅变质作用，以低级区域变质作用为主，其温压条件为：260～350℃、500～800 MPa。经变质作用后，泥质、粉砂质岩石变质为板岩，灰岩、石英砂岩等仅出现大理岩化和石英岩化（附图 16）。

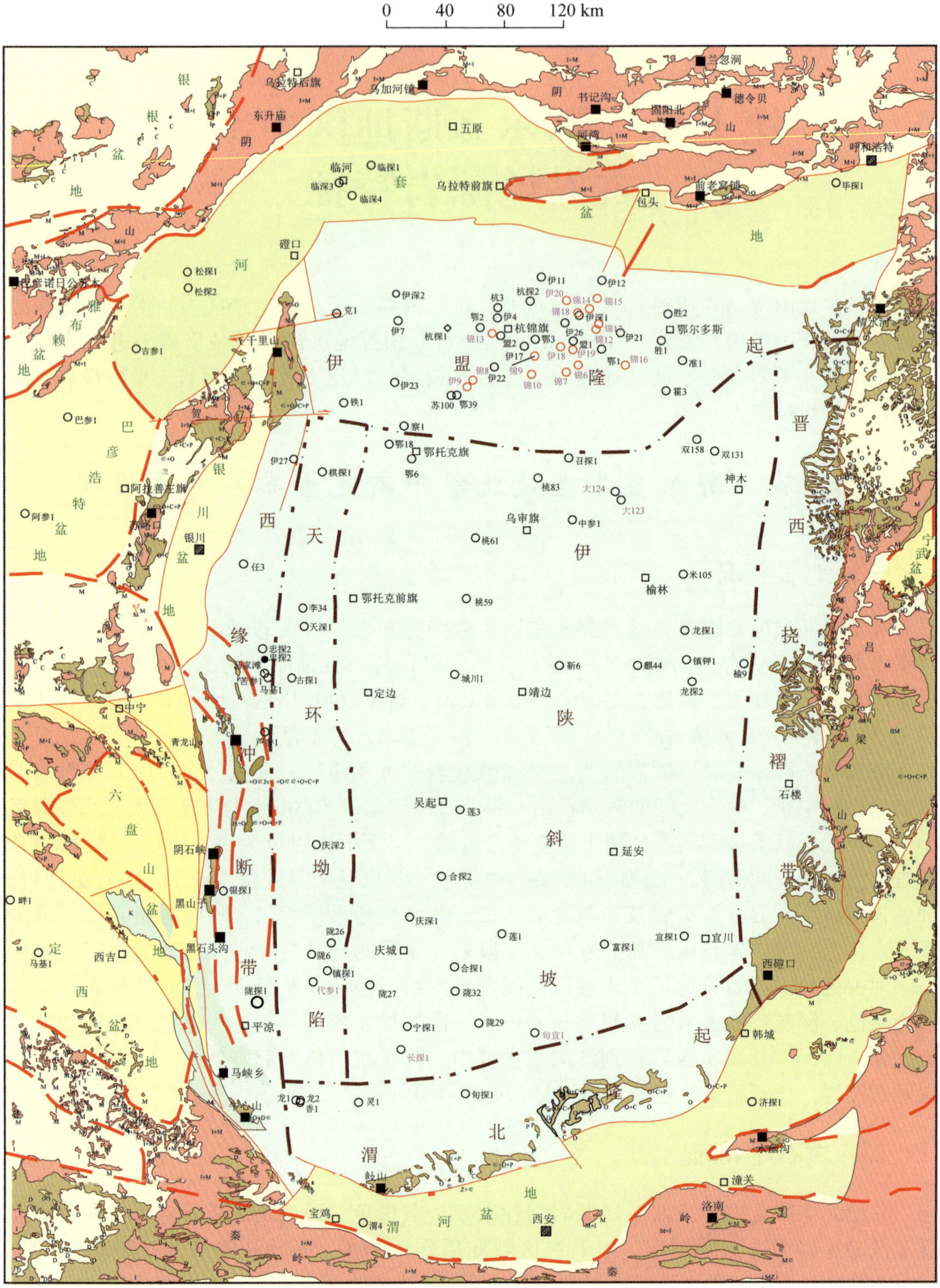

图 7-1　鄂尔多斯盆地周缘地质露头观察位置图

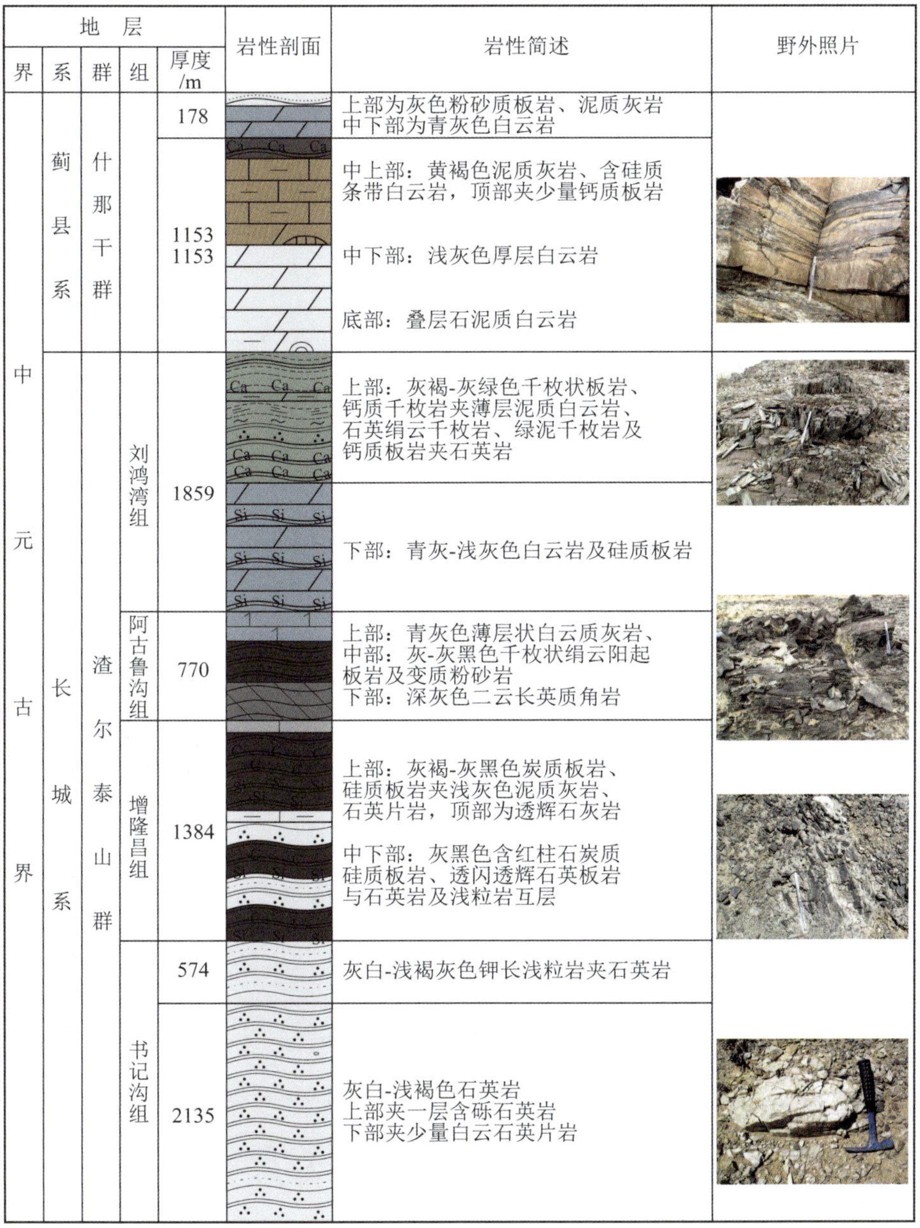

图 7-2　巴彦诺日公中元古界综合柱状图

详细显微薄片鉴定再次证实渣尔泰山群阿古鲁沟组经历区域变质作用，岩石类型主要为千枚岩、片岩、板岩，由石英、云母、炭质和铁质组成，具有明显的定向性（附图 17）。

巴音布拉格渣尔泰山群岩性主要为黑色板状透闪石炭质千枚岩，具粒状变晶结构和千枚状构造，由石英、透闪石、云母及炭质等组成［附图 17（a）、（b）］。固阳北渣尔泰

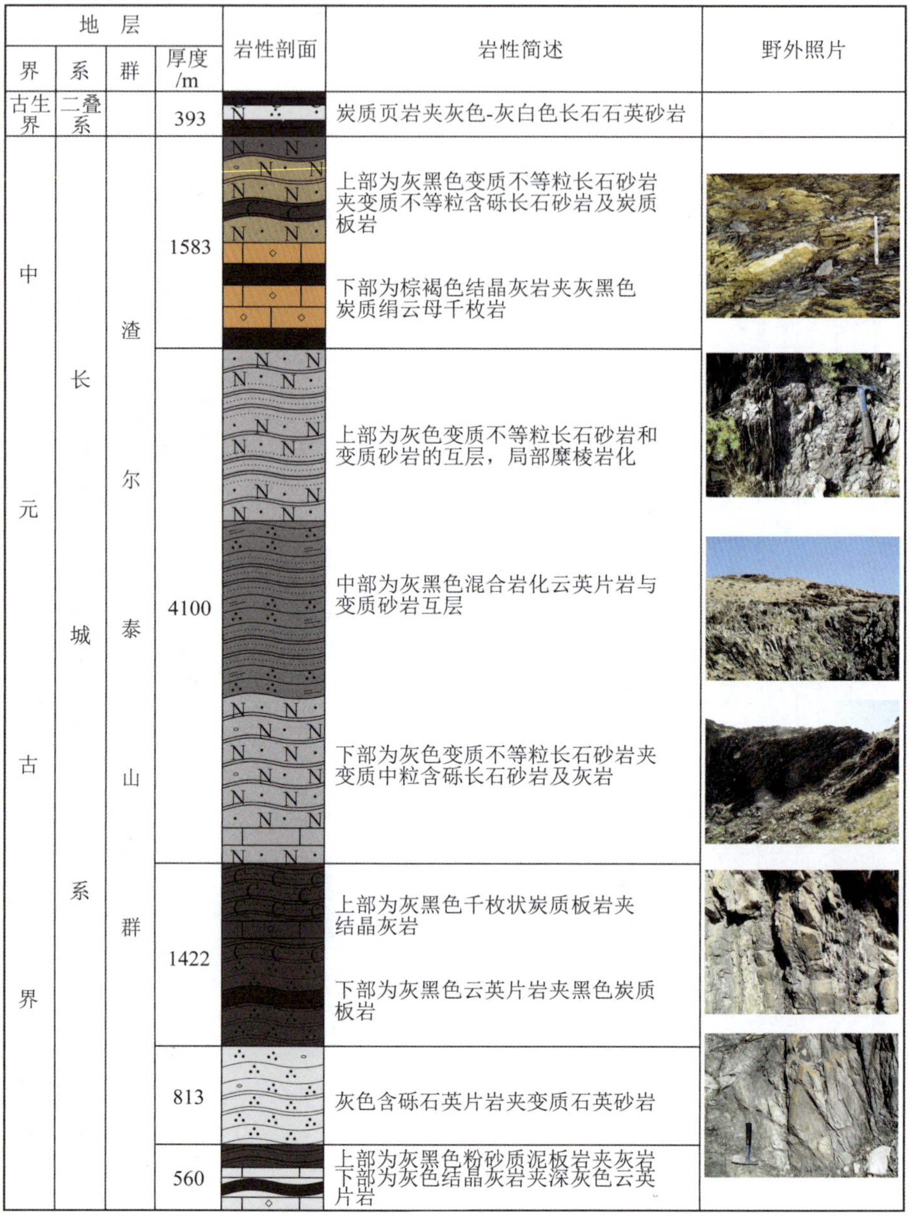

图 7-3　乌加河镇中元古界综合柱状图

山群岩性主要为黑色炭质石英白云母片岩、黑色炭质铁质白云母石英片岩，具鳞片变晶结构、粒状、鳞片变晶结构和片状构造，由石英、白云母、炭质和铁质组成，不透明矿物在正交偏光下具明显的金属反光光泽［附图 17（c）、(d)］。河湾渣尔泰山群岩性主要为黑色板状云母炭质铁质千枚岩、炭质铁质板岩和炭质铁质白云母千枚状板岩，具鳞片变晶结构和千枚状、眼球状、板状构造，由石英、云母、炭质和铁质组成，偶见硅质、黄钾铁矾等组成的结核［附图 17（e）、(f)］。巴彦诺日公渣尔泰山群岩性主要为灰绿色

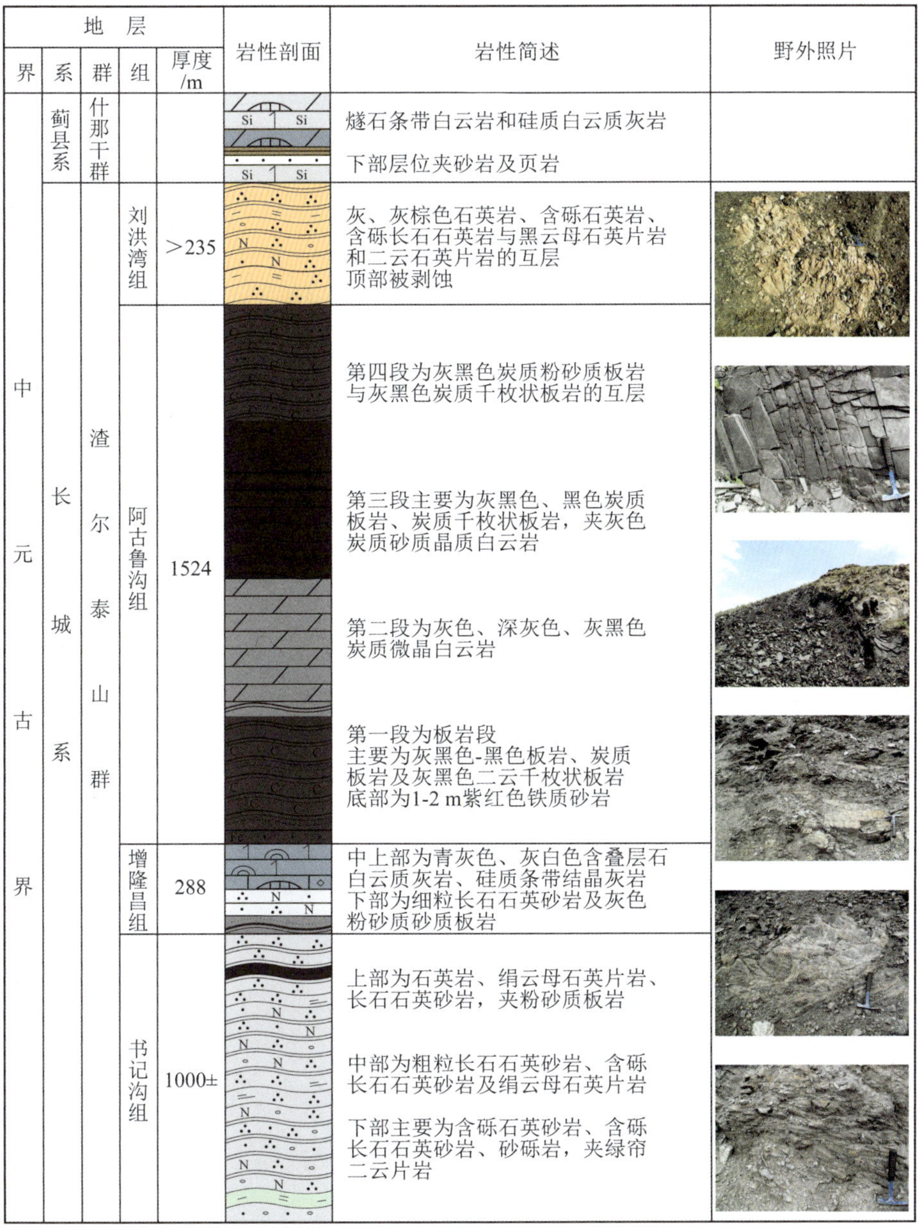

图 7-4 乌拉特前旗中元古界综合柱状图

磁铁矿石英云母千枚岩、灰黑色含铁质透闪石石英片岩，具鳞片变晶结构和片状、条带状、千枚状、眼球状构造及压力影构造，由黑云母、白云母、石英、透闪石、铁质等所组成，含磁铁矿变斑晶［附图 17（g）、（h）］。书记沟渣尔泰山群岩性主要为黑色含电气石云母炭质千枚岩，具千枚状构造及眼球状构造，岩石主要由云母、石英和炭质组成［附图 17（i）、（j）］。乌加河渣尔泰山群岩性主要为灰黑色云母炭质方解石千枚状板岩，

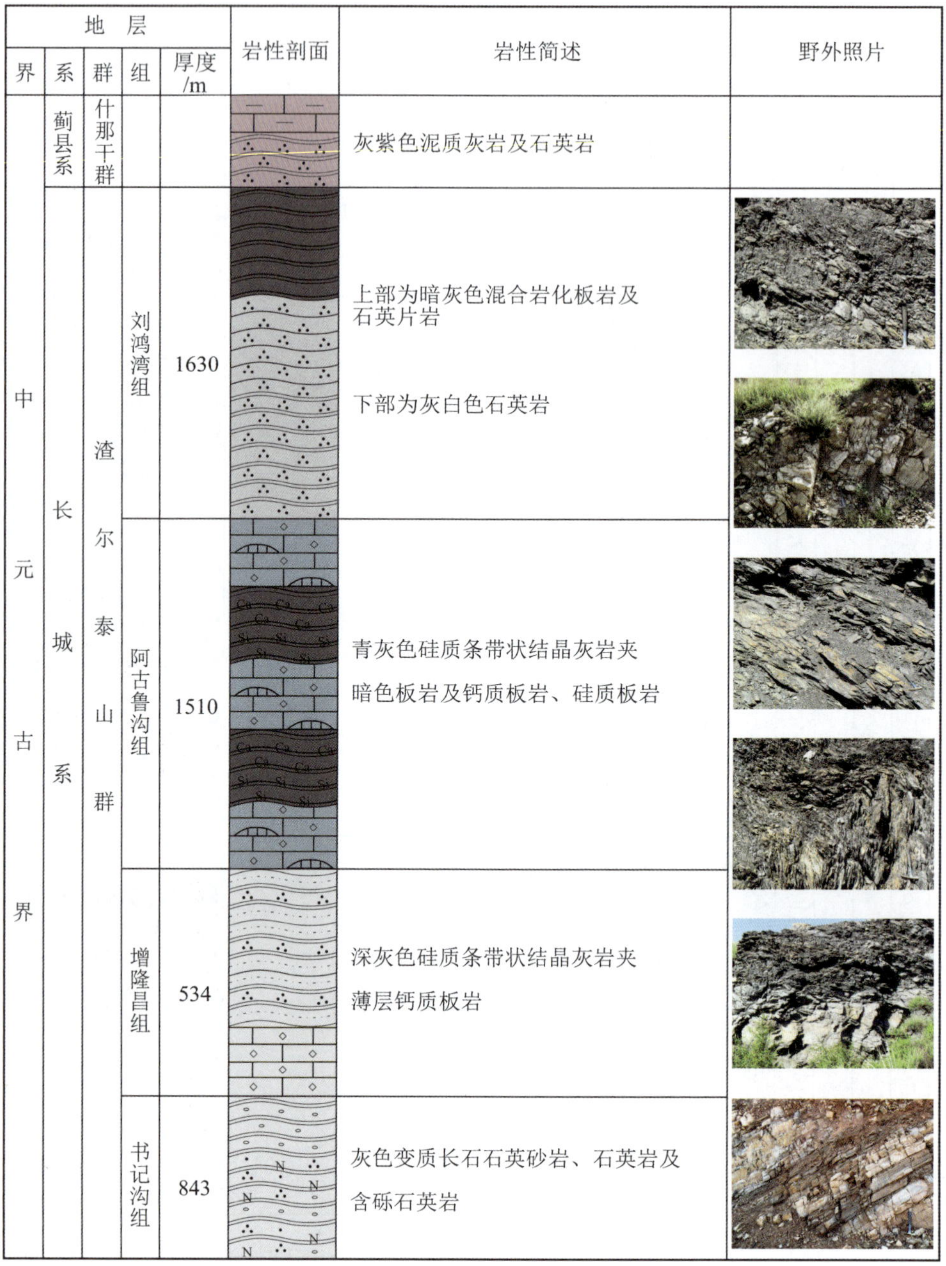

图 7-5　固阳县北中元古界综合柱状图

具千枚状构造，大量粉晶粒状方解石及炭质纹层，主要由方解石、云母和炭质组成［附图 17（k）、（l）］。小佘太渣尔泰山群岩性主要为灰黑色铁质云母方解石片岩，具鳞片变晶结构和片状构造、条带状构造，由石英、白云母和方解石等组成，石英和白云母构成浅色条带［附图 17（m）、（n）］。

三、地球化学特征

（一）有机质丰度

盆地北缘中元古界长城系烃源岩岩性主要为黑色板岩、炭质板岩，有机碳含量较高，最高可达 16.99%，各个剖面烃源岩有机碳含量具体见表 7-1。

表 7-1 盆地北缘烃源岩有机碳统计表

地区	样号	层位	岩性	TOC/%
巴彦诺日公	NRG-26	长城系	黑色板岩	1.39
	NRG-27	长城系	黑色板岩	1.41
	NRG-28	长城系	黑色板岩	2.03
	NRG-30	长城系	黑色板岩	1.45
	NRG-31	长城系	黑色板岩	2.47
	NRG-32	长城系	黑色板岩	1.57
	NRG-33	长城系	黑色板岩	2.48
乌加河镇	WLH-01	长城系	灰黑色板岩	1.16
	WLH-02	长城系	灰黑色板岩	0.20
	WLH-03	长城系	灰黑色板岩	0.77
	WLH-04	长城系	灰黑色板岩	0.51
	WLH-05	长城系	灰黑色板岩	2.75
	WLH-06	长城系	灰黑色板岩	1.00
	WLH-07	长城系	灰黑色板岩	0.23
	WLH-08	长城系	灰黑色板岩	0.20
	WLH-09	长城系	灰黑色板岩	0.63
	WLH-10	长城系	灰黑色板岩	0.85
	WLH-11	长城系	灰黑色板岩	0.79
	WLH-12	长城系	灰黑色板岩	1.59
	WLH-13	长城系	灰黑色板岩	1.06
	WLH-14	长城系	灰黑色板岩	1.40
	WLH-15	长城系	灰黑色板岩	0.64
	WLH-16	长城系	灰黑色板岩	0.71
	WLH-17	长城系	灰黑色板岩	0.10
河湾	HW-06	长城系	黑色炭质板岩	3.03
	HW-07	长城系	黑色炭质板岩	2.01
	HW-08	长城系	黑色炭质板岩	2.82
	HW-09	长城系	黑色炭质板岩	2.13
	HW-10	长城系	黑色炭质板岩	3.38

续表

地区	样号	层位	岩性	TOC/%
河湾	HW-11	长城系	黑色炭质板岩	1.46
	HW-12	长城系	黑色炭质板岩	7.71
	HW-13	长城系	黑色炭质板岩	1.78
	HW-14	长城系	黑色炭质板岩	2.29
	HW-15	长城系	黑色炭质板岩	5.06
	HW-16	长城系	黑色炭质板岩	7.20
河湾	HW-17	长城系	黑色炭质板岩	6.37
	HW-18	长城系	黑色炭质板岩	6.43
	HW-19	长城系	黑色炭质板岩	6.57
	HW-20	长城系	黑色炭质板岩	6.68
	HW-21	长城系	黑色板岩	3.43
	HW-22	长城系	黑色板岩	3.44
	HW-23	长城系	黑色板岩	3.00
	HW-24	长城系	黑色板岩	3.16
	HW-25	长城系	黑色板岩	2.90
	HW-26	长城系	黑色板岩	2.09
	HW-27	长城系	黑色板岩	2.13
	HW-28	长城系	黑色板岩	1.99
	HW-32	长城系	黑色板岩	3.31
	HW-33	长城系	黑色板岩	3.51
	HW-34	长城系	黑色板岩	3.23
	HW-35	长城系	黑色板岩	3.44
	HW-39	长城系	黑色板岩	2.99
	HW-40	长城系	黑色板岩	2.45
书记沟	SJG-01	长城系	黑色板岩	4.29
	SJG-02	长城系	黑色板岩	3.90
	SJG-03	长城系	黑色板岩	3.68
	SJG 04	长城系	黑色板岩	3.12
	SJG-05	长城系	黑色板岩	2.94
	SJG-06	长城系	黑色板岩	3.72
	SJG-07	长城系	黑色板岩	3.35
	SJG-08	长城系	黑色板岩	3.02

续表

地区	样号	层位	岩性	TOC/%
小佘太	XST-01	长城系	黑色板岩	2.66
	XST-02	长城系	黑色板岩	3.24
	XST-03	长城系	黑色板岩	3.03
	XST-04	长城系	黑色板岩	2.69
	XST-05	长城系	黑色板岩	2.49
	XST-06	长城系	黑色板岩	1.02
	XST-07	长城系	黑色板岩	3.56
	XST-08	长城系	黑色板岩	1.98
	XST-09	长城系	黑色板岩	2.01
	XST-10	长城系	黑色板岩	2.56
	XST-11	长城系	黑色板岩	1.94
	XST-12	长城系	黑色板岩	2.10
固阳北	GYB-08	长城系	黑色板岩	3.02
	GYB-09	长城系	黑色板岩	3.19
	GYB-10	长城系	黑色板岩	1.91
	GYB-11	长城系	黑色板岩	2.77
	GYB-12	长城系	黑色板岩	4.42
	GYB-13	长城系	黑色板岩	2.69
	GYB-14	长城系	黑色板岩	1.60
	GYB-15	长城系	黑色板岩	2.01
	GYB-16	长城系	黑色板岩	1.58
	GYB-17	长城系	黑色板岩	5.38
	GYB-21	长城系	黑色板岩	4.96
	GYB-22	长城系	黑色板岩	3.53
	GYB-23	长城系	黑色板岩	4.19
	GYB-24	长城系	黑色板岩	1.98
	GYB-25	长城系	黑色板岩	4.61
	GYB-26	长城系	黑色板岩	2.59
	GYB-30	长城系	黑色板岩	7.76
	GYB-31	长城系	黑色板岩	13.54
	GYB-32	长城系	黑色板岩	9.19
	GYB-33	长城系	黑色板岩	12.07
	GYB-34	长城系	黑色板岩	16.99
	GYB-35	长城系	黑色板岩	9.32
	GYB-36	长城系	黑色板岩	13.02

续表

地区	样号	层位	岩性	TOC/%
固阳北	GYB-37	长城系	黑色板岩	14.03
	GYB-38	长城系	黑色板岩	6.14
	GYB-39	长城系	黑色板岩	10.10
	GYB-40	长城系	黑色板岩	12.08
	GYB-41	长城系	黑色板岩	8.08
	GYB-42	长城系	黑色板岩	8.77
	GYB-43	长城系	黑色板岩	9.89
	GYB-44	长城系	黑色板岩	8.30
	GYB-45	长城系	黑色板岩	12.52
	GYB-46	长城系	黑色板岩	9.46
	GYB-47	长城系	黑色板岩	2.39
	GYB-48	长城系	黑色板岩	6.13
	GYB-49	长城系	黑色板岩	10.71
	GYB-50	长城系	黑色板岩	14.15
	GYB-51	长城系	黑色板岩	7.94
	GYB-52	长城系	黑色板岩	9.40
	GYB-53	长城系	黑色板岩	12.29
	GYB-54	长城系	黑色板岩	7.88
	GYB-55	长城系	黑色板岩	9.63
	GYB-56	长城系	黑色板岩	11.11

（1）巴彦诺日公

巴彦诺日公位于阿拉善左旗，其中元古宇长城系主要发育碎屑岩沉积，部分层段夹有碳酸盐岩沉积；蓟县系主要发育碳酸盐岩沉积，夹少量钙质板岩。其中长城系发育一套黑色炭质板岩，为有利的烃源岩层段（图7-2）。共采集样品7个，对样品进行有机碳分析测试，有机碳含量高，分布在1.39%~2.48%之间，平均1.83%，是好的烃源岩（图7-6）。

（2）乌加河镇

乌加河镇位于巴彦淖尔市乌拉特中旗，中元古界长城系由渣尔泰山群组成，主要发育碎屑岩沉积，部分层段夹碳酸盐岩。在渣尔泰山群下部发育数层灰黑色板岩，是潜在的烃源岩层段（图7-3）。对其进行系统采样，共采集样品17个，对样品进行有机碳分析测试，有机碳含量较高，分布在0.1%~2.75%之间，平均0.86%，其中TOC值大于0.5%的样品比例达76.5%（图7-7）。

（3）乌拉特前旗

乌拉特前旗地区中元古界长城系由渣尔泰山群组成，主要发育碎屑岩沉积，部分层段夹少量碳酸盐岩，其中发育厚层黑色板岩、炭质板岩，是有利的烃源岩层段，并且分

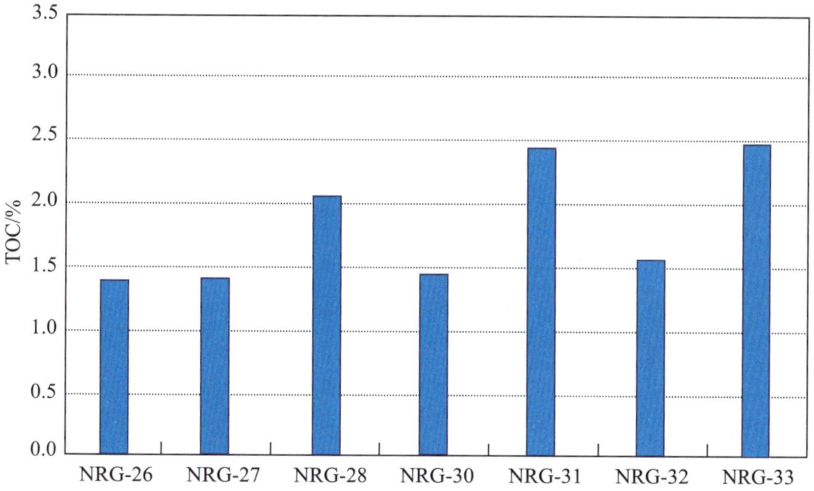

图 7-6 巴彦诺日公中元古界长城系烃源岩 TOC 分布图

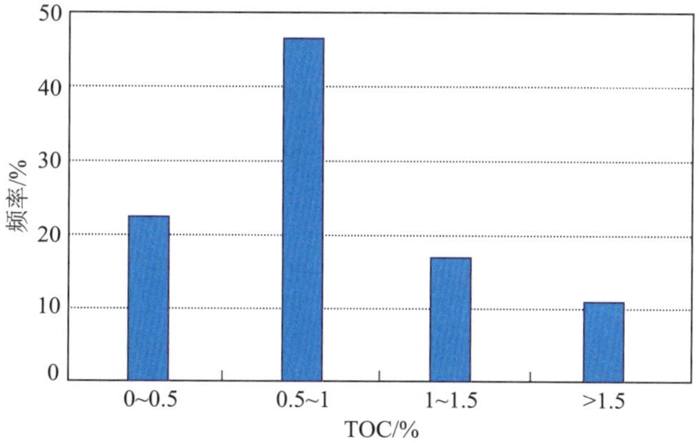

图 7-7 乌加河镇中元古界长城系烃源岩 TOC 频率分布图

布范围广，河湾村、书记沟与小佘太乡等地区均发育该套地层（图 7-4）。对其系统采样，共采集样品 49 个，对样品进行有机碳分析测试，有机碳含量高，分布在 1.02%～7.71%之间，平均 3.33%，其中 TOC 值大于 3%的样品比例达 53.1%（图 7-8）。

（4）固阳北中元古界剖面

包头市固阳县北部中元古界长城系由渣尔泰山群组成，主要发育石英岩、板岩和结晶灰岩；蓟县系由什那干群组成，岩性以碳酸盐岩为主，夹少量碎屑岩及板岩。烃源岩主要发育于长城系渣尔泰山群中上部，岩性为黑色板岩、炭质板岩（图 7-5）。

采集阿古鲁沟组烃源岩样品总计 102 个，第一次选 43 个烃源岩样品送中国石化石油勘探开发研究院无锡石油地质研究所实验研究中心进行有机碳分析实验。为了验证结果的可靠性，重新挑选 59 个烃源岩样品送低渗透油气田勘探开发国家工程实验室进行有机碳分析实验。同一样品两次分析实验结果比较接近，表明有机碳结果分析测试十分可靠。实验结果表明，有机碳含量变化范围较大，变化在 0.28%～29.61%之间，平均值

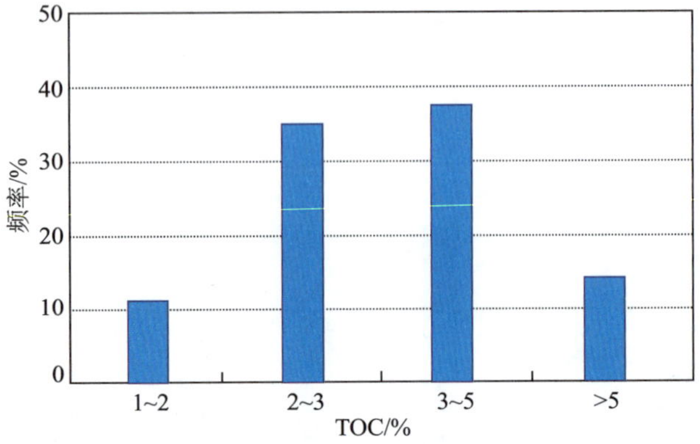

图 7-8 乌拉特前旗中元古界长城系烃源岩 TOC 频率分布图

为 5.52%。

根据 Peters（1986）和 Jarvie（1991）烃源岩分级评价标准，阿古鲁沟组烃源岩大部分为好、很好和极好烃源岩。102 个烃源岩样品中差烃源岩 6 个，占 5.88%；中等烃源岩 7 个，占 6.86%；好烃源岩 10 个，占 9.80%；很好、极好烃源岩 79 个，占 77.46%（图 7-9）。

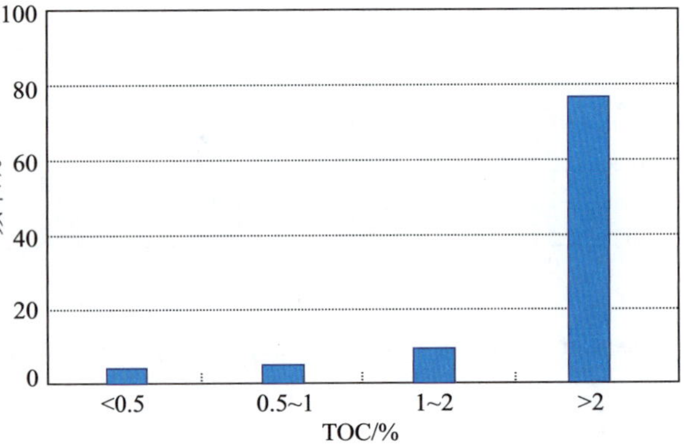

图 7-9 固阳县北中元古界渣尔泰山群阿古鲁沟组烃源岩 TOC 频率分布图

（二）有机质类型

为了判别渣尔泰山群烃源岩有机质类型，对烃源岩进行了干酪根碳同位素测试，具体结果见表 7-2。已有研究表明，干酪根碳同位素小于-28‰为Ⅰ型有机质，大于-25‰为Ⅲ型有机质，介于其间为过渡型，其中碳同位素为-28‰～-26.5‰为$Ⅱ_1$型有机质，-26.5‰～-25‰为$Ⅱ_2$型有机质。固阳北烃源岩有机质碳同位素小部分小于-28‰，为Ⅰ型有机质。少部分样品有机质碳同位素大部分介于-28‰～-26.5‰，为$Ⅱ_1$型有机质。大部分样品大于-25‰，为Ⅲ型有机质。可见，渣尔泰山群烃源岩类型比较多，为Ⅰ型、$Ⅱ_1$型和Ⅲ型有机质。

表 7-2 鄂尔多斯盆地北缘渣尔泰山群烃源岩干酪根碳同位素分析表

序号	1	2	3	4	5	6	7	8
样品号	河湾-6	固阳北-50	固阳北-21	乌加河-12	乌加河-5	小佘太-7	固阳北-17	固阳北-37
$\delta^{13}C$/‰	-21.36	-29.15	-27.96	-12.89	-17.65	-16.24	-29.59	-28.92
序号	9	10	11	12	13	14	15	16
样品号	诺日公-10	小佘太-4	书记沟-6	诺日公-28	河湾-12	河湾-33	固阳北-34	巴音布拉格-6
$\delta^{13}C$/‰	-19.87	-15.77	-26.83	-27.36	-22.95	-21.23	-29.18	-16.53

（三）有机质成熟度

盆地北缘渣尔泰山群烃源岩 R_o 值比较高，变化在 2.03%～5.09%之间，均达到过成熟阶段（表 7-3）。T_{max} 值介于 551～564℃，均处于过成熟阶段，以生成干气为主（表 7-4）

表 7-3 鄂尔多斯盆地北缘渣尔泰山群烃源岩镜煤反射率测定表

样号	岩性	测点	标准偏差	R_o/%	备注
巴音布拉格-6	黑色板岩	25	0.79	5.86	测试对象为细粒镶嵌结构体
固阳北-17	黑色板岩	26	0.46	4.33	测试对象为细粒镶嵌结构体
固阳北-21	黑色板岩	28	0.33	4.45	测试对象为细粒镶嵌结构体
固阳北-34	黑色板岩	35	0.54	4.32	测试对象为细粒镶嵌结构体
固阳北-37	黑色板岩	44	0.57	4.52	测试对象为细粒镶嵌结构体
固阳北-50	黑色板岩	36	0.51	5.09	测试对象偏粗粒镶嵌结构体
河湾-12	黑色炭质板岩	26	0.37	2.83	测试对象为细粒镶嵌结构体
河湾-33	黑色板岩	41	0.33	3.04	测试对象为细粒镶嵌结构体
河湾-6	黑色炭质板岩	38	0.35	3.13	测试对象为细粒镶嵌结构体
诺日公-28	黑色板岩	24	1.79	8.74	数据离散，仅供参考，测试对象为粗粒镶嵌结构体
书记沟-6	黑色板岩	31	0.37	3.57	测试对象为细粒镶嵌结构体
乌加河-12	灰黑色板岩	30	0.20	2.15	测试对象为细粒镶嵌结构体
乌加河-5	灰黑色板岩	29	0.23	2.03	测试对象为细粒镶嵌结构体
小佘太-4	黑色板岩	30	0.28	2.74	测试对象以细粒镶嵌结构体为主
小佘太-7	黑色板岩	36	0.29	2.63	测试对象为细粒镶嵌结构体

表 7-4 鄂尔多斯盆地北缘渣尔泰山群烃源岩热解分析表

序号	样号	岩性	S_1 /(mg·g^{-1})	S_2 /(mg·g^{-1})	S_3 /(mg·g^{-1})	S_1+S_2 /(mg·g^{-1})	T_{max} /℃
1	达茂旗 3-1	板岩	0.01	0.01	0.05	0.02	561
2	达茂旗 3-11	板岩	0.01	0.02	0.07	0.03	559
3	达茂旗 3-6	板岩	0.01	0.01	0.01	0.02	551
4	达茂旗 6	板岩	0.01	0.03	0.09	0.04	560
5	大南池 9	泥质夹层	0.01	0.01	0.01	0.02	556
6	固阳北 13	黑色板岩	0.01	0.01	0.01	0.02	559
7	固阳北 18	黑色板岩	0.01	0.01	0.03	0.02	561
8	固阳北 24	黑色板岩	0.01	0.01	0.09	0.02	557
9	固阳北 29	黑色板岩	0.01	0.01	0.01	0.02	563
10	固阳北 3	黑色板岩	0.01	0.01	0.01	0.02	556
11	固阳北 34	黑色板岩	0.01	0.01	0.01	0.02	559
12	固阳北 41	黑色板岩	0.01	0.01	0.07	0.02	562
13	固阳北 46	黑色板岩	0.01	0.01	0.03	0.02	559
14	固阳北 8	黑色板岩	0.01	0.01	0.03	0.02	564
15	清水河 16	紫红色粉砂质泥岩	0.01	0.04	0.11	0.05	561
16	清水河 6	紫红色泥岩	0.01	0.04	0.13	0.05	557
17	书记沟 11	板岩	0.02	0.01	0.05	0.03	559
18	书记沟 16	板岩	0.02	0.01	0.08	0.03	562
19	书记沟 5	板岩	0.02	0.01	0.09	0.03	559

（四）无机地球化学特征

（1）稀土元素特征

总体来看，样品的 REE 总量为（56~503.1）$\times10^{-6}$，平均值为 198.4；LREE/HREE 值为 6.0~17.5，平均 9.7，LREE 富集，轻、重稀土分馏明显（表 7-5）。以北美页岩为标准对样品 REE 数据进行标准化，计算得出 δCe 介于 0.8~0.99 之间，平均值 0.91，表现出 Ce 的弱负异常；δEu 介于 0.45~1.03 之间，平均值 0.69，表现出 Eu 的明显负异常（图 7-10），指示当时为还原环境。

（2）微量元素特征

在微量元素组成上，总体富集 V、Cr、Rb、Th、U 等元素，相对亏损 Co、Ni、Nb、Ta、Sr、P 等元素（表 7-6，图 7-11）。与大陆上地壳微量元素值相比，绝大多数样品的 Sr 含量均小于上地壳和下地壳丰度值，Co、Ni 等元素含量均低于上地壳丰度值和下地壳丰度值，Nb、Ta 等元素含量略低于上地壳丰度值而高于下地壳丰度值。

表 7-5 鄂尔多斯盆地北缘长城系烃源岩稀土元素含量 单位：10^{-6}

样号	La	Ce	Pr	Nd	Sm	Eu	Gd	Tb	Dy	Ho	Er	Tm	Yb	Lu	ΣREE	LREE/HREE
NRG-10	44.6	92.7	11.5	41.6	8.3	1.45	9.55	1.05	6.92	1.28	4.31	0.58	3.76	0.58	228.2	7.14
NRG-28	26.2	45.7	6.5	23.9	5.1	0.98	5.71	0.63	4.65	0.86	3.12	0.32	2.51	0.33	126.5	5.98
BYBLG-6	31.9	62.5	7.4	27.2	5.2	0.77	5.44	0.53	3.35	0.64	2.21	0.3	1.78	0.25	149.5	9.31
SJG-6-1	22.1	29.5	4.03	14.6	2.82	0.72	2.95	0.42	2.1	0.45	1.06	0.17	1.16	0.19	82.3	8.68
SJG-12-1	31.7	59.8	7.5	28.7	5.83	1.12	5.22	0.73	3.69	0.93	2.45	0.41	2.62	0.41	151.1	8.18
SJG-18-1	20.2	33.3	3.97	14.5	2.89	0.6	2.99	0.42	2.13	0.51	1.23	0.2	1.21	0.18	84.3	8.51
SJG-6	22.7	39.4	5.1	19	3.3	0.75	3.15	0.35	2.12	0.38	1.47	0.17	1.65	0.24	99.7	9.46
XST-4	11.4	23	2.4	9.2	2.1	0.44	2.39	0.35	1.98	0.34	1.12	0.14	0.96	0.15	55.9	6.53
XST-7	14.2	25	3.1	11.3	2.4	0.5	2.86	0.32	2.32	0.4	1.41	0.17	1.21	0.15	65.3	6.39
WLH-5	54.7	105	13.4	47.4	8.4	0.88	8.95	0.96	6.28	1.14	3.75	0.42	2.99	0.4	254.1	9.21
WLH-12	32.1	58.7	7.4	27.9	5.1	0.65	5.83	0.62	3.61	0.57	1.93	0.2	1.48	0.22	146.4	9.12
HW-6	28.8	56.3	6.5	22.6	3.8	0.48	4.17	0.44	2.86	0.48	1.76	0.19	1.37	0.21	129.9	10.32
HW-12	39.4	77.5	8.6	28.9	4.7	0.9	5.37	0.51	3.28	0.58	1.74	0.27	1.97	0.29	174	11.42
HW-33	28.3	57.3	6.6	23.8	4.6	0.72	4.47	0.49	3.32	0.55	1.86	0.22	1.96	0.28	134.5	9.23
GYB-21	42.8	93.2	11.6	44.1	8.4	1.24	9.37	1.03	7.11	1.27	4.53	0.55	4.16	0.63	229.9	7.03
GYB-34	62.3	126	13.8	52	9.2	1.42	8.46	0.89	5.52	1.05	3.53	0.41	3.27	0.46	287.9	11.21
GYB-37	72.4	149	16.7	60.8	10.1	1.49	10	1.04	6.1	1.13	3.68	0.47	3.17	0.38	336.2	11.94
GYB-50	56.7	114	13.1	45.9	7.9	1.18	7.4	0.57	2.61	0.36	1.39	0.14	1.03	0.17	252.8	17.49

Wright 曾定义铈异常（Ce_{anom}）公式为 $Ce_{anom}=\lg[3Ce_N/(2La_N+Nd_N)]$（右下角加 N 为经过北美页岩标准化后的数值），以北美页岩为标准，规定 $Ce_{anom}>-0.1$ 为 Ce 的富集，指示缺氧、还原的古水体环境；$Ce_{anom}<-0.1$ 为 Ce 的亏损或负异常，指示氧化的古水体环境。经计算，盆地北缘烃源岩样品铈异常值介于-0.09～-0.01 之间，均大于-0.1，指示其沉积时为还原环境。

四、盆地周缘烃源岩沉积环境分析

目前，稀土元素、Sr、Ba、V、Ni、Th、U 等微量元素的含量及其相关比值的大小与变化常被用于研究古沉积环境特征的分析。

（1）古盐度

Li、Sr、Ni、Ga、V 的含量对水体盐度的变化敏感性强。Li 含量大于 150 μg/g、Sr 含量介于 800×10^{-6}～1000×10^{-6} 之间、Ni 含量大于 40×10^{-6}、Ga 含量小于 8×10^{-6}，V 含量小于 86×10^{-6}，指示咸水（海相）沉积环境；而 Li 含量小于 90×10^{-6}、Sr 含量介于 100×10^{-6}～500×10^{-6} 之间、Ni 含量介于 20×10^{-6}～25×10^{-6} 之间、Ga 含量大于 17×10^{-6}，指示

表 7-6 鄂尔多斯盆地北缘长城系烃源岩微量元素含量

单位：10^{-6}

样号	Sc	V	Cr	Cu	Zn	Ga	Sr	Zr	Ba	Pb	Rb	Li	Be	Co	Ni	Nb	Cs	Ta	Hf	Th	U	Ge
NRG-10	16.3	170.2	77.1	28.8	97.5	23.3	33.5	208.3	392.7	20.1	165.9	28.2	2.53	6.99	2.47	16	15.8	0.73	5.28	16	5.09	2.36
NRG-28	9.8	115.5	46.7	24.4	22.3	12.2	599.5	78.2	427	11	114.8	32	1.11	1.37	8.25	8.22	4.56	0.56	0.8	3.96	4.41	2.2
BYBLG-6	7.6	105.1	55.7	12.2	85.1	13.5	50.2	104.7	487.2	8.3	91.3	47	1.15	5.81	27.1	6.49	3.36	0.34	1.81	7.81	1.26	2.35
SJG-6-1	6.26	13.6	23.2	5.47	72.2	4.36	118	133	88.2	9.9	27.8	23.8	0.92	3.02	16.2	2.33	3.5	0.3	1.14	3.04	0.72	0.97
SJG-12-1	11.8	89.3	66	53.8	38.6	18	24.7	304	519	18.8	162	18.1	3.29	2.76	6.48	15.6	4.66	1.33	7.41	13.8	2.92	1.88
SJG-18-1	5.72	33.1	32.1	5.7	86	7.28	123	109	124	16.9	48.5	58.7	0.96	9.02	24.6	4.92	7.47	0.57	2.37	9.32	3.21	1.35
SJG-6	9.6	64.3	31.8	11	20	19.7	39.8	245.1	589	24.8	242	39.7	2.01	1.33	4.02	7.5	6.13	0.55	5.71	9.72	7.69	1.72
XST-4	6.2	25.6	18.6	23.6	85.2	8.4	168.9	31.7	77.7	16.5	30.1	17	0.65	4.28	12.1	4.74	2.3	1.26	0.74	5.26	2.78	0.58
XST-7	8.2	43.3	29.1	24.4	104.1	10.5	136.1	37.6	139.7	14.9	62.2	36.3	0.95	5.71	21.3	5.15	6.64	0.97	0.87	5.84	1.7	1.14
WLH-5	9	97.2	38.7	49.3	60.7	12	61.9	61.9	177.6	111.8	52.3	69.4	1.4	7.45	30.5	5.38	4.41	0.49	1.05	7.41	4.18	3.78
WLH-12	7.6	85.1	38.9	20.1	56.1	14.1	63.8	59	220.3	33.2	65.1	129.3	1.37	4.85	23.5	5.85	5.72	0.21	1.35	6.08	4.03	4.64
HW-6	6.3	54.3	33.8	15.2	61	9.4	152.2	68.8	48.1	30.9	41.1	40.2	1.12	5.08	15.7	4.84	4.91	0.75	1.4	6.14	4.35	1.33
HW-12	10.1	241.4	66.6	24.6	98.8	18.9	310.5	186.8	261.8	24.8	109.2	93.4	2.68	8.03	40.9	9.82	6.47	0.59	4.4	17.9	6.6	2
HW-33	9.78	194.6	48.8	17.2	31.4	14.2	153.9	119.1	481	18.3	117.8	38.6	2.44	3.45	14.4	8.81	3.7	0.59	2.74	9.89	5.9	1.42
GYB-21	14.2	191	95.6	7.9	16.6	28.5	50.4	293.2	1231.1	16.5	281.6	58.2	8.27	0.52	4.02	12.2	9.17	0.83	5.12	12	4.28	1.57
GYB-34	14.8	206.9	72.5	8.2	18.1	18.7	66.4	202.7	632.9	24.7	199.5	32.5	3.3	0.58	5.28	11.6	7.18	0.74	4.44	17.7	4.46	1.13
GYB-37	13.1	218.5	73.3	39.7	20.1	20.6	40.7	231.1	693.3	21	214	32.5	3.83	4.06	11.4	18.5	9.3	1.26	5.22	20.4	5.08	1.01
GYB-50	10.8	160.4	51.5	9.7	12.4	14.6	28.4	166.1	612.8	17.9	177.8	25.9	3.68	0.62	2.09	7.18	5.64	1	4.38	10.2	5.68	1.03

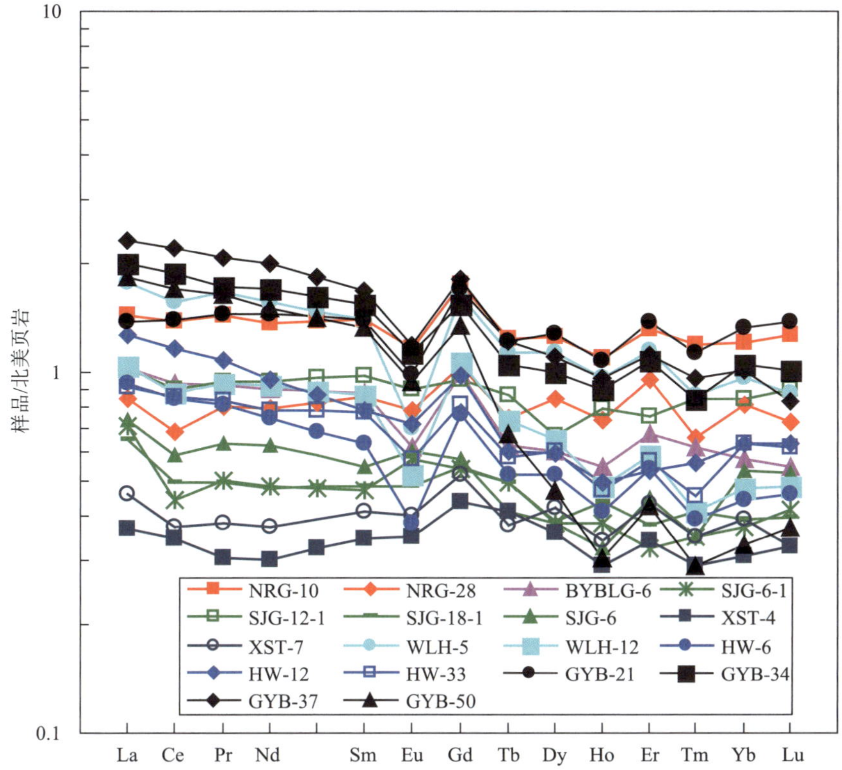

图 7-10　鄂尔多斯盆地北缘长城系烃源岩稀土元素配分模式图

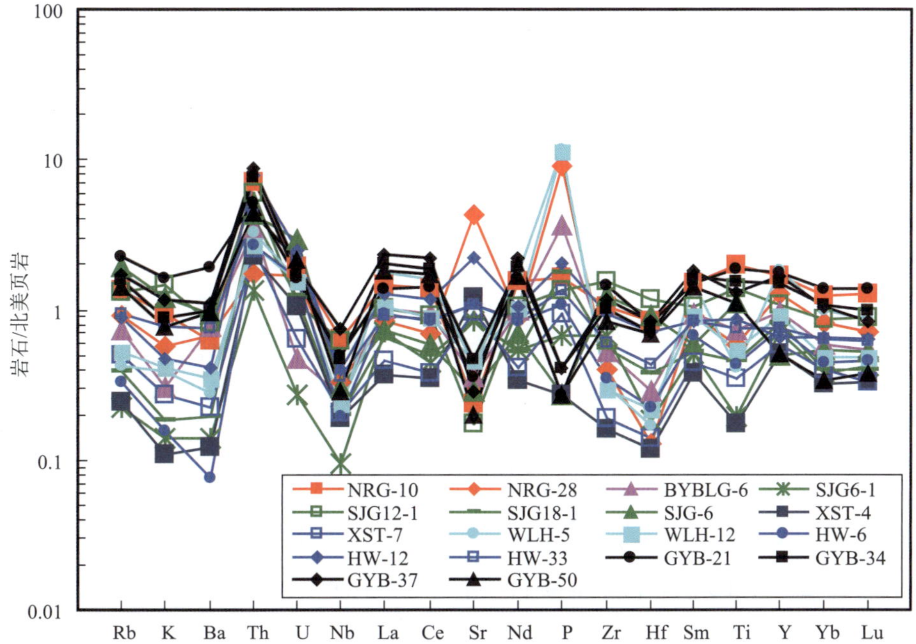

图 7-11　鄂尔多斯盆地北缘长城系烃源岩微量元素配分模式图

淡水沉积环境（Chen et al.，1997；田景春等，2016；王峰等，2017）。研究区样品（表7-6）的 Li 含量 $17.0\times10^{-6}\sim129.3\times10^{-6}$（平均 45.6×10^{-6}），其中样品 WLH-12 及 HW-12 的 Li 含量稍大于 90×10^{-6}；Sr 含量变化范围为 $24.7\times10^{-6}\sim599.5\times10^{-6}$（平均 123.4×10^{-6}），仅有样品 NRG-28 的 Sr 含量超过 500×10^{-6}，为 599.5×10^{-6}；Ni 含量为 $2.09\times10^{-6}\sim40.9\times10^{-6}$（平均 15.0×10^{-6}），大部分样品的 Ni 含量介于淡水环境的 Ni 值之间，超过 25×10^{-6} 的为样品 WLH-5 及 HW-12；Ga 含量为 $4.36\times10^{-6}\sim28.5\times10^{-6}$（平均 14.9×10^{-6}），仅有 2 个样品的 Ga 值（分别为样品 SJG-6-1 和 SJG-18-1）小于 8×10^{-6}，6 个样品的 Ga 值 $>17\times10^{-6}$，其余样品 Ga 值介于 $8\times10^{-6}\sim17\times10^{-6}$ 之间；V 的含量小于 86×10^{-6} 的样品有 7 个，平均为 45.6×10^{-6}，显示其沉积时为咸水环境。通过 Li、Sr、Ni、Ga、V 含量判断盆地北部阿古鲁沟组烃源岩在巴音布拉格、固阳北等地属于淡水沉积环境，在巴彦诺日公苏木、书记沟、小佘太、河湾及乌加河局部可能为微咸水—咸水环境。

锶丰度和 Sr/Ba 比值可作为古盐度判别的灵敏标志，记录在沉积物中的锶丰度和 Sr/Ba 比值与古盐度呈明显的正相关关系（郑荣才等，1999）。常用的 Sr/Ba 比值判断标准为：大于 1.0 为咸水、1.0~0.5 为半咸水、小于 0.5 为微咸水。研究区各样品（表 7-6、表 7-7）的 Sr 含量变化范围为 $24.7\times10^{-6}\sim599.5\times10^{-6}$（平均 123.4×10^{-6}），仅有样品 NRG-28 的 Sr 含量超过 500×10^{-6}，为 599.5×10^{-6}，Sr/Ba 值变化较大，为 0.04~3.16（平均为 0.71），其中部分样品（NRG-28、SJG-6-1、SJG-18-1、XST-4、XST-7、HW-6、HW-12）的 Sr/Ba 值平均可达 1.6，表明在巴彦诺日公苏木、书记沟、小佘太及河湾等地为咸水沉积环境；其余 11 个样品的 Sr/Ba 值均小于 0.35（平均 0.14），显示出在巴音布拉格、乌加河及固阳北等地沉积时水体为古盐度低的淡水环境。

表 7-7　中元古界渣尔泰山群阿古鲁沟组烃源岩微量元素比值

样品号	V/(V+Ni)	V/Cr	V/Ni	V/Sc	U/Th	V/Th	Ni/Co	Cu/Zn	Sr/Cu	Sr/Ba	Sr/Ca	Zr/Rb	Rb/K	Zr/Al
NRG-10	0.99	2.21	68.91	10.44	0.32	10.64	0.35	0.30	1.16	0.09	119.64	1.26	55.67	12.94
NRG-28	0.93	2.47	14.00	11.79	1.11	29.17	6.02	1.09	24.57	1.40	475.79	0.68	64.86	11.40
BYBLG-6	0.80	1.89	3.88	13.83	0.16	13.46	4.66	0.14	4.11	0.10	6.77	1.15	96.11	12.26
SJG-6-1	0.46	0.59	0.84	2.17	0.24	4.47	5.36	0.08	21.57	1.34	5.21	4.78	63.18	43.46
SJG-12-1	0.93	1.35	13.78	7.57	0.21	6.47	2.35	1.39	0.46	0.05	88.21	1.88	35.60	25.85
SJG-18-1	0.57	1.03	1.35	5.79	0.34	3.55	2.73	0.07	21.58	0.99	6.56	2.25	83.62	20.34
SJG-6	0.94	2.02	16.00	6.70	0.79	6.62	3.02	0.55	3.62	0.07	104.74	1.01	64.88	17.83
XST-4	0.68	1.38	2.12	4.13	0.53	4.87	2.83	0.28	7.16	2.17	6.47	1.05	88.53	13.55
XST-7	0.67	1.49	2.03	5.28	0.29	7.41	3.73	0.23	5.58	0.97	6.12	0.60	74.05	9.38
WLH-5	0.76	2.51	3.19	10.80	0.56	13.12	4.09	0.81	1.26	0.35	4.50	1.18	43.58	11.38
WLH-12	0.78	2.19	3.62	11.20	0.66	14.00	4.85	0.36	3.17	0.29	5.80	0.91	50.08	8.08
HW-6	0.78	1.61	3.46	8.62	0.71	8.84	3.09	0.25	10.01	3.16	7.26	1.67	83.88	17.82
HW-12	0.86	3.62	5.90	23.90	0.37	13.49	5.09	0.25	12.62	1.19	330.32	1.71	73.78	15.24

续表

样品号	V/(V+Ni)	V/Cr	V/Ni	V/Sc	U/Th	V/Th	Ni/Co	Cu/Zn	Sr/Cu	Sr/Ba	Sr/Ca	Zr/Rb	Rb/K	Zr/Al
HW-33	0.93	3.99	13.51	19.90	0.60	19.68	4.17	0.55	8.95	0.32	13.44	1.01	48.88	14.78
GYB-21	0.98	2.00	47.51	13.45	0.36	15.92	7.73	0.48	6.38	0.04	840.00	1.04	55.43	15.22
GYB-34	0.98	2.85	39.19	13.98	0.25	11.69	9.10	0.45	8.10	0.10	201.21	1.02	72.55	16.63
GYB-37	0.95	2.98	19.17	16.68	0.25	10.71	2.81	1.98	1.03	0.06	239.41	1.08	57.53	15.69
GYB-50	0.99	3.11	76.75	14.85	0.56	15.73	3.37	0.78	2.93	0.05	167.06	0.93	73.17	18.85

（2）水动力条件及古水深

水动力条件是水体深度、浪基面等的综合反映（腾格尔等，2005）。Rb 在海水中主要赋存于黏土、云母等细粒或轻矿物中，并沉淀于深水低能环境。Zr 主要以锆石等重矿物形式沉淀于滨、浅海区，常在砂中富集，不易随黏土等细碎物质远距离迁移，故水体较深处的泥质沉积区往往为 Zr 的低值区。因此，全岩 Zr/Rb 值越大反映水动力条件越强，反之则为低能环境。沉积岩中 Zr 的分布也要受 Al 元素的支配，Zr/Al 比值越小表明水体深度越大。Rb 比 K 更容易被黏土吸附而迁移的更远，Rb/K 越大表明水体深度越大。可见 Zr/Al 与 Rb/K 比值大小所反映的水体变化正好相反，二者对比应用，更能了解沉积水体的变化特征（席胜利等，2004；熊小辉等，2016）。

研究区各样品的 Zr、Rb、Al、K 含量及其比值（表 7-6、表 7-7）的变化表明在鄂尔多斯盆地北缘长城系沉积时为水体深度较大、水动力较弱的沉积环境，这些元素的含量及其比值的其变化趋势也反映出在盆地北缘的不同地区沉积时水体深度呈规律性变化：在书记沟、小佘太及河湾等地水体深度最大，其次为巴彦诺日公苏木、巴音布拉格、乌加河等地，固阳北水体深度相对较小，水动力较弱，可能当时为与外海连通受限的沉积环境。

（3）氧化还原条件

沉积有机质含量的关键因素之一是缺氧条件的发育。过渡元素如 V、Zn、Mo、U 等对氧化还原条件的变化敏感，可作为研究古环境氧化还原条件的重要指标（腾格尔等，2005；何龙等，2019）。一般认为，沉积岩中上述元素的高含量，如当 [V/(V+Ni)] < 0.46 时，为富氧环境；0.46< [V/(V+Ni)]<0.54 对应贫氧环境；当比值 [V/(V+Ni)]> 0.54 时，为厌氧环境，表明水体较深或水流不畅（Hatch，1992；Rimmer，2004；邓小亮等，2020）。

高 V 含量一般出现在还原条件下。由于 V 在有机质（卟啉）中优先被结合，而 Cr 通常出现在沉积物碎屑中，因此 V/Cr 可作为含氧量指标。通常贫氧条件的 V/Cr<2，缺氧条件为 2<V/Cr<4.25，而 V/Cr>4.25 为厌氧环境（Jones et al.，1994）。V 的富集还可用 Sc 含量来校正。由于 V 和 Sc 都具不可溶性，V 随 Sc 呈正相关变化，因此缺氧环境下 V/Sc 值较高，氧化环境下值较低（Emerson et al.，1991）。

U 在强还原条件下以不溶的 U^{4+} 存在，可造成沉积物中 U 的富集，而在氧化条件下以可溶的U^{6+}存在；Th 不受水体氧化还原条件的影响，因此 U/Th 值可反映沉积氧化还原条件。通常贫氧条件的 U/Th<0.75；缺氧条件为 0.75<U/Th<1.25；厌氧环境为 U/Th>1.25（Jones et al.，1994；尘福艳等，2019）。

研究区各样品（表 7-7）的 V/(V+Ni) 值均大于 0.46（平均 0.83），V/Cr 平均值 2.18，U/Th 值平均为 0.46，上述判别指标共同指示贫氧—缺氧环境，并且为水体较深的闭塞环境。

对盆地北缘长城系烃源岩不同剖面点选择 4 个样品进行 X 衍射全岩分析，结果表明矿物成分以石英为主，多含斜长石及钾长石。其中 2 个样品出现菱铁矿（表 7-8），菱铁矿成分为碳酸亚铁（$FeCO_3$），其所含的Fe^{2+}指示当时所处环境为还原环境。

表 7-8　鄂尔多斯盆地北缘长城系烃源岩 X 衍射全岩分析统计表

剖面点	层位	岩性	有机碳/%	矿物含量/%					
				石英	斜长石	钾长石	方解石	菱铁矿	黏土
固阳北	长城系	黑色板岩	16.99	67.36	7.65	2.16		1.85	20.98
河湾	长城系	黑色板岩	6.68	47.72	41.16				11.12
书记沟	长城系	黑色板岩	4.29	75.60	7.25		1.52	2.55	13.08
乌加河	长城系	灰黑色板岩	2.75	83.85		16.15			

（4）古气候

沉积环境的氧化-还原、酸碱性及古盐度等都受气候条件的控制，在构造运动稳定时期，古气候是解释沉积环境的重要指标之一（石军等，2018）。在潮湿气候条件下，沉积岩中 Cr、Ni、Mn、Cu、Fe，Al，V，Ni，Ba，Zn，Co、Hf、Rb、Sc、Th 等元素含量较高；干燥气候条件下由于水分的蒸发，水介质的碱性增强，Sr、Pb、Ca、Na、Ta、Zn、Mg、Mn 大量析出形成各种盐类沉积在水底，所以它们的含量相对增高，因此，喜干型元素（Sr）与喜湿型元素（Cu）的比值可以反映古气候，Sr/Cu<10 指示温湿气候，Sr/Cu>10 指示干热气候。研究区相对富集喜湿型元素而亏损喜干型元素（表 7-6，表 7-7），大部分样品的 Sr/Cu 值小于 10（平均为 4.15），指示沉积时为温暖潮湿型气候。个别样品的 Sr/Cu 值大于 10（平均为 18.7），指示干热气候。

综合岩石学与地球化学特征表明，盆地北缘中元古界长城系烃源岩可能形成于温暖潮湿气候条件下的水体深度大、水动力条件弱的并且与外海沟通受到限制的贫氧—缺氧的闭塞环境。在书记沟、小佘太及河湾等地水体深度最大，盐度也最高，可能为咸水—微咸水的潟湖环境；其次为巴彦诺日公苏木、巴音布拉格、乌加河等地；固阳北水体深度相对较小，水动力较弱，盐度也最小，可能当时为与外海连通受限的淡化潟湖沉积环境。

研究区在长城期处于鄂尔多斯地块北缘被动大陆边缘，南缘鄂尔多斯陆块的陆源物质向北进入潟湖，造成长城系烃源岩中普遍含有陆源砂和黏土，形成一套含陆源砂泥沉积的黑色炭质页岩。

第二节 鄂尔多斯盆地南缘中新元古界烃源岩特征

一、地质概况

洛南县巡检司镇大地构造位置位于华北板块南缘，介于华北地台与扬子地台之间。该地区元古宇出露的地层由古元古界熊耳群、中元古界长城系、蓟县系组成。熊耳群为一套双峰式火山岩，长城系高山河组岩性主要为石英岩，夹粉砂岩、页岩。蓟县系下部岩性主要为硅质条带白云岩、白云质灰岩及白云岩，上部为钙质页岩、泥质灰岩、硅质灰岩和藻类灰岩（图 7-12）。

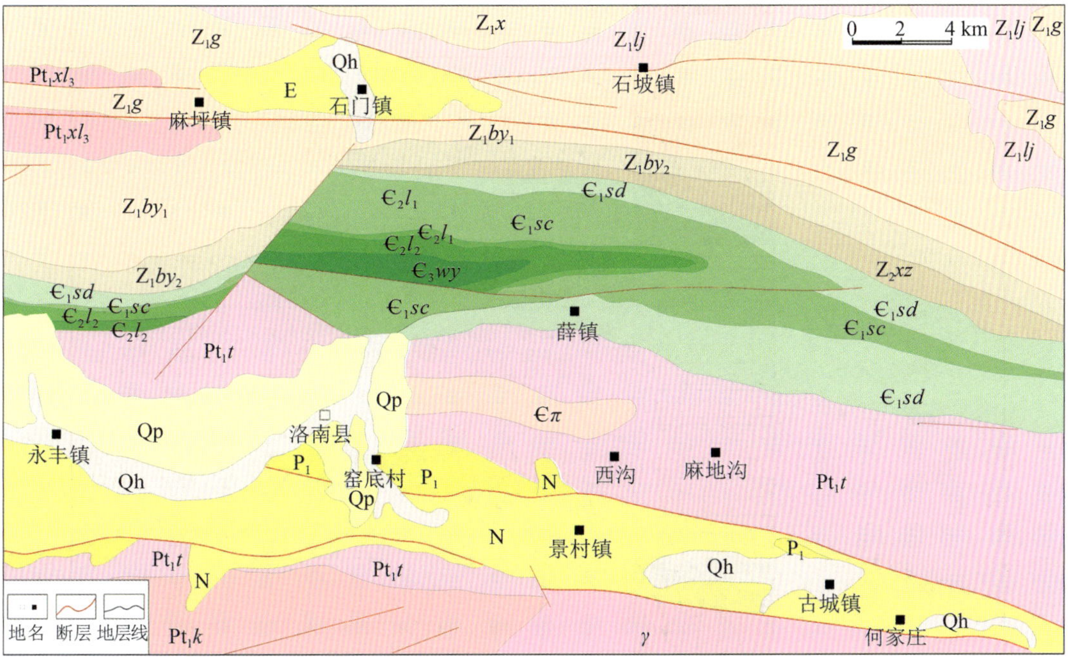

图 7-12 陕西省商洛市洛南县地质图

二、剖面特征

洛南县巡检司镇自下而上发育中元古界长城系高山河组以及蓟县系龙家园组、巡检司组、杜关组和冯家湾组。长城系下部发育碎屑岩沉积，中部发育碳酸盐岩沉积，上部发育碎屑岩沉积，蓟县系主要发育碳酸盐岩沉积（图 7-13）。其中长城系高山河组顶部发育一套潟湖相暗色泥岩，累计厚度为 38.3 m，是潜在烃源层段，对暗色泥岩段密集取样，共采集样品 58 个（图 7-14；附图 18）。

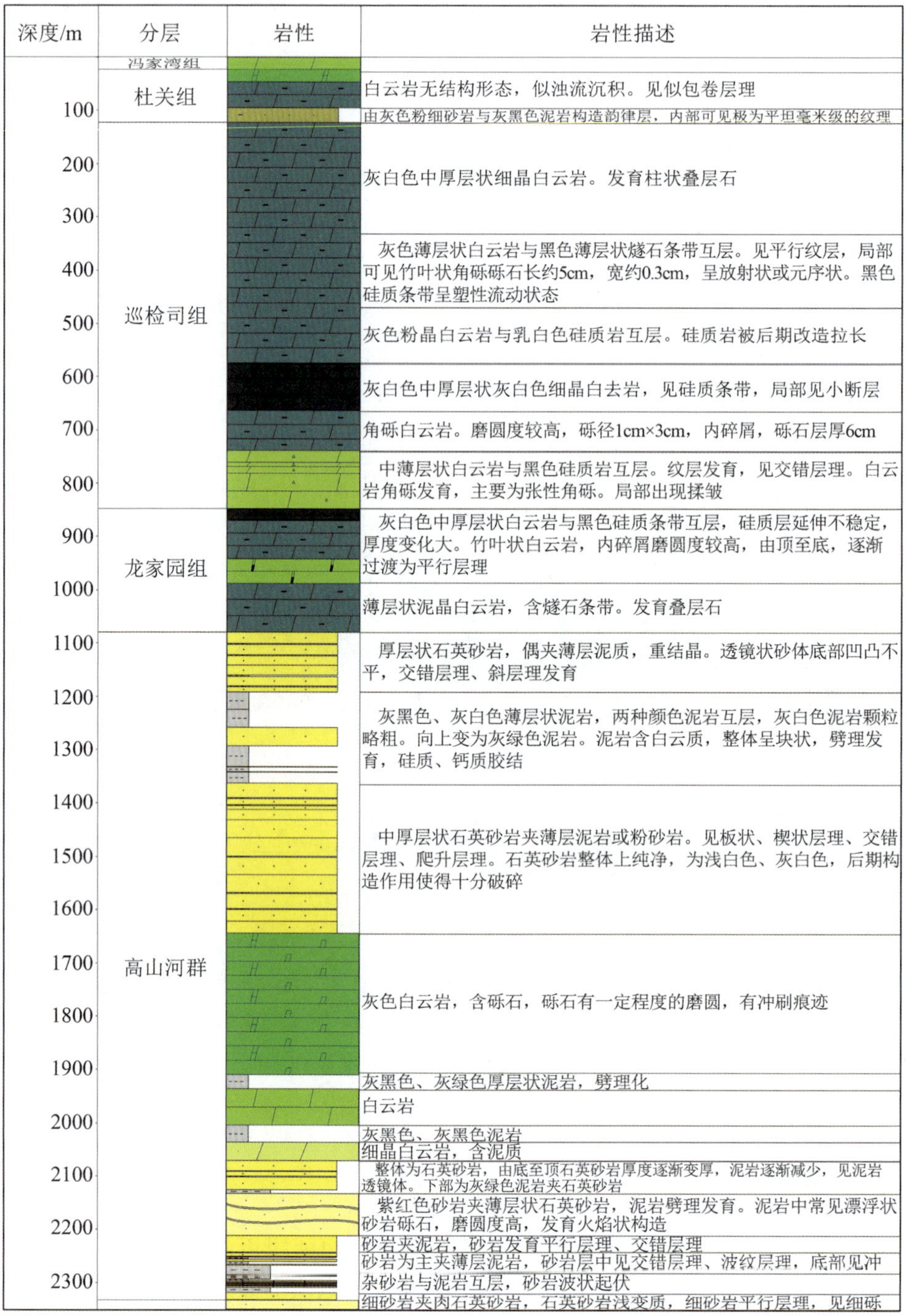

图 7-13　洛南县巡检司镇中元古界综合柱状图

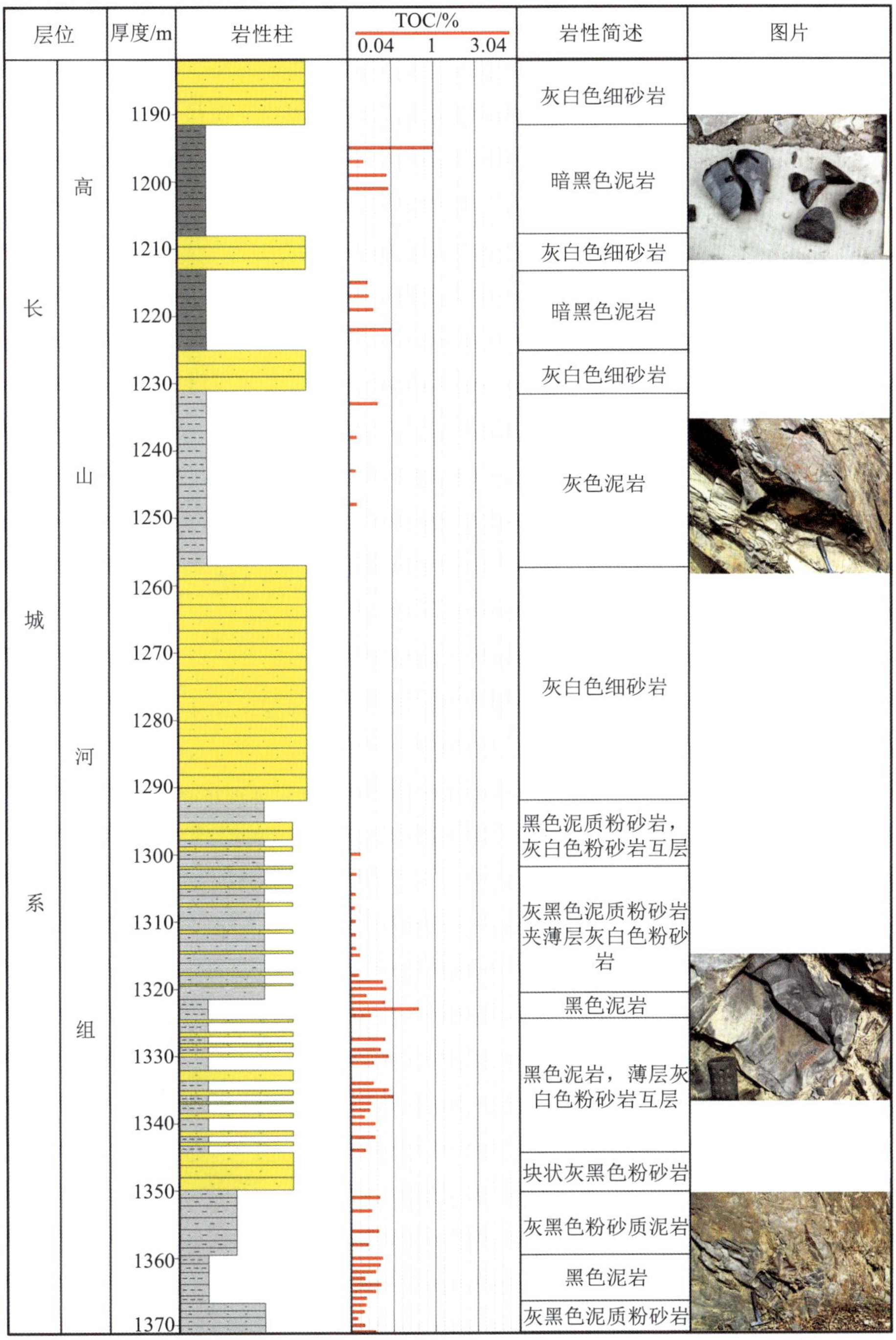

图 7-14　洛南县巡检司镇烃源岩段综合柱状图

三、地球化学特征

（一）有机质丰度

对洛南县巡检司镇中元古界长城系暗色泥岩58个样品进行了有机碳分析测试，TOC变化范围较大，变化在0.08%~1.52%之间，平均值为0.4%。非烃源岩样品占总样品的比例为55.2%。达到烃源岩标准的样品占总样品的比例可达44.8%，其中差烃源岩、较好烃源岩和好烃源岩所占比例分别是25.9%、15.5%与3.4%（图7-15；表7-9）。

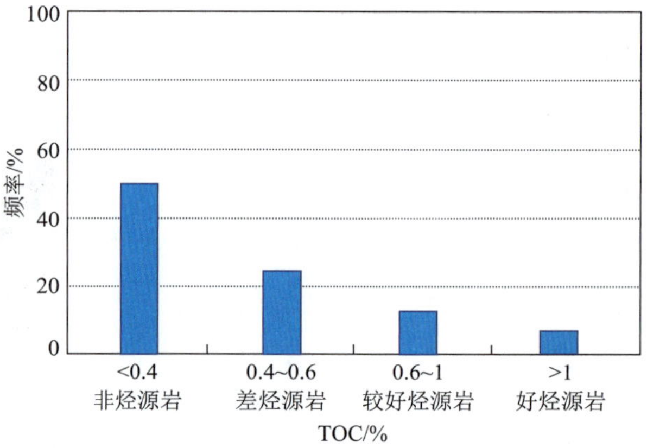

图7-15　洛南县巡检司镇烃源岩TOC频率分布图

表7-9　洛南县巡检司镇中元古界长城系部分暗色板岩地球化学指标统计表

样号	岩性	TOC/%	S_1 /(mg·g^{-1})	S_2 /(mg·g^{-1})	S_3 /(mg·g^{-1})	S_1+S_2 /(mg·g^{-1})	T_{max}/℃
LN-17	泥岩	0.49	0.02	0.01	0.19	0.03	594
LN-21	泥岩	0.43	0.02	0.01	0.20	0.03	601
LN-25	泥岩	0.36	0.02	0.01	0.16	0.03	586
LN-29	泥岩	0.41	0.01	0.01	0.13	0.02	586
LN-32	泥岩	0.61	0.04	0.01	0.35	0.05	587
LN-35	泥岩	0.61	0.03	0.01	0.29	0.04	591
LN-39	泥岩	0.15	0.02	0.01	0.09	0.03	583
LN-60	粉砂质泥岩	0.11	0.01	0.01	0.34	0.02	585
LN-65	粉砂质泥岩	0.11	0.02	0.01	0.03	0.03	598
LNZ-02	砂质泥岩	0.51	0.02	0.01	0.13	0.03	587
LNZ-04	砂质泥岩	0.44	0.03	0.01	0.38	0.04	596
LNZ-06	砂质泥岩	0.34	0.04	0.01	0.36	0.05	589
LNZ-08	砂质泥岩	0.68	0.02	0.01	0.15	0.03	585
LNZ-09	砂质泥岩	0.27	0.01	0.01	0.31	0.02	587

（二）有机质类型

（1）饱和烃特征

优选研究区 TOC 较高的 6 个暗色泥岩样品进行饱和烃气相色谱分析，在色谱图上呈单峰型分布，主峰碳为 nC_{16} 和 nC_{17}，低碳数较丰富，高碳数比较匮乏，具有低碳数优势，说明烃源来源于低等生物，反映有机质类型以Ⅰ型为主（表 7-10；图 7-16）。

表 7-10 洛南县巡检司镇中元古界长城系暗色泥岩可溶有机质饱和烃色谱特征参数表

样号	OEP	主峰碳	Pr/Ph	Pr/nC_{17}	Ph/nC_{18}
GP-23	1.01	C17	1.22	0.71	0.83
GP-27	0.81	C16	1.40	0.76	0.78
GP-29	0.85	C16	1.64	0.77	0.88
GP-30	1.04	C17	1.33	0.81	0.82
GP-31	0.78	C16	1.37	0.82	0.95
GP-34	0.76	C16	1.33	0.83	1.27

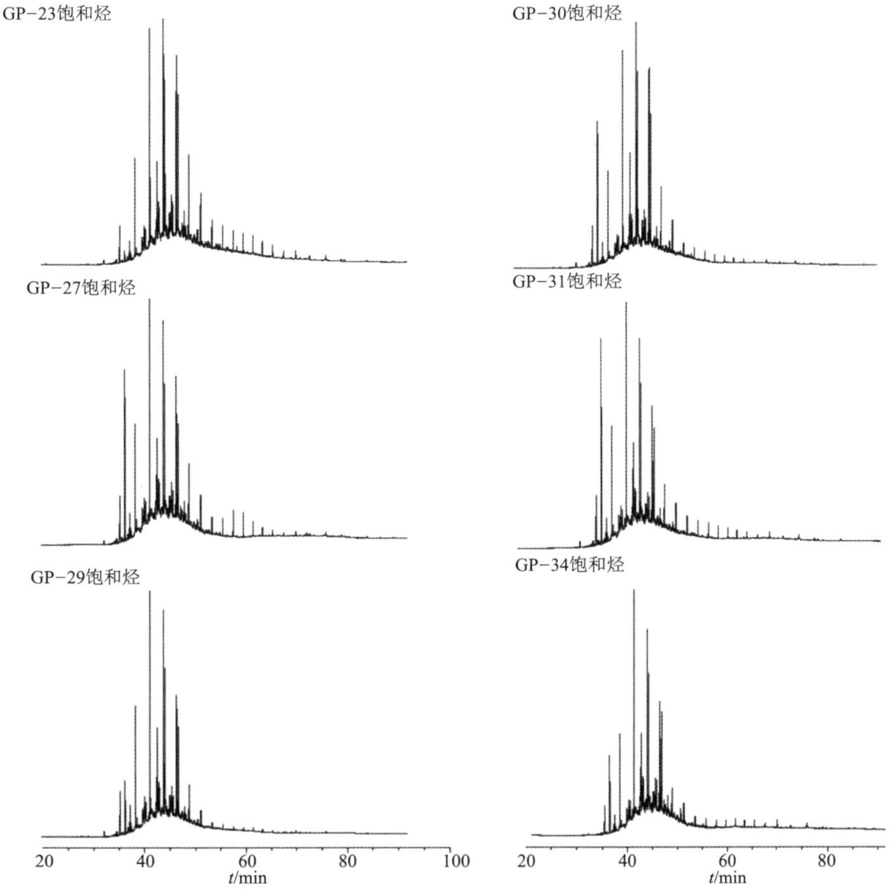

图 7-16 洛南县巡检司镇烃源岩饱和烃气相色谱图

6 个样品中均检出丰富的类异戊二烯烷烃，其中最丰富且最重要的是姥鲛烷（Pr）和植烷（Ph），可以利用 $Pr/n\text{-}C_{17}$、$Ph/n\text{-}C_{18}$ 判断烃源岩中的有机质类型。在图版上投点可以看出，样品基本落于海相Ⅱ型干酪根区域或海相Ⅱ型干酪根与混合型干酪根边界线上（图 7-17）。这类干酪根来源于海相浮游生物（以浮游植物为主）和微生物的混合有机质。生油潜能中等，但仍是良好的生油母质，是海相沉积中重要的有机质类型。

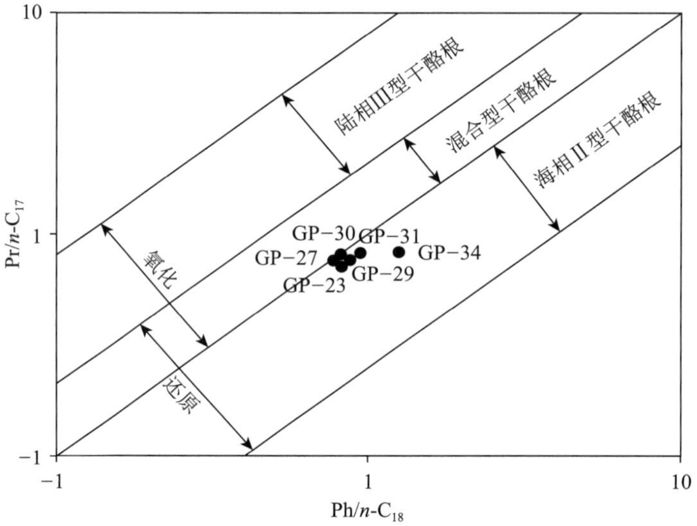

图 7-17　$Pr/n\text{-}C_{17}$ 与 $Ph/n\text{-}C_{18}$ 对比图

（2）氯仿沥青“A”族组成

沉积岩中可溶族组成可从另一方面反映了生油气母质的特征，通过分析岩石中的可溶有机质特征，也可间接帮助判别有机质类型。对 6 个样品进行氯仿沥青“A”族组成分析，饱和烃含量范围 21.52%～37.5%，介于 20%～40%之间。饱和烃/芳烃值范围为 1～2.5，介于 1.0～3.0 之间。非烃+沥青质含量范围 43.5%～70.88%，基本介于 40%～60%之间（表 7-11）。判断其为混合型干酪根类型即Ⅱ型干酪根，并且以 $Ⅱ_1$ 型为主，显示出有机质类型较好的特点。

表 7-11　洛南县巡检司镇中元古界长城系暗色泥岩沥青质含量及其族组成数据表

编号	样品重/mg	TOC/%	比值（总）	族组分相对含量			
				饱和烃/%	芳香烃/%	非烃+沥青质/%	饱芳比
GP-23	63.9858	0.57	0.0073	37.500	18.500	43.500	2.00
GP-27	55.2902	0.73	0.0061	21.526	21.526	57.947	1.00
GP-29	56.5517	0.80	0.0074	33.333	19.476	47.190	1.750
GP-30	51.5611	0.78	0.0074	29.118	11.647	58.235	2.50
GP-31	51.8557	1.07	0.0062	33.333	16.667	50.000	2.00
GP-34	55.1945	0.51	0.0051	29.118	0.000	70.882	—

饱和烃气相色谱反映有机质类型以Ⅰ型为主。$Pr/n-C_{17}$ 与 $Ph/n-C_{18}$ 对比图中样品落于海相Ⅱ型干酪根或海相Ⅱ型干酪根与混合型干酪根边界线上。氯仿沥青“A”族组成表明烃源岩以$Ⅱ_1$型为主。综合上述结果，推测烃源岩类型应该以Ⅰ型为主，其次为Ⅱ型干酪根。

（三）有机质成熟度

（1）奇偶碳数比

在低成熟的有机质中正构烷烃绝大多数具有奇碳数优势，随热演化程度的增加，奇碳数优势会逐渐趋于消失。六个样品奇偶碳数比 OEP 值介于 0.76~1.04 之间，最高仅为1.04，说明样品已经达到了比较高的热演化程度（表 7-10）。

（2）T_{max} 值

洛南县巡检司镇中元古界长城系暗色泥岩 T_{max} 值介于 583~601℃，均处于过成熟阶段，以生成干气为主（图 7-18）。

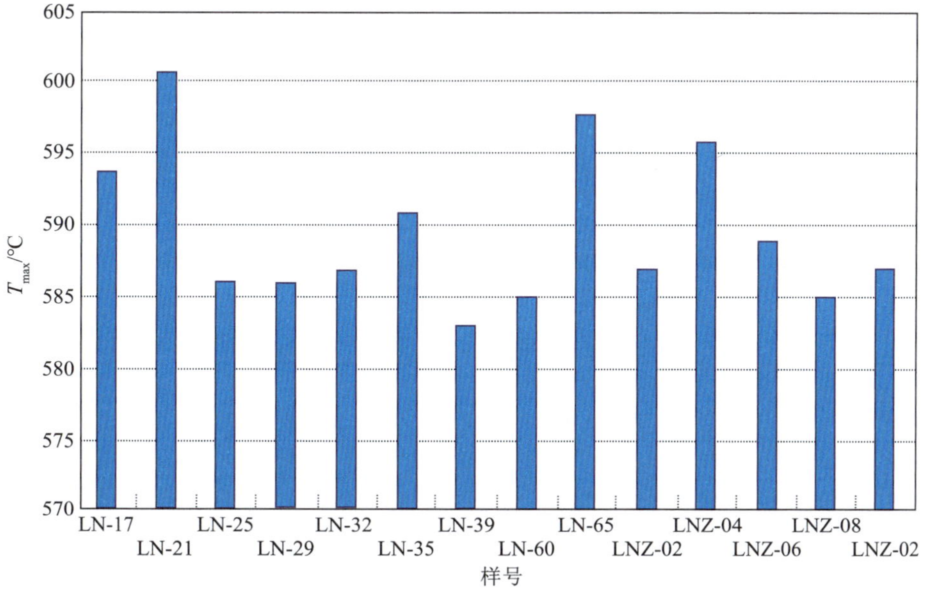

图 7-18 洛南县巡检司镇中元古界长城系暗色板岩 T_{max} 示意图

四、小结

1）中元古界烃源岩为一套潟湖相暗色泥岩，沉积厚度较厚，具有一定的物质基础。

2）烃源岩有机碳含量较高，有机质类型以Ⅰ型为主，其次为Ⅱ型，显示出有机质丰度高、类型好的特点。

3）奇偶碳数比 OEP 值较低，T_{max} 值高，说明烃源岩热演化程度较高，处于过成熟阶段，以生成干气为主。

4）总体上，盆地南缘中元古界发育较好的烃源岩，并具备一定的生烃潜力。

第三节 鄂尔多斯盆地东南缘中新元古界烃源岩特征

一、地质概况

研究区宏观上为一背斜构造，枢纽走向为北东东向。出露的地层构成背斜南翼，自北向南依次出露太古宇、元古宇、寒武系和奥陶系，本次烃源岩样品采自山西省永济市水幽沟中元古界长城系（见图 4-9）。

二、剖面特征

中元古界剖面自下而上发育中元古界长城系白草坪组、北大尖组、崔庄组、洛峪口组和蓟县系龙家园组。长城系主要发育一套碎屑岩沉积，蓟县系主要发育碳酸盐岩沉积，其中长城系烃源岩非常发育（图 7-19；附图 19）。

三、地球化学特征

（1）有机质丰度

永济水幽沟剖面自下而上发育中元古界长城系白草坪组、下北大尖组、上北大尖组、崔庄组、洛峪口组和蓟县系龙家园组以及新元古界震旦系罗圈组。暗色泥岩段主要发育在下北大尖组、上北大尖组和崔庄组，采集 17 个烃源岩样品送化验室进行测试，具体测试结果见表 7-12。

表 7-12 山西省永济市水幽沟中元古界长城系暗色板岩地球化学指标统计表

序号	样品编号	层位	岩性	TOC /%	S_1/ (mg·g^{-1})	S_2/ (mg·g^{-1})	S_3/ (mg·g^{-1})	S_1+S_2/ (mg·g^{-1})	IH/ (mg·g^{-1})$_{TOC}$	IO/ (mg·g^{-1})$_{TOC}$	T_{max}/ ℃
1	ZTS-01	崔庄组	灰黑色泥岩	0.22	0.04	0.01	0.30	0.05	4.55	136.36	589
2	ZTS-02	崔庄组	灰黑色泥岩	0.31	0.02	0.01	0.19	0.03	3.23	61.29	591
3	ZTS-03	崔庄组	灰黑色泥岩	0.12	0.03	0.01	0.46	0.04	8.33	383.33	586
4	ZTS-04	崔庄组	灰黑色泥岩	0.11	0.01	0.01	0.23	0.02	9.09	209.09	593
5	ZTS-05	崔庄组	灰黑色泥岩	0.23	0.02	0.01	0.45	0.03	4.35	195.65	584
6	ZTS-06	崔庄组	灰黑色泥岩	0.35	0.02	0.01	0.14	0.03	2.86	40.00	593
7	ZTS-07	崔庄组	灰黑色泥岩	0.08	0.01	0.01	0.13	0.02	12.50	162.50	594
8	ZTS-08	崔庄组	黑色泥岩	0.41	0.02	0.01	0.37	0.03	2.44	90.24	589
9	ZTS-09	崔庄组	黑色泥岩	0.44							
10	ZTS-10	北大尖组	黑色泥岩	0.10							
11	ZTS-11	北大尖组	黑色泥岩	0.40							
12	ZTS-12	北大尖组	黑色泥岩	0.22							
13	ZTS-13	北大尖组	黑色泥岩	0.30							
14	ZTS-14	北大尖组	黑色泥岩	0.37	0.01	0.01	0.36	0.02	2.70	97.30	596
15	ZTS-15	北大尖组	黑色泥岩	0.22							
16	ZTS-16	北大尖组	黑色泥岩	0.15	0.01	0.01	0.25	0.02	6.67	166.67	599
17	ZTS-17	北大尖组	黑色泥岩	0.23	0.02	0.01	0.35	0.03	4.35	152.17	595

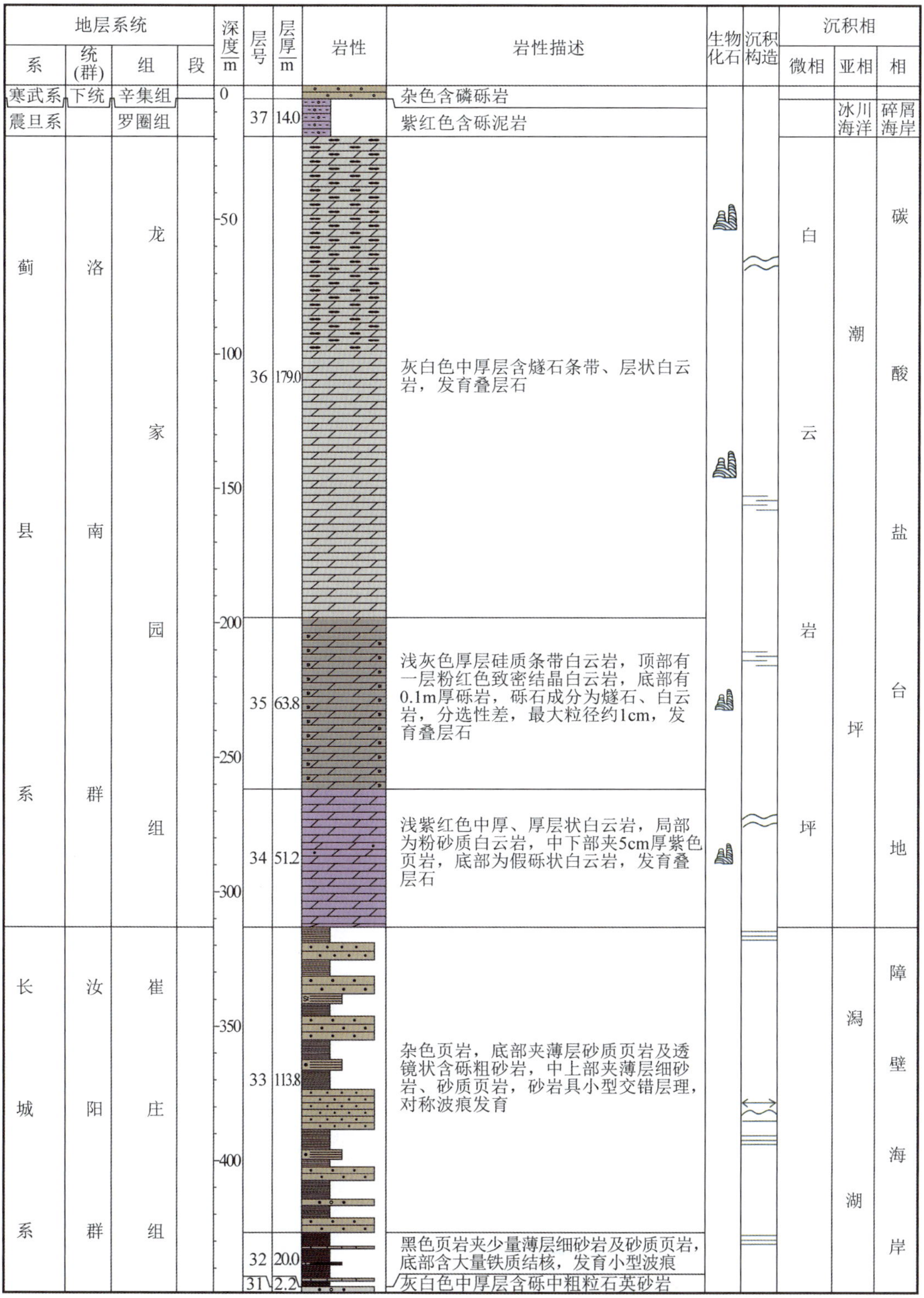

图 7-19 山西省永济市水幽沟中元古界综合柱状图

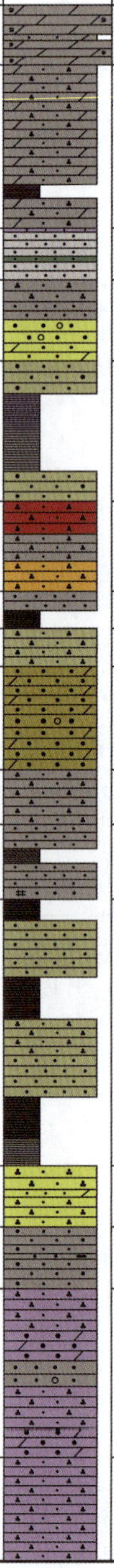

系	统(群)	组	段	深度/m	层号	层厚/m	岩性描述	生物化石	沉积构造	微相	亚相	相
长城系	汝阳群	上北大尖组		450	30	10.0	灰色中厚层含硅质白云岩夹薄层白云质砂岩			混合坪	潮坪	障壁海岸
					29	27.4	灰色薄至中厚层白云质石英砂岩，局部含少量海绿石，底部夹紫色页岩			云坪、泥坪、云坪		
					28	8.6	灰白色厚至中厚层细粒石英砂岩，顶部为紫红色，下部夹浅绿色，含少量海绿石			泥坪		
				500	27	13.6	粉红色、浅黄色细粒石英岩状中砂岩、细砂岩、白云质砂岩，中部夹有含砾砂岩			云坪、砂坪		
					26	23.4	灰黄色厚层中细粒砂岩夹紫红、灰色页岩，发育冲洗层理				潟湖	
					25	15.0	浅红、灰、褐黄色细粒石英岩状砂岩，发育低角度交错层理			砂坪	潮坪	
				550	24	6.2	薄至中厚层细砂岩及黑色页岩，发育透镜状层理、砂泥互层层理			混合坪		
					23	6.4	灰黄色厚层中粒石英砂岩			砂坪		
					22	17.2	黄褐色薄—中厚层白云质中粒砂岩，发育交错层理，中上部含有含泥质、白云质灰岩的砾石，底部含有少量海绿石			混合坪		
					21	9.2	青灰色厚层中细粒石英岩状砂岩，质纯而致密，底部含有少量海绿石，具冲洗斜层理			砂坪		
					20	12.5	灰色薄层细砂岩夹页岩，底部2m含海绿石砂岩，发育透镜状层理，砂泥互层层理			混合坪	潟湖	
		下北大尖组		600	19	44.5	灰黄色中厚层至薄层石英岩状砂岩、细砂岩与黑色页岩互层、灰色页岩			砂坪、砂坪	潟湖、潮坪、潟湖	
				650	18	10.2	浅黄色中厚层石英岩状砂岩，上部夹薄层白云质含砾细砂岩			砂坪	潮坪	
					17	10.4	灰色薄层中细粒砂岩，夹1m含海绿石白云质粗砂岩			砂坪		
					16	28.2	紫红色中厚层中粗粒石英岩状砂岩及白云质粗砂岩，夹灰色薄层细砂岩、白云质或泥质砾石，发育交错层理、波痕			云坪、砂坪、云坪		
				700	15	17.2	浅紫红色厚层细—中粒石英岩状砂岩			砂坪		

图 7-19　山西省永济市水幽沟中元古界综合柱状图（续）

系	统(群)	组	段	深度/m	层号	层厚/m	岩性	岩性描述	生物化石	沉积构造	微相	亚相	相
长城系	汝阳群	白草坪组			14	35.0		灰、灰蓝色薄层至中厚层中细粒砂岩和灰色砂质页岩、灰黑色页岩互层，发育透镜状层理，砂泥互层层理			砂坪、砂坪、砂坪	潮坪、潟湖、潮坪、潟湖、潮坪、潟湖	障壁海岸
				750	13	34.0		浅紫红色薄层及中厚层砂岩、石英岩状砂岩和紫色页岩互层			砂坪、泥坪、砂坪、泥坪、砂坪、泥坪	潮坪	
					12	2.4		灰白色厚层石英岩状砂岩			砂坪		
					11	5.0		浅紫红色薄层细粒砂岩与紫、灰绿色页岩互层			混合坪		
					10	4.4		浅灰色厚层石英岩状砂岩，中上部为灰绿色薄层页岩					
					9	4.4		浅紫色细砂岩，中部夹0.4m鲕粒赤铁矿砂岩及紫色、黄绿色页岩					
				800	8	16.2		浅紫红色厚层细粒石英岩状砂岩，局部含泥砾			砂坪		
					7	9.2		灰白色中厚层含海绿石石英岩状砂岩、中砂岩与灰绿色页岩互层，发育透镜状层理，砂泥互层层理			混合坪		
					6	8.4		杂色页岩夹薄层含泥砾细砂岩			泥坪		
					5	11.6		灰白色厚层含砾粗砂岩夹中厚层石英岩状砂岩、黄色钙质砂岩及紫色页岩			砂坪		
				850	4	11.8		杂色页岩夹中厚层石英岩状砂岩和灰色薄层砂岩，发育透镜状层理，砂泥互层层理			混合坪		
					3	12.8		浅紫色薄层中粗粒及细粉砂岩与紫、灰绿色页岩互层，发育透镜状层理，砂泥互层层理			砂坪、砂坪	潟湖、潮坪、潟湖	
					2	6.0		紫红色薄层中粗粒砂岩夹灰白色含砾粗砂岩、紫色、灰绿色页岩			混合坪	潮坪	
					1	4.2		灰色砾岩，底部0.4m为灰色白云岩			砂坪		
	涑水群							杂色片麻岩					

图 7-19 山西省永济市水幽沟中元古界综合柱状图（续）

对样品进行有机碳分析测试，TOC 范围为 0.08%~0.44%，平均 0.25%（图 7-20）。烃源岩 TOC 值整体不高，但从数据分布可以看出，大于 0.4%的两个样品均分布在崔庄组。崔庄组发育于海湾潟湖相还原沉积环境，有利于有机质的保存。

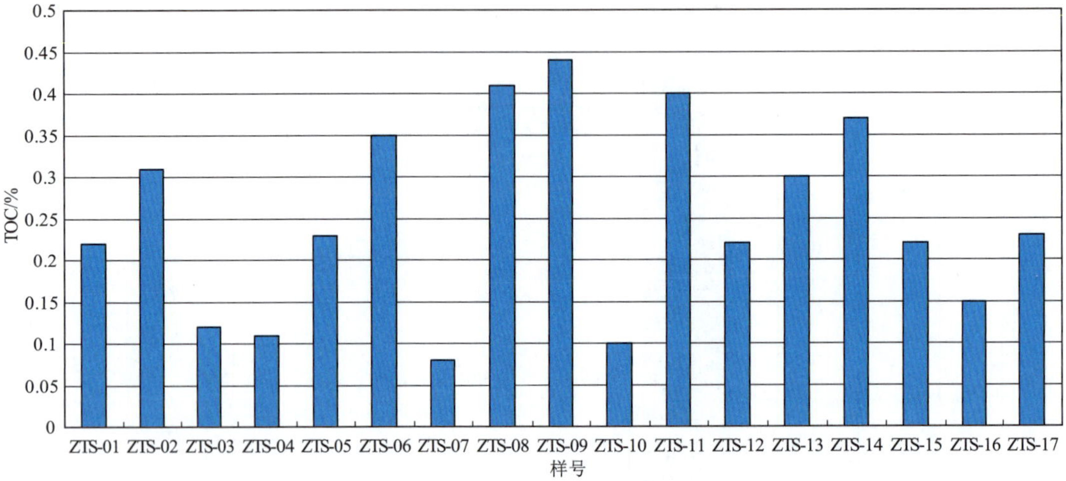

图 7-20　山西省永济市水幽沟中元古界烃源岩 TOC 分布图

（2）有机质成熟度

永济市水幽沟中元古界长城系暗色泥岩 T_{max} 值比较高，变化在 584~599℃之间，均处于过成熟阶段，以生成干气为主（图 7-21）。

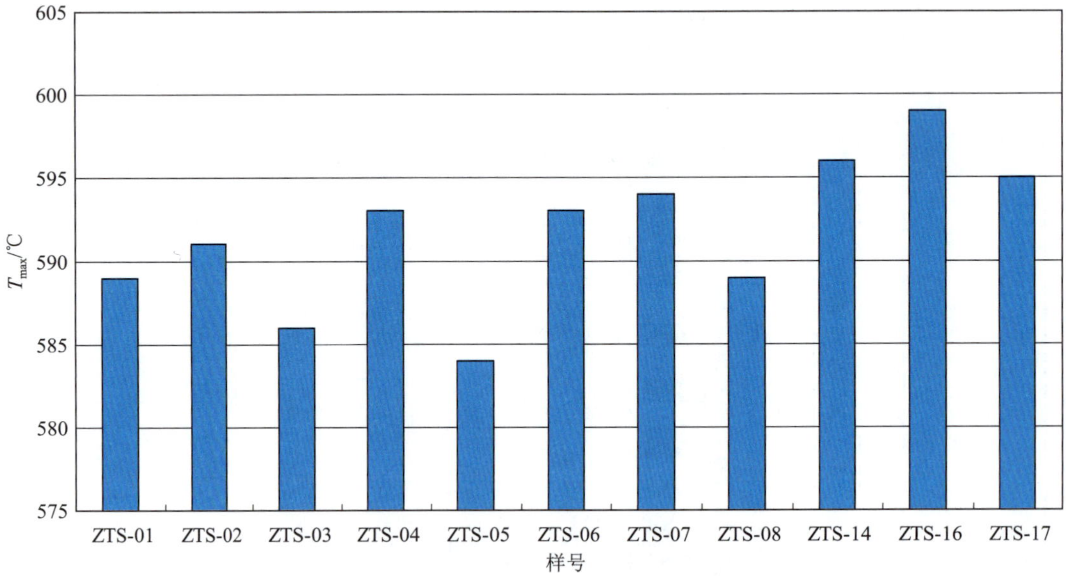

图 7-21　山西省永济市水幽沟中元古界长城系暗色板岩 T_{max} 分布图

第四节 鄂尔多斯盆地中新元古界烃源岩特征

一、钻遇前寒武系探井现状

鄂尔多斯地区钻入前寒武系探井还比较少。截至2020年，长庆油田在河套盆地、巴彦浩特盆地、定西盆地、渭河盆地和鄂尔多斯盆地钻入前寒武系探井数量分别是7口、2口、1口、2口和58口（图7-22）。

二、盆地中新元古界烃源岩特征

（1）地质概况

截至目前，在鄂尔多斯盆地暂时还没有发现大规模中新元古界烃源岩，仅在桃59井、城川1井等少数探井钻遇中新元古界烃源岩，可能由于以下原因所导致：① 钻遇中新元古界探井数量偏少，且部分探井钻遇中新元古界较浅（几米至几百米），如盆地南部旬探1井钻入长城系仅54 m；② 大部分探井可能没有钻在烃源岩发育的有利部位。

桃59井位于盆地伊陕斜坡西北部（图7-22），烃源岩发育于中元古界长城系中，其岩性主要为深灰色泥岩，呈薄层状夹持于灰白色石英砂岩中（附图20）。

该井处于裂谷肩构造部位（图7-23），沉积环境为浅海、滨浅海相（见图6-2）。

（2）有机地球化学特征

桃59井长城系砂岩中发育薄层状深灰色泥岩，其有机碳含量较高，有机碳含量变化范围为0.39%~16.17%，表明长城系具有发育有效烃源岩的地质条件（表7-13）。

（3）气测显示

该井在长城系中、下部浅棕红色细砂岩钻遇气测显示，录井解释含气层两段3.0 m，气测峰值最高达3.15%（图7-24）。从气测显示层段所在位置推测，其气源应来自于长城系内部，从侧面印证了长城系烃源岩发育的可能。

首次在盆地桃59井中新元古界发现烃源岩和含气显示，说明中新元古界是值得期待的潜在领域。

表7-13 鄂尔多斯盆地桃59井长城系烃源岩有机碳含量表

序号	层位	井深/m	岩性	TOC/%
1	长城系	4461.3	灰色泥岩	0.46
2	长城系	4462.1	灰色泥岩	0.39
3	长城系	4630	灰黑色泥岩	0.75
4	长城系	4657	灰黑色泥岩	16.17
5	长城系	4667	灰黑色泥岩	10.48

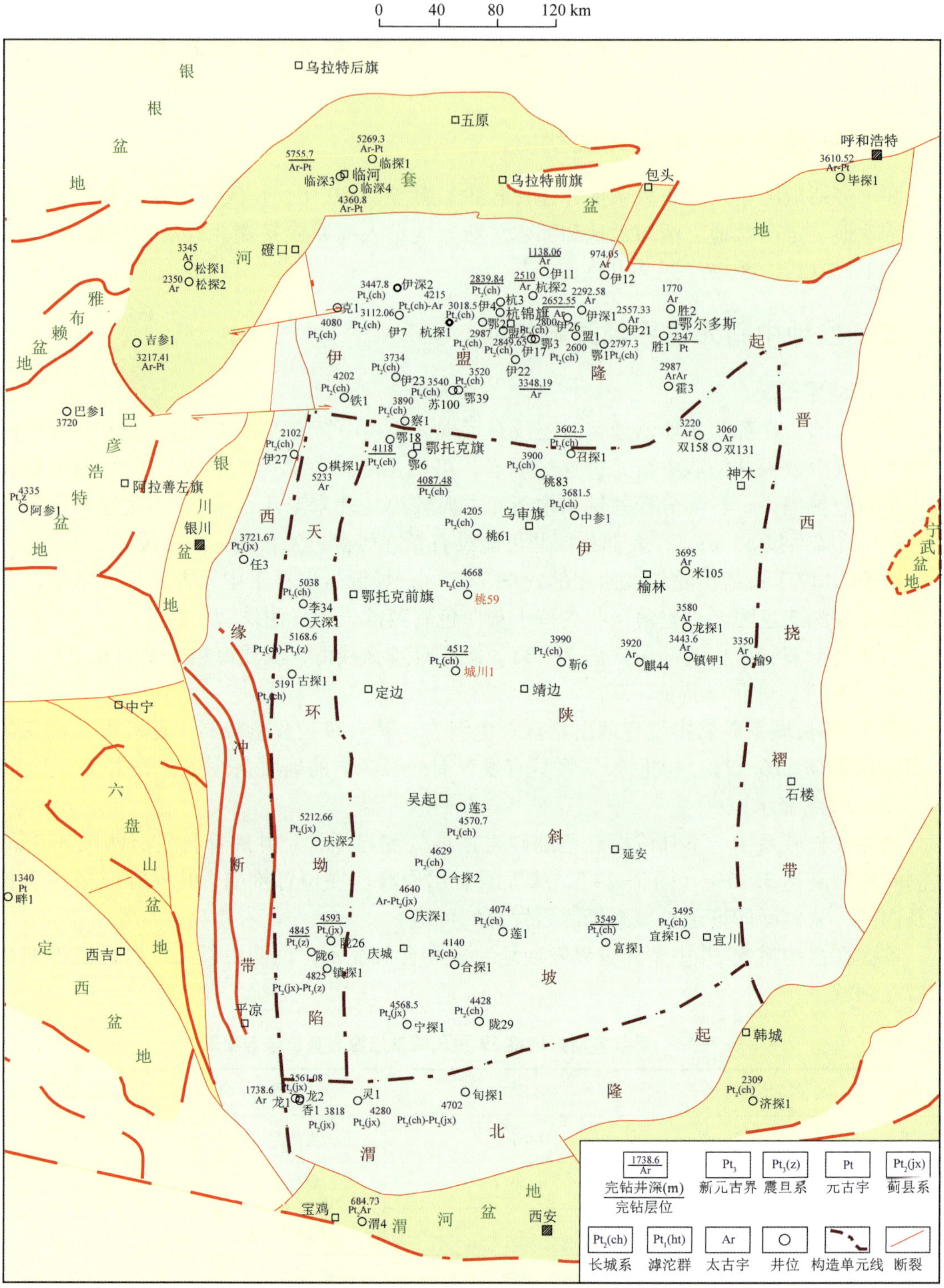

图 7-22　鄂尔多斯地区钻入前寒武系探井分布图
（据长庆油田，2017，内部资料）

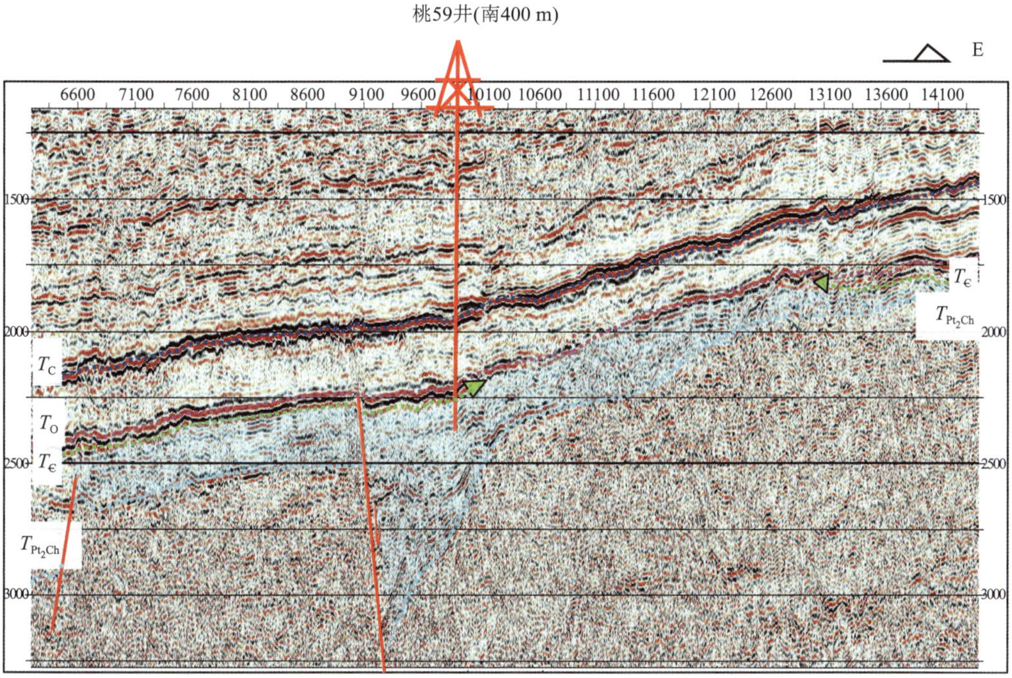

图 7-23 盆地地震测线 G12-05 解释剖面

三、盆地内部存在潜在烃源岩

从鄂尔多斯盆地中新元古代残余地层厚度图（见图 4-37）与“拗拉槽”展布图（见图 4-38）可以看出，桃 59 井位于“拗拉槽”边缘，并没有处于烃源岩发育最有利部位“拗拉槽”中心。因此，推测盆地中南部“拗拉槽”中心部位中新元古代烃源岩更加发育。

四、盆地内部烃源岩尚未变质

从鄂尔多斯盆地构造演化模式图可以看出，中新元古界虽然经历多期构造运动，但是没有经历过明显的变质作用，烃源岩并没有变质（图 7-25）。伊盟隆起杭探 1 井钻探证实，长城系砂岩重结晶作用并不明显，碎屑颗粒边界清晰，基本未变质。因此，推测盆地内部中新元古界潜在烃源岩是有效烃源岩。

第五节　与华北地区中新元古界烃源岩对比分析

华北地台中新元古界地层发育较全，由 3 系 12 组组成，分别为长城系常州沟组、串岭沟组、团山子组、大红峪组，蓟县系高于庄组、杨庄组、雾迷山组、洪水庄组、铁岭组和下马岭组，青白口系长龙山组、景儿峪组。烃源岩主要发育在长城系串岭沟组、蓟县系洪水庄组及下马岭组泥页岩中（图 7-26）。对冀北、冀中、十三陵、张家口下花园地区有机碳丰度进行统计，长城系串岭沟组有机碳最高达 1.47%，蓟县系洪水庄组有机碳最高达 4.51%，下马岭组有机碳最高达 5.61%（表 7-14）。

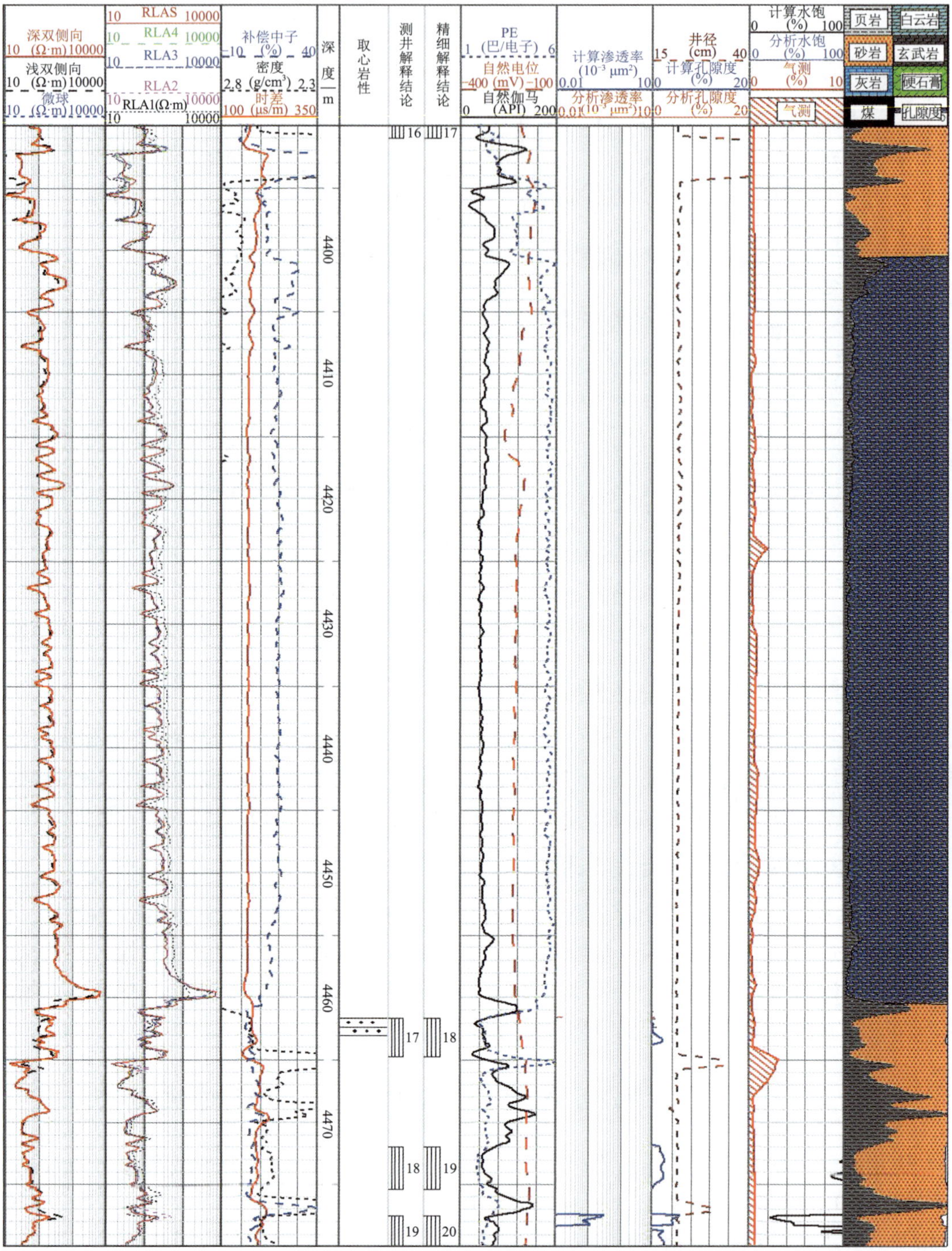

图 7-24　桃 59 井长城系测井解释综合图

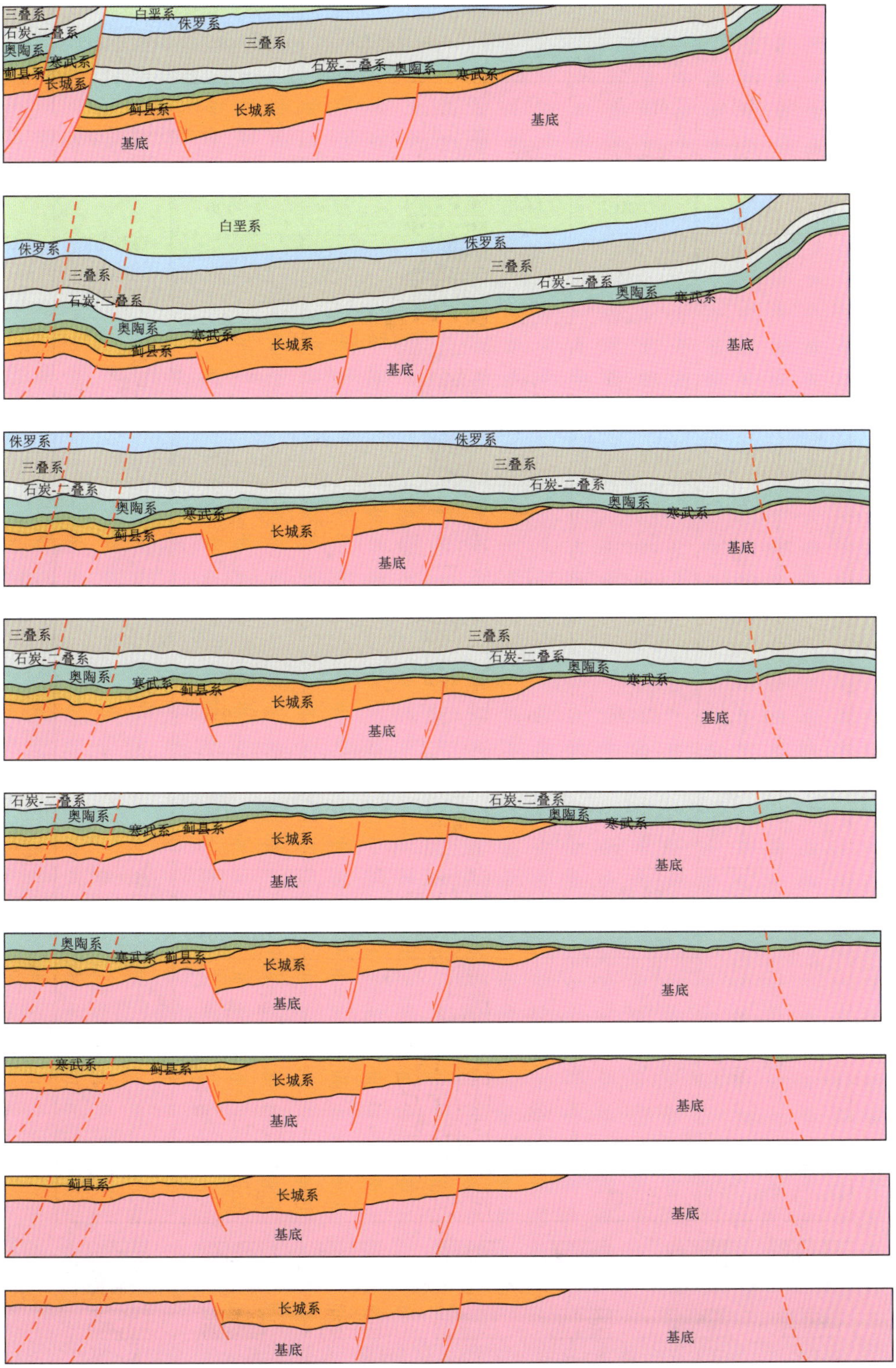

图 7-25　鄂尔多斯盆地构造演化模式图

地层				岩性剖面	厚度/m	构造运动
界	系	组	符号			
古生界	寒武系	府君山组	$\epsilon_1 f$	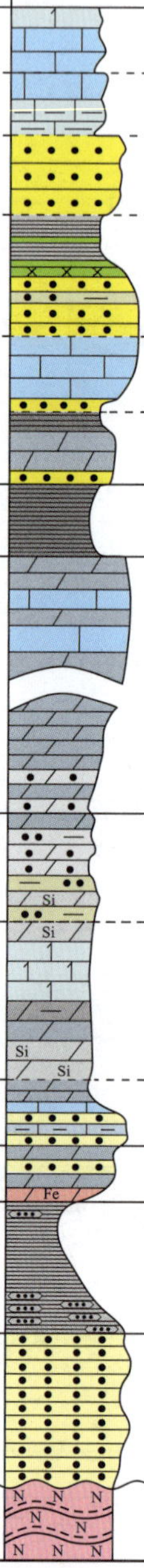		
新元古界	青白口系	景儿峪组	Qb*j*		0～134	蓟县运动
		长龙山组	Qb*c*		4～120	
中元古界	蓟县系	下马岭组	Jx*x*		175～335	蔚县上升
		铁岭组	Jx*t*		148～433	芹峪上升 铁岭上升
		洪水庄组	Jx*h*		37～157	
		雾迷山组	Jx*w*		716～3297	
		杨庄组	Jx*y*		15～958	
		高于庄组	Jx*g*		621～1260	滦县上升
	长城系	大红峪组	Ch*d*		115～475	青龙运动
		团山子组	Ch*t*		169～397	
		串岭沟组	Ch*ch*		30～919	
		常州沟组	Ch*c*		333～1950	
太古宇		迁西群			0～134	吕梁运动

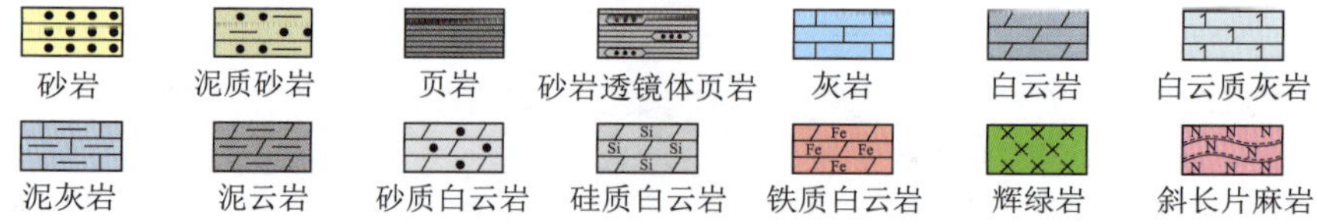

图 7-26　燕山地区中新元古界地层柱状图

与华北克拉通燕山地区中新元古界对比分析后，认为鄂尔多斯盆地南部长城系只相当于华北长城系下部的常州沟组，蓟县系则只相当于华北蓟县系下部的雾迷山组，而未见串岭沟组、洪水庄组等关键烃源岩层段（图7-27）。

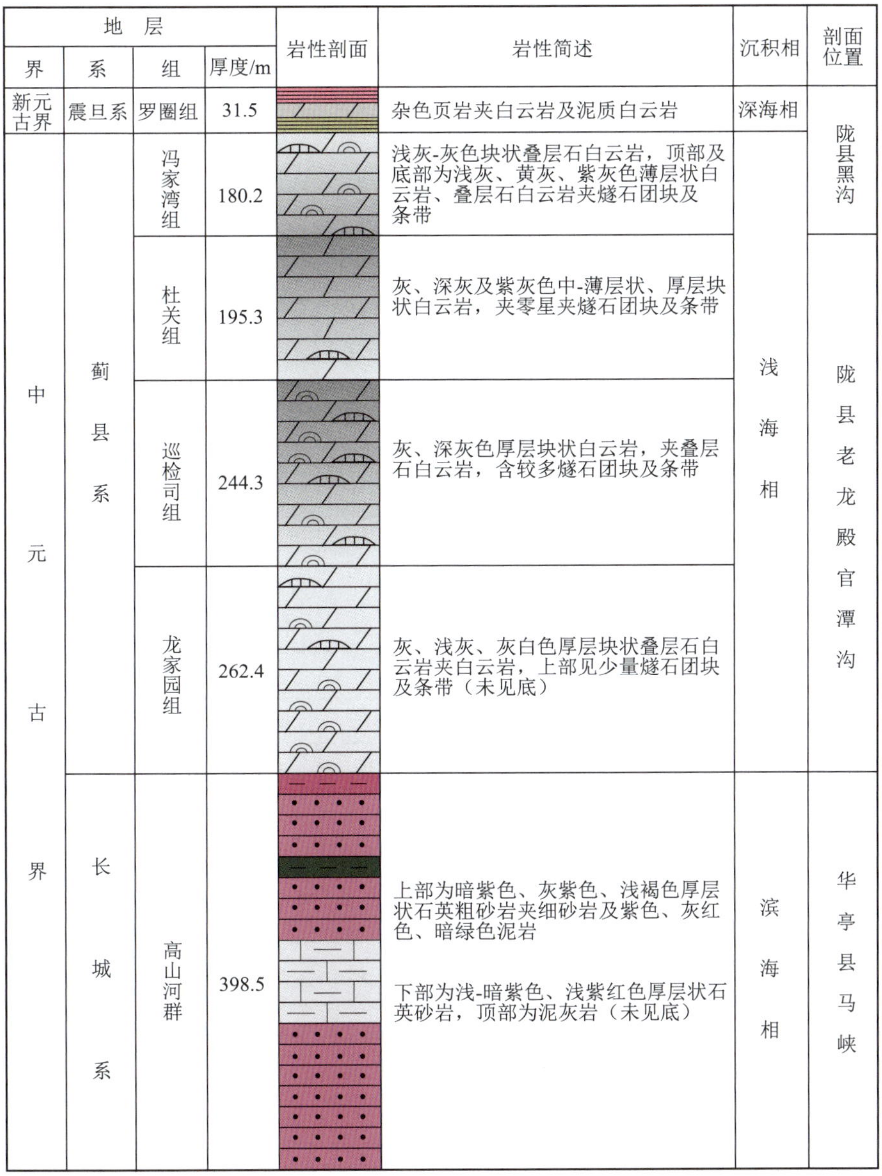

图7-27 鄂尔多斯盆地南部中新元古界地层柱状图

盆地周缘中新元古界烃源岩主要发育于长城系，岩性以黑色板岩、炭质板岩为主。有机碳含量较高，盆地北缘有机碳含量明显高于盆地南缘。有机质类型好，以Ⅰ型到$Ⅱ_1$型为主。由于盆地周缘构造活动强烈，导致中新元古界烃源岩发生了广泛的变质作用，干酪根完全炭化，热演化程度过高，生烃能力有限（表7-15）。

表 7-14　华北北部地区有机地化剖面有机质丰度表

地层时代		丰度指标	冀北地区		冀中地区		十三陵	张家口下花园
			化1井	宽城	京101	高深1		
蓟县系	下马岭组	TOC/%		0.78	0.49		2.0	5.61
		"A"/10^{-6}		98	200		115	3168
		S_1+S_2/(mg·g^{-1})		0.09	008		0.10	22.13
	铁岭组	TOC/%	0.48	0.47	0.31		0.10	0.22
		"A"/10^{-6}	708	579	186		86	106
		S_1+S_2/(mg·g^{-1})	1.19	0.90	0.05		0.06	0.16
	洪水庄组	TOC/%	3.97	4.51	0.85		0.28	0.54
		"A"/10^{-6}	3293	1994	94		50	254
		S_1+S_2/(mg·g^{-1})	1070	13.7	0.05		0.03	0.17
	雾迷山组	TOC/%	0.19	0.06	0.20	0.07	0.16	0.19
		"A"/10^{-6}	529	51	92	21	40	132
		S_1+S_2/(mg·g^{-1})	0.47	0.02	0.03	0.03	0.03	0.12
	高于庄组	TOC/%		0.28		0.19	0.12	
		"A"/10^{-6}		201		27	44	
		S_1+S_2/(mg·g^{-1})		0.09		0.08	0.01	
长城系	串岭沟组	TOC/%		1.47		0.59	0.19	
		"A"/10^{-6}		87		59		
		S_1+S_2/(mg·g^{-1})		0.02		0.07	0.02	

表 7-15　鄂尔多斯盆地周缘中新元古界烃源岩地球化学指标统计表

地区	剖面点	岩性	TOC/% 平均/最大（个数）	S_1+S_2/(mg/g) 平均/最大（个数）	T_{max}/℃	R_o/% 平均/最大（个数）
盆地南缘	洛南县巡检司	黑色板岩	0.40/1.52（58）	0.03/0.05（14）	583-601	4.80/4.82（5）
	永济市陶家窑	黑色板岩	0.28/0.44（10）	0.025/0.03（4）	585-599	2.77（1）
盆地北缘	巴彦诺日公	黑色板岩	1.83/2.48（7）	0.01（1）	/	/
	乌加河镇	灰黑色板岩	0.86/2.75（17）	0.003/0.01（4）	372	2.09/2.15（2）
	河湾	黑色炭质板岩	3.65/7.71（29）	0.01/0.04（5）	404、409	3.0/3.13（3）
	书记沟	黑色板岩	3.50/4.29（8）	0（2）	404	3.57（1）
	小佘太乡	黑色板岩	2.44/3.56（12）	0（2）	/	2.68/2.74（2）
	巴音布拉格	黑色板岩	1.56/2.82（15）	0.045/0.08（2）	444	5.86（1）
	固阳北	黑色炭质板岩	7.52/16.99（43）	0.003/0.01（4）	/	4.54/5.09（5）

鄂尔多斯盆地为一典型克拉通盆地，盆地内部中新元古界受构造作用影响相对较小。盆地内部中新元古界烃源岩变质程度远小于盆地外围，是有效烃源岩。四川盆地油气勘探证实，中新元古界高成熟度烃源岩同样具备生烃能力。因此，鄂尔多斯盆地中新元古界烃源岩具有形成规模气藏的基本地质条件。

第六节　烃源岩发育主要控制因素

烃源岩发育的主控因素是石油地质学研究中的基础地质问题，主要包括以下两个方面：① 烃源岩有机质成因主控因素，包括烃源岩发育时期的气候条件、构造格局和沉积环境；② 烃源岩有机质保存主控因素，包括氧化还原条件和后期构造运动改造作用。

上述研究证实鄂尔多斯地区中新元古界发育一定规模的烃源岩，那么盆地内部是否具备发育烃源岩的地质条件以及烃源岩如何展布则成为我们最为关注的基础地质问题。为此我们对盆地内部烃源岩发育的主要控制因素进行研究，以便预测烃源岩有利发育地区。

一、适宜的古纬度有利于生物繁衍

一个地区的古纬度直接决定着当时的古气候条件，是控制生物发育的重要因素。由晚长城世和晚蓟县世大陆古再造图可以看出，华北地区中新元古代基本上处于南北纬 30°以内的赤道区附近（图 7-28，图 7-29），气候温暖湿润，有利于生物繁衍和有机质的聚集。

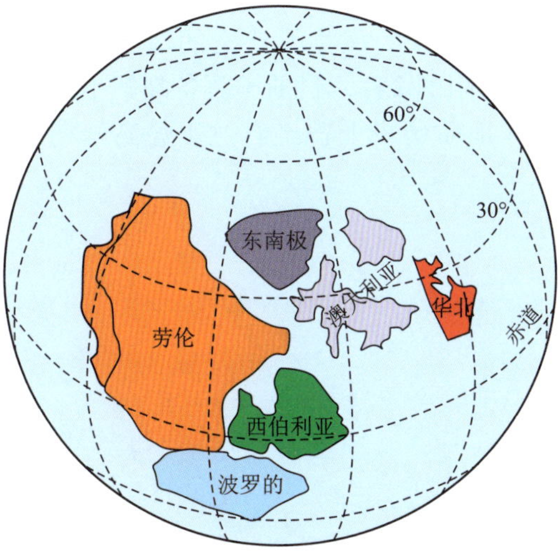

图 7-28　晚长城世大陆再造图
（据赵汉卿，2020）

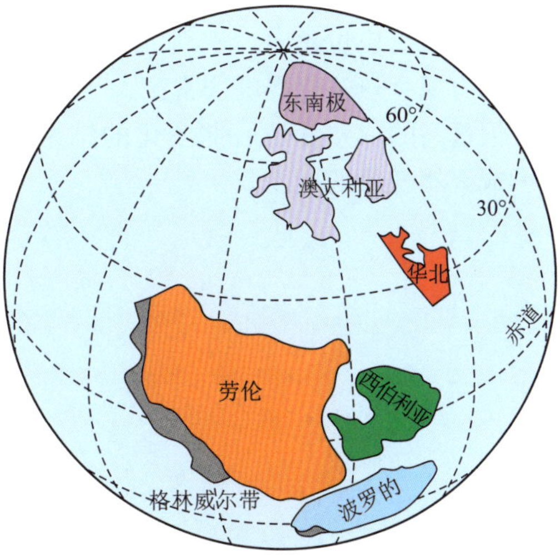

图 7-29　晚蓟县世大陆再造图
（据赵汉卿，2020）

元古宙时期，海水里的生命活动明显加强，生物界由原核细胞形式演变为真核细胞形式，细菌和蓝藻开始繁盛，后来又出现了红藻、绿藻等真核藻类，是藻类植物广泛发育的时代，这得益于当时温暖湿润的古气候条件。在华北地台中新元古界已发现大量微古植物、微体藻类以及肉眼可见的宏观藻类化石（附图 21；牛绍武，1998；杜汝霖，2017），为烃源岩的发育提供了物质基础。

二、“拗拉槽”是烃源岩发育的有利构造部位

受基底形态的控制，鄂尔多斯地区长城纪坳隆相间的格局明显。盆地内部发育北东向坳陷，沉积厚度具有自北东向南西方向逐渐加厚的趋势，沉积厚度变化范围为 0～3200 m。局部地区具备与盆地北缘类似的条件，可能发育潜在烃源层段，是下一步继续寻找的目标（见图 4-37，图 4-38）。

三、滨浅海、浅海相是烃源岩发育的有利沉积环境

盆地北缘烃源岩主要发育在坳陷部位的砂页岩相中。盆地内部长城纪主要发育滨浅海和裂谷相沉积。滨浅海主要发育砂岩和碳酸盐岩，裂谷相发育在坳陷部位，具有与盆地北缘坳陷部位类似的沉积环境，沉积厚度大，岩性主要以碎屑岩为主，其中的泥页岩为潜在烃源层段（见图 5-5，图 6-3）。

四、还原环境有利于烃源岩有机质的保存

扫描电镜显示，洛南县巡检司镇烃源岩样品中见大量立方体的黄铁矿晶体（附图 22），反映了当时的沉积环境为还原条件，有利于烃源岩的形成和保存。

五、受多期构造运动影响，烃源岩热演化程度非常高

在地质历史过程中，中新元古界经历了多期构造运动，发生了广泛的变质作用，使得烃源岩现今热演化程度非常高，干酪根完全炭化（附图 23），目前不具备裂解生烃的能力，但过高的成熟度是后期演化的结果，推测其在地质历史上曾经有过生烃高峰期，具备形成天然气藏的可能。

第八章　中新元古界储层地质特征

第一节　储层砂岩的岩石学特征

一、岩矿特征

鄂尔多斯地区中元古界长城系储层以中砂岩、粗砂岩为主，其次为细砂岩。岩石类型以石英砂岩为主，其次为长石石英砂岩、岩屑石英砂岩，还有少量长石砂岩、岩屑砂岩（附图 24，图 8-1）。

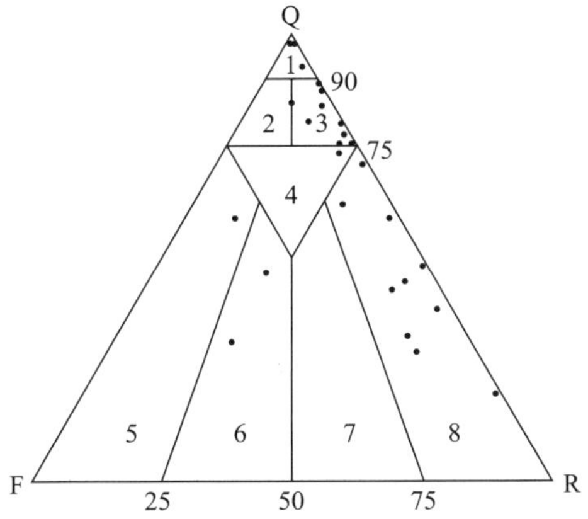

图 8-1　鄂尔多斯地区中元古界长城系储层砂岩成分分类图

1—石英砂岩；2—长石石英砂岩；3—岩屑石英砂岩；4—长石岩屑石英砂岩；5—长石砂岩；6—岩屑长石砂岩；7—长石岩屑砂岩；8—岩屑砂岩

储层砂岩碎屑组分以石英为主，含有少量钾长石、斜长石、铁白云石、白云石、方解石和岩屑；石英表面干净，少量具有波状消光，多发育次生加大；长石呈粒状，个别表面见碳酸盐化；岩屑主要为石英岩岩屑、泥质岩屑等（图 8-2）。

黏土矿物以伊利石为主，含有少量高岭石、绿泥石、伊/蒙混层、绿伊/蒙混层（图 8-3），如桃 59 井长城系（井深 4462 m）石英颗粒间充填大量黏土矿物、铁质，其中黏土矿物主要为高演化伊利石［附图 25（a）、（b）、（c）］。胶结物以次生加大的硅质为主，如克 1 井中元古界长城系石英砂岩石英次生加大胶结普遍［附图 25（d）、（e）］；其次为少许碳酸盐、泥质，洛南县巡检司镇长城系石英砂岩，碳酸盐（方解石）胶结紧密［附图 25（f）］。

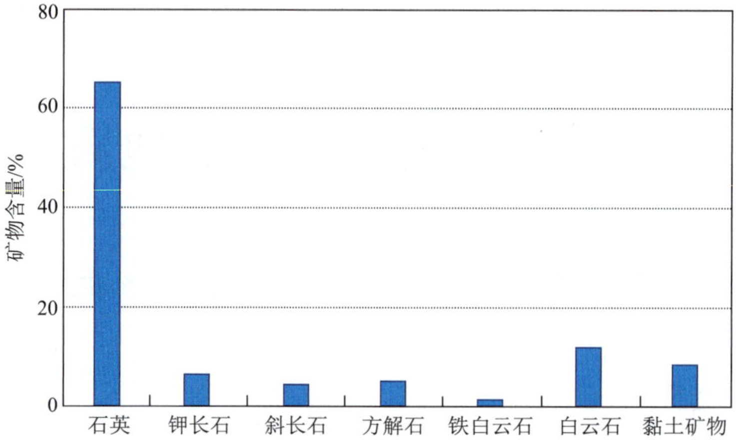

图 8-2　鄂尔多斯地区中元古界长城系储层砂岩碎屑组分直方图

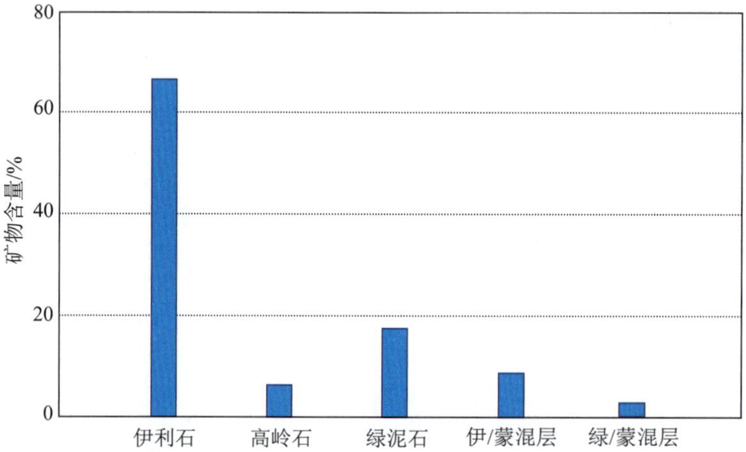

图 8-3　鄂尔多斯地区中元古界长城系储层砂岩黏土矿物成分直方图

二、孔隙类型

按孔隙成因可将孔隙分为两大类型，即原生孔隙和次生孔隙。原生孔隙主要是指岩石开始沉积时形成并保存至今的孔隙，即粒间孔隙。次生孔隙是由溶蚀作用产生的各种溶蚀孔隙（如粒间溶孔、粒内溶孔和填隙物内溶孔等）和构造作用形成的裂缝等。

根据岩石薄片、铸体薄片、扫描电镜和阴极发光等方面的相关研究，研究区中元古界长城系石英砂岩储层孔隙类型以次生孔隙为主，包括粒间溶孔、粒内溶孔、填隙物内溶孔和裂缝孔隙。其次为原生孔隙，主要为剩余粒间孔。

（一）次生孔隙

次生孔隙是中元古界长城系砂岩储层主要发育类型，因后期成岩作用改造而形成的孔隙，如溶蚀作用、交代、溶解及胶结产生的各种形式的孔隙。

（1）溶蚀粒间孔

溶蚀粒间孔是指砂岩中的残余粒间孔在成岩过程中因部分碎屑和填隙物发生溶解而形成的次生孔隙，是研究区长城系砂岩储层一种主要孔隙类型，常占孔隙总量的85%以上。被溶蚀的颗粒边缘极不规则，有明显的溶蚀痕迹，呈港湾状、长条状、蚕食状和半球状。孔径范围大多在5~50 μm之间，分布不均匀。往往残留较多未溶的杂基或胶结物，常与残余粒间孔伴生。由于溶蚀、交代、溶解及重结晶等成岩作用的多期次性，此类孔隙在镜下与残余粒间孔隙不易区分［附图25（g）、（h）、（i）、（j）、（k）、（l）、（m）、（n）、（o）、（p）、（q）、（r）］。鄂尔多斯盆地南缘洛南县巡检司镇长城系石英砂岩常见溶蚀粒间孔，为碎屑经历溶蚀作用而形成的一种次生孔隙，溶蚀孔中往往分布石英颗粒，孔径一般为15~45 μm［附图25（g）、（h）、（i）、（j）、（l）、（m）、（n）］。盆地东南缘中条山长城系崔庄组、北大尖组石英砂岩中常见溶蚀粒间孔，颗粒表面往往分布伊利石［附图25（o）、（p）、（q）、（r）］。

（2）溶蚀粒内孔隙

溶蚀粒内孔隙指砂岩中部分碎屑内部在埋藏成岩过程中发生部分溶解而产生的一类次生孔隙，常与溶蚀粒间孔相伴生，且互相连通，但分布很不均匀。多由颗粒中的不稳定分子被溶蚀形成的，多见于长石和部分岩屑粒内的溶蚀。长石溶蚀粒内孔相对较为发育，一般沿长石的解理缝发生溶蚀，呈树枝状、栅状、网格状和筛状。岩屑不同程度溶蚀形成不规则状溶孔、粒内孤立溶孔、粒内蜂窝状溶孔、粒内微孔。盆地南缘洛南县巡检司镇长城系石英砂岩见溶蚀形成粒内孔，孔中分布自生石英［附图25（s）、（t）］。

（3）铸模孔隙

铸模孔隙是砂岩中的部分易溶碎屑发生全部溶解而保留其矿物晶体假象所产生的一类次生孔隙。研究区长城系砂岩中的铸模孔隙主要类型为长石铸模孔隙，但是分布非常有限，不是该区主要孔隙类型。

（4）溶蚀填隙物内孔隙

溶蚀填隙物内孔隙是易溶填隙物（如浊沸石、碳酸盐、高岭石、绿泥石和伊利石等胶结物）内部发生局部溶解而形成的溶蚀孔隙。盆地南缘洛南县巡检司镇长城系石英砂岩部分泥质云母化并产生次生片理孔，但是分布不均一，不是该区储层砂岩主要孔隙类型［附图25（u）、（v）、（w）、（x）］。

（5）自生矿物晶间微孔隙

自生矿物晶间微孔隙是砂岩在成岩过程中形成的分布于碎屑颗粒间自生矿物晶体间的微孔隙。盆地东南缘中条山长城系崔庄组、北大尖组石英砂岩石英颗粒中常见晶间孔，中间往往分布伊利石［附图25（y）、（z）］。

（6）微裂隙

微裂隙主要有两种：一种是颗粒间缝隙和云母、长石碎屑的解理缝，这些微缝隙宽度一般小于3 μm，由于它们形成较早，分布普遍，因此对于粒间孔隙与粒内孔隙的连通起了重要作用。另一种是裂缝指砂岩在外力作用下发生破裂而形成的一类次生孔隙，研究区长城系砂岩储层中常见该类微裂缝。盆地南缘洛南县巡检司镇长城系石英砂岩储层中可见微裂缝［附图25（aa）］。莲1井长城系石英砂岩储层微裂隙呈平行弯曲不连续状，延伸较短，其中一条微裂隙最宽处约 0.02 mm［附图 25（ab）］。合探 2 井长城系石英砂岩储层发育数条微裂隙，裂隙呈平行或交错分布，弯曲不连续状，延伸较短，微裂隙最宽处约 0.01~0.025 mm［附图 25（ac）、（ad）］。

（二）原生孔隙

研究区原生孔隙主要为残余粒间孔，是指砂岩储层在埋藏成岩过程中原生粒间孔隙被压实剩余的原生粒间孔隙和被填隙物部分充填改造后剩余的原生粒间孔隙。石英颗粒边缘无明显溶蚀痕迹，孔隙壁上具石英次生加大边和绿泥石膜，孔径范围大多在 5~45 μm 之间。研究区该类孔隙分布很不均一，具有强烈的非均质性。

三、孔隙组合类型

据铸体薄片与扫描电镜分析，研究区长城系砂岩储层孔隙组合类型主要有溶孔-粒间孔型、粒间孔-溶孔型、残余粒间孔型、裂缝-溶孔型、溶孔-微孔型、微孔型和复合型。

（1）溶孔-粒间孔型及粒间孔-溶孔型

长城系砂岩中普遍发育残余粒间孔隙及溶孔的组合类型，孔隙分布具有较强的非均质性［附图 26（a）］。但是连通性较好，是研究区砂岩储集层主要孔隙组合类型之一。此类砂岩铸体薄片面孔率一般超过 6%，最高可超过 12%。

（2）残余粒间孔型

砂岩中发育残余粒间孔隙，主要由绿泥石膜充填及石英次生加大后的孔隙组成［附图 26（b）］。此类孔隙分布均匀，具有较好的连通性。

（3）裂缝-溶孔型

砂岩中既发育溶蚀孔隙，同时砂岩中分布微裂隙，并且与孔隙连通［附图 26（c）］。此类砂岩铸体薄片面孔率一般大于 6%，是研究区砂岩储集层主要孔隙组合类型之一。

（4）溶孔-微孔型

砂岩中普遍发育有溶蚀粒间孔隙，填隙物内发育微孔隙，自生矿物中发育晶间微孔隙［附图 26（d）、（e）、（f）］，这些孔隙组合成溶孔-微孔型，具有较强的非均质性。

（5）微孔型

研究区砂岩主要发育填隙物内微孔隙及自生矿物晶间微孔隙，常见的有绿泥石晶间孔隙、伊/蒙混层矿物晶间孔隙和高岭石晶间孔，此外有零星分布的溶蚀粒内孔隙和溶蚀粒间孔隙。此类孔隙组合类型孔隙个体小，分布很不均一，连通性较差。

（6）复合型

砂岩中普遍发育残余粒间孔隙、溶蚀粒间孔隙和溶蚀粒内孔隙，孔隙分布均匀，具有良好的连通性；此外亦发育铸模孔隙、溶蚀填隙物内孔隙和自生矿物晶间微孔隙。它们构成复合型孔隙组合类型。

第二节　成岩作用特征及其对储集层的影响

碎屑岩储层的成岩演化是一个复杂的物理化学变化过程，而成岩作用在砂岩的成岩演化过程中对储层物性的破坏和改善起关键性作用（Dixon et al.，1989；Cowan，1989；Worden et al.，1998；Alaa et al.，2000）。其中压实、胶结和溶蚀作用是最重要的三个因素。

一、破坏性成岩作用

（一）压实作用、压溶作用对储层物性的影响

长城系砂岩储层经历了不同程度的物理压实作用和化学压溶作用。

压实作用是造成研究区长城系砂岩储层孔隙度降低的主要成岩作用，导致原生孔隙损失范围一般为5%~30%。在早成岩A期末其减少量达到最大（Beard et al.，1973），随着胶结物的形成，胶结作用不断增强，压实作用被逐渐抑制并减弱。

压溶作用在石英含量高的碎屑岩中较为发育，具体表现为：

1）砂岩碎屑颗粒以点-线、线-线接触和线-凹凸接触为主，其次为凹凸接触，定向-半定向排列，残余粒间孔隙很少，溶孔基本上不发育（附图27）；

2）塑性岩屑和云母等碎屑被挤压扭曲变形，沿长轴方向呈定向或半定向排列及发生强烈的假杂基化，使砂岩的原生孔隙大量消失，结构致密（附图27）。

（二）胶结作用对储层物性的影响

胶结作用是造成研究区长城系砂岩储层孔隙度降低的另一主要成岩作用，胶结作用主要有黏土胶结作用、碳酸盐胶结作用和硅质胶结作用等类型。

（1）黏土胶结作用

黏土胶结作用主要包括浊沸石、高岭石、绿泥石、伊利石、伊/蒙混层等胶结作用，其中伊利石、伊/蒙混层胶结作用对该区长城系砂岩储层物性影响最大。

伊利石（伊/蒙混层）是研究区中元古界长城系砂岩储层中常见的黏土矿物，占黏土矿物总量的70%左右。伊利石（伊/蒙混层）呈蜂窝状、薄膜状发育于孔隙壁和喉道壁，造成该区砂岩储层物性大为降低［附图28（a）、（b）、（c）、（d）、（e）、（f）、（g）］。

高岭石是研究区中元古界长城系砂岩储层中次要的黏土矿物，占黏土矿物总量的20%左右。高岭石往往呈假六边形晶片、书页状、蠕虫状发育于孔隙中，晶形发育良好的自生高岭石常见于分选好、粒度粗的石英砂岩中［附图28（h）、（i）］。

绿泥石是研究区中元古界长城系砂岩储层中比较少见的黏土矿物，占黏土矿物总量的10%左右。绿泥石往往呈微细叶片状或纤维状晶体垂直碎屑颗粒表面或孔喉壁生长，常发育成孔隙内衬。砂岩中的黏土矿物绿泥石薄膜是影响储集性能的重要因素之一，对储层物性的影响各不相同（Brindley et al.，1988；朱国华，1992；程晓玲，2003；伏万军，2000）。在成岩作用初期覆盖在碎屑颗粒表面的绿泥石黏土膜一方面堵塞孔隙喉道使砂岩的渗透率降低，另一方面阻止石英次生加大，使部分粒间孔隙得以保存。

（2）硅质胶结作用

硅质胶结作用在研究区中元古界长城系砂岩储层中比较常见，导致原生孔隙损失范

围一般为1%~10%。往往以石英次生加大边的形式充填于孔隙中，也可呈石英微晶充填于残余粒间孔隙中（附图29）。石英的自生加大对产生次生孔隙不利，它既充填孔隙，也不为以后的溶解提供易溶物质，这是造成本区砂岩物性较差的一个重要原因。

（3）碳酸盐胶结作用

碳酸盐胶结作用在研究区中元古界长城系砂岩储层中比较少见，主要胶结类型为方解石、铁方解石胶结，偶见白云石、铁白云石胶结。不同成岩阶段形成的碳酸盐胶结物对孔隙保存不利，并使渗透率明显降低，造成储层物性较强的非均质性，但碳酸盐矿物的存在能够增强砂岩的抗压实能力，对部分残余粒间孔起保护作用。

（三）交代作用对储层物性的影响

交代作用在中元古界长城系砂岩储层中较为常见，包括碎屑颗粒的蚀变和胶结物对碎屑颗粒的交代等（附图30）。常见的交代现象有：

1）碳酸盐胶结物对长石、岩屑、云母等颗粒的交代，碳酸盐胶结物对石英次生加大的交代。

2）碎屑黑云母的水化、绿泥石化、伊利石化。

3）方解石、铁方解石对杂基的交代。

4）长石颗粒沿边缘的解理缝黏土化、长石被叶片状伊利石或绿泥石交代等现象。

交代作用只是一种矿物对另一种矿物的替代，一般不产生体积的变化，对孔隙的影响不大。

二、建设性成岩作用

（1）溶蚀作用对储层物性的影响

研究区长城系砂岩储层中的易溶组分（岩屑中可溶组分、部分杂基以及碳酸盐胶结物）特别是长石的溶解形成粒间溶孔和长石、岩屑等粒内溶孔（附图31），使砂岩的物性得到改善。

经过压实作用和胶结作用改造后保存良好的残余粒间孔隙为大规模溶蚀型次生孔隙的形成提供了空间基础。在此基础上，成岩过程中生油岩中的有机质大量脱羧基并释放出CO_2，这些物质进入孔隙流体中并使孔隙流体呈较强的酸性。因此，导致碎屑组分发生溶解的直接因素是孔隙流体性质的成岩改变（罗静兰等，2001a），而晚期成岩阶段富含有机酸和无机酸的酸性孔隙流体则是导致储层碎屑组分发生溶解的主要动力和介质，也是部分反应产物溶解迁移的载体（罗静兰等，2001b），即在热对流作用的驱动下，酸性流体活动于砂岩的孔隙系统中并与砂岩发生有机与无机反应，使易溶组分发生溶解，形成大量溶蚀型次生孔隙。

总体上，研究区长城系砂岩储层溶蚀作用还是比较有限，并没有从根本上改变砂岩储层低孔、低渗的特点。

（2）破裂作用对储层物性的影响

研究区中元古界长城系砂岩储层中常见不同规模的各种构造裂缝和微裂缝（附图

32)。这些裂缝起着连通储层孔隙的作用，极大地改善了长城系砂岩储层的物性。

成像测井同样证实该区长城系石英砂岩中裂缝比较发育，这些裂缝对于长城系砂岩低孔低渗储层物性改善具有重要的意义（图 8-4）。

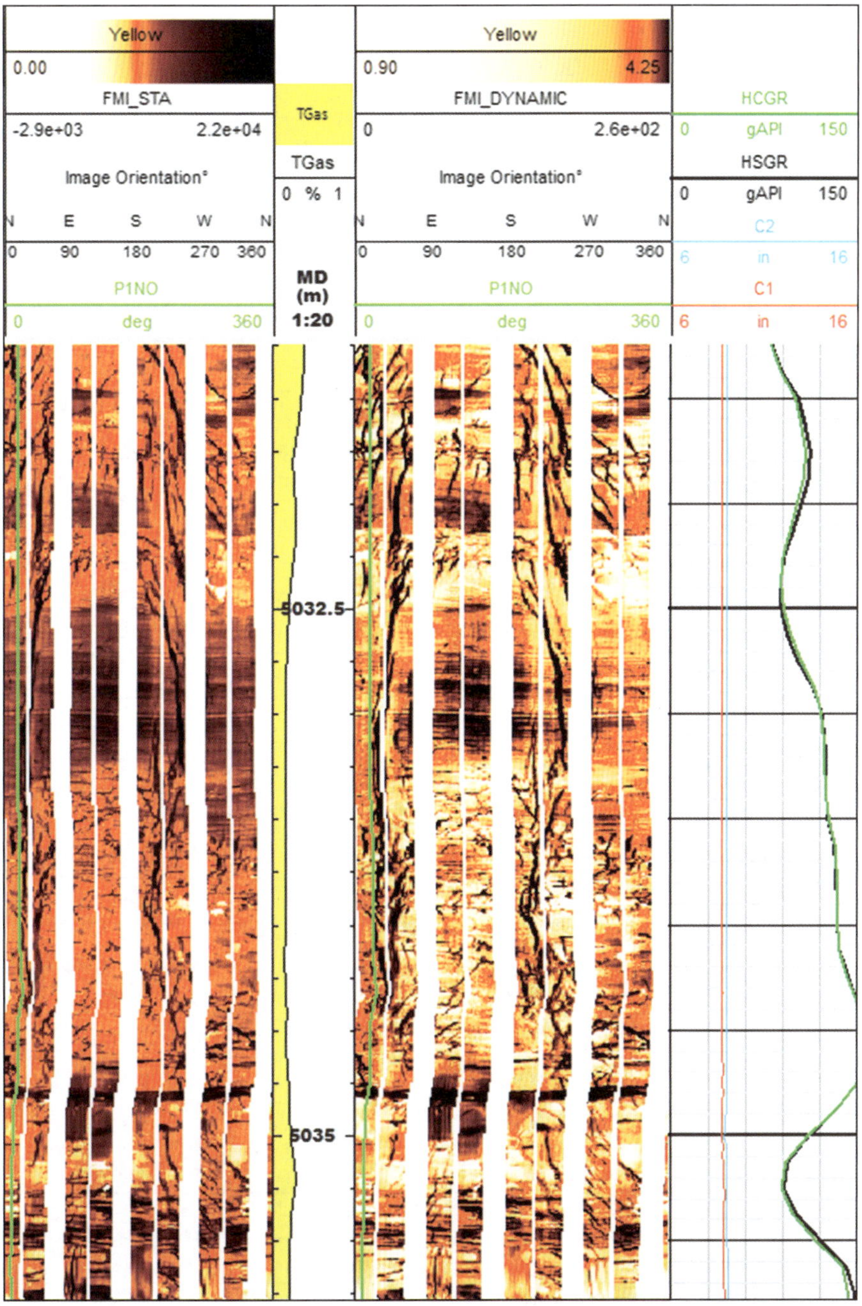

图 8-4 鄂尔多盆地古探 1 井中元古界长城系成像测井综合柱状图

第三节　砂岩储层物性特征

一、砂岩储层的物性特征

鄂尔多斯地区长城系砂岩储层虽然发育一定数量的孔隙，但是仍然总体上属于低孔低渗储层。从盆地南缘洛南县巡检司镇长城系石英砂岩全貌扫描电镜照片可以看出，研究区石英砂岩岩性致密［附图 33（a）、(b）、(c)］。克 1 井长城系石英砂岩全貌扫描电镜照片同样证实，该区石英砂岩岩性致密［附图 33（d)］。盆地东南缘中条山长城系崔庄组、北大尖组石英砂岩全貌扫描电镜照片也可以看出，研究区石英砂岩岩性致密，孔径变化范围一般为 3~50 μm［(附图 33（e)、(f)］。

砂岩储层的孔隙度和渗透率是反映储层储集性能和渗滤条件的两个最基本参数。为了明确鄂尔多斯地区中元古界长城系石英砂岩储层物性特征，对研究区中元古界长城系石英砂岩储层进行了孔隙度、渗透率等相关测试，砂岩储层物性测试数据见表 8-1。

表 8-1　鄂尔多斯地区中元古界长城系石英砂岩物性统计表

井名	井深/m	渗透率/(10^{-3} μm^2)		孔隙度/%	岩石密度/(g·cm^{-3})
		平行	说明		
古探 1	4042.30	0.000020		0.23	2.71
	4042.90	0.000013		0.09	2.70
	4082.30	0.058600		0.77	2.66
	4083.85	0.000767		1.13	2.67
	4085.60	0.000023		0.72	2.71
	4085.90	0.002127		0.66	2.69
	4861.50		样碎	4.06	2.59
	4870.00	0.0020		0.68	2.95
	4935.00	0.0039		2.14	2.71
	4939.00	0.0039		0.78	2.81
	4941.50	0.0019		0.95	2.78
	5014.00	0.0099		0.88	2.70
	5021.00	0.0052		1.13	2.72
	5033.00	0.0052		3.59	2.49
	5066.00		样碎	0.91	2.63
	5069.50		样碎	1.02	2.67
	5103.00	0.0052		1.26	2.61
	5152.50	0.0026		1.44	2.79
	5166.00	0.0215		1.97	2.59

续表

井名	井深/m	渗透率/(10^{-3} μm²)		孔隙度/%	岩石密度/($g \cdot cm^{-3}$)
		平行	说明		
桃59	4461.50	0.0040		0.43	
	4461.96	0.0169		0.73	
	4462.06	0.0020		0.87	
	4462.50	0.0020		0.80	
	4462.80	0.0040		1.21	
	4611.20	0.0020		1.82	
	4611.40	0.0040		1.47	
	4611.60	0.0040		1.59	
	4611.80	0.0020		1.61	
	4612.20	0.0040		1.82	
	4612.45	0.0040		1.82	
	4612.70	0.0040		1.95	

鄂尔多斯盆地中元古界长城系孔隙度变化范围较大，在0.09%~4.06%之间变化（表8-1）。孔隙度主要介于0.09%~1.97%之间，占样品总数的90.3%（图8-5）。渗透率变化范围同样较大，在（0.000013~0.0586）×10^{-3} μm² 之间变化（表8-1）。渗透率多小于0.01×10^{-3} μm²，占样品总数的89.3%（图8-6）。可见长城系储层为超低渗透储层。

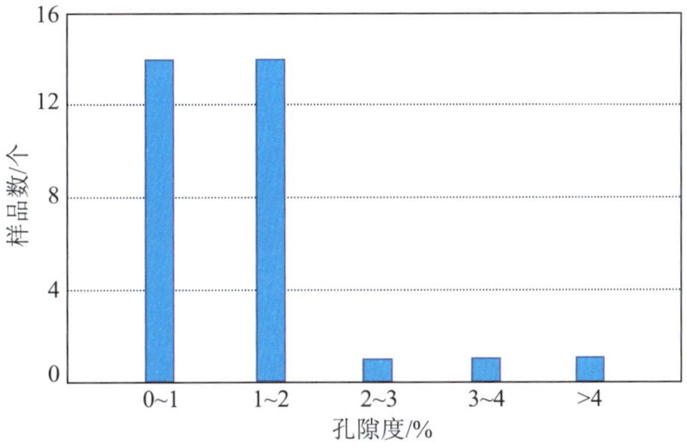

图8-5 盆地中元古界长城系孔隙度分布频率直方图

二、储层储集性能控制因素分析

鄂尔多斯地区中元古界长城系石英砂岩储层总体属于低孔低渗型储层，其储层物性、孔隙结构及非均质性的形成主要受控于原生的沉积条件和后期遭受的成岩作用。沉积环境是决定长城系砂岩能否成为储集岩以及储集性能好坏的先天性条件。沉积环境决定着

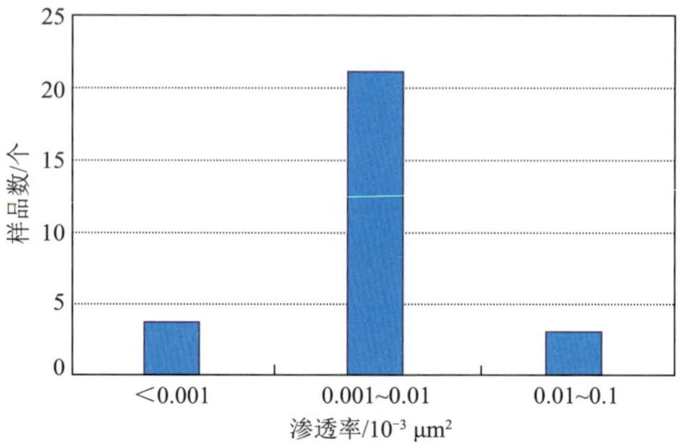

图 8-6 盆地中元古界长城系渗透率分布频率直方图

碎屑岩形成时的水动力条件以及物源区的远近及母岩性质，因此也就决定了碎屑的颗粒粒级、分选、磨圆程度，碎屑和填隙物的组成。成岩作用是决定长城系砂岩储层物性好坏的关键的后天性因素。

（一）沉积环境是控制砂岩储层储集性能的基本地质条件

（1）沉积相带对储层物性的影响

沉积环境是影响储层储集性能的地质基础，不同沉积微相砂岩储集性能之间存在明显的差异（李凤杰等，2005）。这是由于不同相带岩石组分、结构变化较大，从而对储集性的影响更为明显（Schorer，1987）。因此，沉积环境对储层的控制是沉积相带对砂体类型和物性特征的控制。不同的沉积环境其沉积条件和沉积方式均有所不同，从而造成砂体的组分和结构的差异。如碎屑颗粒粗、分选好、单砂层厚、隔层少的砂体其物性优于细而薄的砂体（郑浚茂等，1996）。

研究区长城纪发育辫状河相、三角洲相、滨浅海相、浅海相和深海相等沉积环境（见图 5-5），其中辫状河相砂体的孔渗值整体高于三角洲相砂岩。说明不同沉积相下形成的砂体其孔隙度和渗透率之间存在明显的差异。

即使是处于同一沉积相带中的砂体，由于沉积微相不同，从而造成砂体的孔隙度和渗透率有一定的变化。辫状河相河道砂体的孔隙度及渗透率值均高于其他沉积微相内砂体的孔隙度和渗透率。这是由于辫状河水动力较强，具较强的携砂能力，沉积物粒度较粗，结构成熟度较高，且黏土矿物含量低，有利于保存原生孔隙；同时这些原生孔隙的存在也为后期溶蚀作用的发生提供了通道和空间，所以储层物性最好。河道间沉积时的水动力条件较弱，碎屑颗粒的分选性和磨圆度均较差，粒度较细，且杂基含量高；压实作用强，不利于后期孔隙流体的流动，溶蚀作用弱，所以物性较差。河道侧翼的储层物性则介于上述两者之间。

因此，沉积环境是控制研究区长城系砂岩储层储集性能的基本地质条件。

（2）储层的砂岩成分对物性的影响

研究区长城系砂岩储层长石含量高的砂岩其物性往往较好，这是因为砂岩中含有较多的长石时在成岩作用中就会形成大量长石溶孔，使其孔渗条件变好。如果砂岩中岩屑含量高（尤其是富含黑云母及火山岩岩屑等柔性组分）的储层其物性往往较差，这与这些物质较软、易被挤压形成假杂基以及易蚀变等因素有关。

填隙物含量高的砂岩其孔隙度、渗透率及面孔率要明显低于那些填隙物含量低的砂岩，尤其在伊利石、高岭石、硅质、碳酸盐等胶结物所占比重较大的砂岩，储层物性更差。当粒间孔隙被大量碳酸盐矿物充填时，其粒间孔隙就会大大缩小，致使物性变差。随着碳酸盐胶结物含量的增高，孔渗值进一步下降。

（3）储层的砂岩结构对储层物性的影响

粒度分析及镜下统计表明，碎屑颗粒的粒级分布、分选性及磨圆度是影响储层储集性能的重要因素之一。分选和磨圆均较好的砂岩其面孔率较大，相对应的实测孔渗值也较高。组成砂岩的陆源碎屑颗粒大小直接决定了粒间孔隙的大小，通常情况下粒度粗的砂岩中常见较大的孔隙，而粒度小的砂岩中孔隙就小。因此，优质储层往往发育在磨圆好、分选好以及粒度粗的砂岩中，砂岩的粒度越粗，其孔渗值越高。这是由于粒度较大（粗粒砂岩）、分选好、杂基含量低的岩石原生孔隙发育，酸性流体易于进入储层，溶蚀作用发育，所以储层物性好（张莉等，2007）。

（二）成岩作用改造砂岩储层物性

成岩作用研究结果表明，研究区长城系砂岩主要都经历了压实、胶结和溶解作用等成岩作用。

由压实作用造成长城系砂岩储层丧失的原始孔隙度最大。黏土矿物（伊利石、蒙脱石、高岭石、绿泥石等）的组成、含量同样影响长城系砂岩储层的储集性能。

溶解作用是改善长城系砂岩储层物性的最主要的成岩作用。长石、岩屑和填隙物溶蚀后产生一定数量的次生孔隙，改善了长城系砂岩储层的物性。在溶蚀过程中会产生自生石英、高岭石等黏土矿物，会占据部分孔隙。总体上，溶解作用是研究区长城系砂岩储层最为重要的建设性成岩作用。

（三）构造作用对砂岩储层物性改善有一定的影响

鄂尔多斯地区长城系砂岩储层经历多期构造作用，砂岩储层中发育构造裂缝和微裂隙。这些构造裂缝和微裂隙改善了研究区砂岩储层储集性能，同时为地下流体的流动提供通道。构造作用对研究区砂岩储层物性改善也有一定作用。

参考文献

内蒙古自治区地质矿产局. 1996. 全国地层多重划分对比研究——内蒙古自治区岩石地层[M]. 武汉：中国地质大学出版社，121-127.

白瑾，黄学光，王惠初. 1993. 中国前寒武纪地壳演化[M]. 北京：地质出版社.

白瑾，王汝铮，郭进京，等. 1992. 五台山早前寒武纪重大地质事件及其年代[M]. 北京：地质出版社，1-55.

北京石油勘探开发科学研究院，华北石油管理局. 1992. 深层油气藏储集层与相态预测[M]. 北京：石油工业出版社，273-298.

曹亮，张权绪，胡尚军，等. 2015. 大巴山南部房县东河辉绿玢岩 LA-ICP-MS 锆石 U-Pb 测年及其构造意义[J]. 地质学报，89(12)：2314-2322.

曾雯，钟增球，周汉文，等. 2004. 黄陵地区基性岩墙群的地球化学特征及其地质意义[J]. 地球科学，29(1)：31-38.

陈安东，陈柏林，王永，等. 2018. 阿尔金喀腊大湾地区卓阿布拉克组沉积岩系年代及其地质意义——来自碎屑锆石 LA-ICP-MS U-Pb 年龄的证据[J]. 地质通报，37(5)：776-789.

陈友智，付金华，杨高印，等. 2016. 鄂尔多斯地块中元古代长城纪盆地属性研究[J]. 岩石学报，32(3)：856-864.

程晓玲. 2003. 黏土矿物成岩作用对油气储集性和产能的影响——以苏北盆地台兴油田阜三段储层为例[J]. 石油实验地质，25(2)：164-168.

崔晓庄，江新胜，王剑，等. 2012. 川西峨边地区金口河辉绿岩脉 SHRIMP 锆石 U-Pb 年龄及其对 Rodinia 裂解的启示[J]. 地质通报，31(7)：1131-1141.

邓晋福，莫宣学，赵海玲，等. 1999. 中国东部燕山期岩石圈-软流圈系统大灾变与成矿环境[J]. 矿床地质，18(4)：309-315.

邸领军，谢广成. 2008. 对贺兰拗拉槽的质疑[J]. 岩性油气藏，20(2)：16-21.

第五春荣，孙勇，林慈銮，等. 2010. 河南鲁山地区太华杂岩 LA-(MC)-ICPMS 锆石 U-Pb 年代学及 Hf 同位素组成[J]. 科学通报，55(21)：2112-2123.

第五春荣，孙勇，王倩. 2012. 华北克拉通地壳生长和演化：来自现代河流碎屑锆石 Hf 同位素组成的启示[J]. 岩石学报，28(11)：3520-3530.

杜汝霖. 1978. 燕山地区震旦亚界及其矿产[J]. 河北地质学院学报，(2)：5-15.

杜汝霖. 2017. 中国元古宙主要生物演化事件. 河北地质大学学报，40(1)：1-12.

冯娟萍，丁雪峰，欧阳征健. 2015. 鄂尔多斯盆地南缘中元古界长城系烃源岩地球化学特征[J]. 西安科技大学学报，35(6)：749-754.

冯娟萍，欧阳征健，马海勇，等. 2020. 华北克拉通东南缘中条山陶家窑基性岩墙群 U-Pb 定年、地球化学特征及其构造环境[J]. 地质学报，94(2)：573-586.

冯娟萍，欧阳征健，周义军，等. 2018. 鄂尔多斯地区中元古界“拗拉槽”的重新厘定[J]. 西北大学学报(自然科学版)，48(4)：587-592.

冯增昭，吴胜和. 1995. 从岩相古地理论下扬子地区青龙群油气潜景[J]. 石油学报，9(2)：1-11.

伏万军. 2000. 黏土矿物成因及对砂岩储集性能的影响[J]. 古地理学报，2(3)：59-68.

付星辉，赵红格，周义军，等. 2016. 内蒙古狼山地区侏罗系 LA-ICP-MS 碎屑锆石 U-Pb 定年及其物源意义[J]. 地质通报，35(12)：2064-2075.

高建平，周立发，白勇，等. 2016a. 鄂尔多斯盆地内中新元古界地层研究[J]. 地下水，38(3)：225-227.

高建平，周立发，岁婷婷. 2016b. 鄂尔多斯及邻区中新元古界沉积特征及岩相古地理研究[J]. 地下水，38(4)：226-228.

耿元生，伍家善. 1990. 太行-五台地区早前寒武纪基性火山岩特征及其演化[J]. 前寒武纪地质专辑，4：167-174.

公王斌，席胜利，刘新社，等. 2016. 华北克拉通西部鄂尔多斯地块长城系碎屑锆石 LA-ICP-MS U-Pb 测年及意义[J]. 地质论评，62(6)：1379-1391.

郭敬辉，王松山，梁海清，等. 2001. 变斑晶石榴子石 $^{40}Ar/^{39}Ar$ 年龄的含义与华北高压麻粒岩变质时代[J]. 岩石学报，17(3)：436-442.

郭敬辉，翟明国，张毅刚，等. 1993. 怀安蔓菁沟早前寒武纪高压麻粒岩混杂岩带地质特征、岩石学和同位素年代学[J]. 岩石学报，8(4)：329-341.

郭敬辉，翟明国. 2000. 华北克拉通桑干地区高压麻粒岩变质作用的 Sm-Nd 年代学[J]. 科学通报，45(19)：2055-2061.

郭佩，刘池洋，王建强. 2017. 碎屑锆石年代学在沉积物源研究中的应用及存在问题[J]. 沉积学报，35(1)：46-56.

郝松立，孙六一，包洪平，等. 2016. 鄂尔多斯盆地中-新元古界勘探方向及潜力[J]. 天然气地球科学，27(12)：2127-2135.

何自新. 2003. 鄂尔多斯盆地演化与油气[M]. 北京：石油工业出版社.

洪俊，计文化，张海迪，等. 2017. 帕米尔地区穆尔尕布辉长岩-闪长岩的成因：锆石 U-Pb 年龄、Hf 同位素及岩石地球化学证据[J]. 中国地质，44(4)：722-736.

侯贵廷，李江海，金爱文，等. 2005. 鲁西前寒武纪基性岩墙群[J]. 地质学报，79(2)：190-199.

侯贵廷，李江海，钱祥麟. 2001. 晋北地区中元古代岩墙群的地球化学特征和大地构造背景[J]. 岩石学报，17(3)：352-357.

侯贵廷，穆治国. 1994. 华北克拉通晚前寒武纪镁铁质岩墙群 K-Ar 年龄及地质意义[J]. 华北地质矿产杂志，9(3)：267-270.

侯贵廷，钱祥麟，李江海. 2002. 华北克拉通中元古代岩墙群形成的构造应力场数值模拟[J]. 北京大学学报(自然科学版)，38(4)：492-496.

侯贵廷，王传成，李乐. 2010. 华北南缘古元古代末岩墙群侵位的磁组构证据[J]. 岩石学报，26(1)：318-324.

侯贵廷，张臣，钱祥麟，等. 1998. 华北克拉通中元古代基性岩墙群形成机制及构造应力场[J]. 地质论评，44(3)：309-314.

胡国辉，胡俊良，陈伟，等. 2010. 华北克拉通南缘中条山-嵩山地区 1. 78Ga 基性岩墙群的地球化学特征及构造环境[J]. 岩石学报，26(5)：1563-1576.

胡云绪，付嘉媛. 1982. 陕西洛南上前寒武系高山河组的微古植物群及其地层意义[J]. 中国地质科学院西安地质矿产研究所所刊，4：29-40.

黄第藩，王兰生. 2008. 川西北矿山梁地区沥青脉地球化学特征[J]. 石油学报，29(1)：23-28.

黄醒汉，张一伟. 1979. 燕山西段震旦亚界、下古生界含油性[J]. 华东石油学院学报，1：103-114.

李凤杰，王多云，徐旭辉. 2005. 鄂尔多斯盆地陇东地区三叠系延长组储层特征及影响因素分析[J]. 石油实验地质，27(4)：365-370.

李继亮，王凯怡，王清晨，等. 1990. 五台山早元古代碰撞造山带初步认识[J]. 地质科学，25(1)：1-11.

李江海，何文渊，钱祥麟. 1997. 元古代基性岩墙群的成因机制、构造背景及其古板块再造意义[J]. 高校地质学报，3(3)：272-281.

李江海，侯贵廷，钱祥麟，等. 2001. 恒山中元古代早期基性岩墙群的单颗粒锆石 U-Pb 年龄及其克拉通构造演化意义[J]. 地质论评，47(3)：234-238.

李江海，钱祥麟，黄雄南，等. 2000. 华北陆块基底构造格局及早期大陆克拉通化过程[J]. 岩石学报，16(1)：1-10.

李江海. 钱祥麟，谷永昌. 1998. 华北克拉通古元古代区域构造格架及其极块构造演化探讨[J]. 地球科学——中国地质大学学报，23(3)：230-235.

李俊建，罗镇宽，燕长海，等. 2010. 华北陆块的构造格局及其演化[J]. 地质找矿论丛，25(2)：89-100.

李克勤主编. 1992. 中国石油地质志(卷十二)[M]. 北京：石油工业出版社.

梁玉左. 1960. 从霍山砂岩的讨论看山西地台的盖层问题[J]. 地质论评，6：262-267.

林畅松，杨起，李思田. 1995. 贺兰山拗拉槽盆地充填演化分析[M]. 北京：地质出版社.

林慈銮. 2006. 河南鲁山地区太古代片麻岩系的地球化学、锆石年代学及其构造环境[D]. 西安：西北大学，1-82.

刘锐，周汉文，张利，等. 2009. 华夏地块古元古代陆壳再造：锆石微量元素与 U-Pb 和 Lu-Hf 同位素证据[J]. 科学通报，54(7)：906-917.

卢进才，牛绍武，魏建设，等. 2018. 银额盆地西部蒙额地 1 井二叠纪叶肢介的发现及其意义[J]. 地质通报，37(1)：16-25.

卢进才，宋博，牛亚卓，等．2018．银额盆地哈日凹陷 Y 井天然气产层时代厘定及其意义[J]．地质通报，37(1)：93-99.

陆松年，杨春亮，李怀坤，等．2002．华北古大陆与哥伦比亚超大陆[J]．地学前缘，9(4)：225-233.

罗静兰，张晓莉，张云翔，等．2001a．成岩作用对河流-三角洲相砂岩储层物性演化的影响——以延长油区上三叠统延长组长 2 砂岩为例[J]．沉积学报，19(4)：541-547.

罗静兰，Morad S，阎世可，等．2001b．河流-湖泊三角洲相砂岩成岩作用的重建及其对储层物性演化的影响——以延长油区侏罗系—上三叠统砂岩为例[J]．中国科学(D 辑)，31(12)：1006-1016.

马庆佑，廖志勇，唐照星．2017．塔里木盆地顺北 1 井辉绿岩脉锆石 U-Pb 年龄与岩浆侵入活动[J]．中国地质，44(6)：1251-1252.

毛德宝，钟长汀，陈志宏，等．1999．承德北部高压基性麻粒岩的同位素年龄及其地质意义[J]．岩石学报，15(4)：524-531.

梅冥相．1993．从岩石成因论华北地台“霍山砂岩”的时代归属[J]．地层学杂志，17(3)：224-227.

牛绍武．1998．卷曲藻 Grypania 属在蓟县高于庄组中的确认及其意义．前寒武纪研究进展，21(4)：36-46.

欧阳征健，冯娟萍，马海勇，等．2020．鄂尔多斯地区中元古界长城系沉积特征研究[J]．西北大学学报(自然科学版)，50(1)：105-112.

彭澎，王欣平，周小童，等．2018．8．1 亿年千里山基性岩墙群的厘定及其对华北克拉通西部地质演化的启示[J]．岩石学报，34(4)：1191-1203.

彭澎，翟明国，张华锋，等．2004．华北克拉通 1．8Ga 镁铁质岩墙群的地球化学特征及其地质意义：以晋冀蒙交界地区为例[J]．岩石学报，20(3)：439-456.

彭澎，翟明国．2002．华北陆块前寒武纪两次重大地质事件的特征和性质[J]．地球科学进展，17(6)：818-825.

彭澎．2005．华北克拉通中部 1．8Ga 镁铁质岩墙群的成因和构造意义．博士学位论文．北京：中国科学院地质与地球物理研究所.

彭澎．2016．华北陆块前寒武纪岩墙群及相关岩浆岩地质图[M]．北京：科学出版社，1-90.

祁生胜，邓晋福，叶占福，等．2013．青海祁漫塔格地区晚泥盆世辉绿岩墙群 LA-ICP-MS 锆石 U-Pb 年龄及其构造意义[J]．地质通报，32(9)：1385-1393.

山西省地质矿产局．1997．全国地层多重划分对比研究(14)山西省岩石地层[M]．武汉：中国地质出版社.

山西省地质矿产局．1989．山西省区域地质志[M]．北京：地质出版社.

舒武林，侯贵廷，王传成，等．2011．中条山西南地区基性岩墙群的地球化学特征及其地质意义[J]．北京大学学报(自然科学版)，47(6)：1055-1062.

宋天锐．2007．北京十三陵地区中元古界长城系沉积相标志及沉积环境模式[J]．古地理学报，9(5)：461-472.

孙枢，陈志明，王清晨．1982．豫陕中-晚元古代沉积盆地(二)[J]．地质科学，1：5-12.

孙枢，李继亮，王清晨．1992．继续重视拗拉槽(裂陷槽)及其成矿作用的研究[J]．地质论评，41(2)：192-193.

孙枢，王铁冠．2016．中国东部中-新元古界地质学与油气资源[M]．北京：科学出版社，1-565.

孙肇才，谢秋元．1980．叠合盆地的发展特征及其含油气性——以鄂尔多斯盆地为例[J]．石油实验地质，(1)：13-21.

汤艳杰，张宏福，英基丰．2014．阴山及邻区三叠纪富碱侵入岩的成因意义[J]．岩石学报，30(7)：2031-2040.

田刚，宋立军．2017．鄂尔多斯盆地中元古界烃源岩热演化史模拟[J]．石油实验地质，39(4)：520-526.

田伟，刘树文，刘超辉，等．2005．中条山涑水杂岩中 TTG 系列岩石的锆石 SHRIMP 年代学和地球化学及其地质意义[J]．自然科学进展，15(12)：1476-1484.

万渝生，刘敦一，董春艳，等．2009．中国最老岩石和锆石[J]．岩石学报，25(8)：1793-1807.

王成善，李祥辉．2003．沉积盆地分析原理与方法[M]．北京：高等教育出版社，86-111.

王鸿祯，徐成彦，周正国．1982．东秦岭古海域两侧大陆边缘区的构造发展[J]．地质学报，3：270-279.

王建华，李文昌，和中华，等．2016．滇西北衙金矿区大沙地岩体地质特征、Sr-Nd-Pb 同位素及地质意义[J]．岩石学报，32(8)：2367-2378.

王杰，陈践发，王大锐，等．2002．华北北部中、上元古界生烃潜力及有机质碳同位素组成特征研究[J]．石油勘探与开发，29 (5)：13-15.

王杰，陈践发. 2004. 关于碳酸盐岩烃源岩有机质丰度恢复的探讨——以华北中上元古界碳酸盐岩为例[J]. 天然气地球科学，15 (3)：306-310.

王兰生，韩克猷，谢邦华，等. 2005. 龙门山推覆构造带北段油气田形成条件探讨[J]. 天然气工业，27(增刊)：1-5.

王丽娟，杨树杰. 2010. 华北中新元古界海相碳酸盐岩烃源岩评价[J]. 海洋科学集，50：111-119.

王生伟，廖震文，孙晓明，等. 2013. 云南东川铜矿区古元古代辉绿岩地球化学-Columbia 超级大陆裂解在扬子陆块西南缘的响应[J]. 地质学报，87(12)：1834-1852.

王铁冠. 1984. 论燕山地区震旦亚界油苗的原生性：全国第二届沉积学会论文集[M]. 北京：科学出版社，250-262.

王铁冠. 1980. 燕山地区震旦亚界油苗的原生性及其石油地质意义[J]. 石油勘探与开发，(2)：34-52.

王泽九，黄枝高，姚建新，等. 2014. 中国地层表及说明书的特点与主要进展. 地球学报，35(3)：271- 276.

温献德. 1989. 华北北部中晚元古代古地理及其演化[J]. 前寒武纪研究进展，13(2)：13-21.

吴才来，董树文，王次松，等. 2013. 铜陵地区晚古生代岩浆活动的发现：来自凤凰山岩体 ZK66 钻孔岩心辉绿岩锆石 U-Pb 定年的证据[J]. 中国地质，40(3)：715-729.

吴昌华，李树勋，高吉风，等. 1986. 华北克拉通太古代和早元古代变质区[C]. 见：董申保主编. 中国变质作用及其与地壳演化的关系[M]. 北京：地质出版社，53-89

吴奇之，王同和，李明杰，等. 1997. 中国油气盆地构造演化与油气聚集[M]. 北京：石油工业出版社.

伍家善，耿元生，沈其韩，等. 1998. 中朝古大陆太古宙地质特征及构造演化[M]. 北京：地质出版社.

肖兵，李秋根，刘树文，等. 2013. 山西南部中条山古元古代花岗质片麻岩白云母$^{40}Ar/^{39}Ar$ 测年及其地质意义[J]. 地质通报，32(5)：706-716.

肖玲玲，蒋宗胜，王国栋，等. 2011. 赞皇前寒武纪变质杂岩区变质反应结构与变质作用 p-T-t 轨迹[J]. 岩石学报，27 (4)：980-1002.

谢邦华，王兰生，张鉴，等. 2003. 龙门山北段烃源岩纵向分布及地化特征研究[J]. 天然气工业，25(5)：21-23.

徐亚军，杜远生，杨江海. 2007. 沉积物物源分析研究进展[J]. 地质科技情报，26(3)：26-32.

阎国翰，谭林坤，许保良，等. 2001. 阴山地区印支期碱性侵入岩岩石地球化学特征[J]. 岩石矿物学杂志，20(3)：281-292.

翟明国，卞爱国. 2000. 华北克拉通新太古代末超大陆拼合及古元古代末—中元古代裂解[J]. 中国科学(D 辑)，30(增刊)：129-137.

翟明国，胡波，彭澎，等. 2014. 华北中-新元古代的岩浆作用与多期裂谷事件[J]. 地学前缘，21(1)：100-118.

翟明国，彭澎. 2007. 华北克拉通古元古代构造事件[J]. 岩石学报，23(11)：2665-2683.

翟明国. 2012. 华北克拉通的形成以及早期板块构造[J]. 地质学报，86(9)：1334-1349.

翟明国. 2011. 克拉通化与华北陆块的形成[J]. 中国科学，41(8)：1036-1046.

张惠，王纳申，孟祥振，等. 2019. 银额盆地苏红图坳陷北部埋汗哈达组碎屑锆石 U-Pb 测年及其地质意义[J]. 地质通报，38(4)：656-666.

张传林，叶海敏，王爱国，等. 2004. 塔里木西南缘新元古代辉绿岩及玄武岩的地球化学特征：新元古代超大陆(Rodinia)裂解的证据[J]. 岩石学报，20(3)：473-482.

张嘉琦. 1959. 山西省霍山砂岩的对比及其时代[J]. 地质论评，19(11)：488-491.

张抗. 1983. 论贺兰裂堑[C]//内蒙古石油学会主编. 鄂尔多斯盆地西缘地区石油地质论文集[M]. 呼和浩特：内蒙人民出版社，29-40.

张莉，朱筱敏，钟大康，等. 2007. 惠民凹陷古近系砂岩储层物性控制因素评价[J]. 吉林大学学报(地球科学版)，37 (1)：105-111.

张瑞英，张成立，孙勇. 2013. 华北克拉通~2. 5Ga 地壳再造事件：来自中条山 TTG 质片麻岩的证据[J]. 岩石学报，29 (7)：2265-2280.

张运强，陈海燕，李先，等. 2014. 华北陆块北部燕山地区中元古代辉绿岩地球化学特征及成因意义[J]. 中国地质，41 (2)：351-360.

张长根，熊继辉. 1979. 燕山西段震旦亚界油气生成问题探讨[J]. 华东石油学院学报，1：88-102.

赵澄林. 1996. 火山岩储层储集空间形成机理及含油气性[J]. 地质论评，42(增刊)：37-43.

赵澄林等. 1997. 华北中新元古界油气地质与沉积学[M]. 北京：地质出版社，1-261.
赵国春，孙敏，Wilde S A，等. 2002. 华北克拉通基底构造单元特征及早元古代拼合[J]. 中国科学 D 辑，32(7)：538-549.
赵国春. 2009. 华北克拉通基底主要构造单元变质作用演化及其若干问题讨论[J]. 岩石学报，25(8)：1772-1792.
赵汉卿. 2020. 华北克拉通东部中元古代晚期至古地磁和年代学研究及其古大陆再造意义[D]. 北京：中国地质大学，1-152.
赵重远. 1983. 鄂尔多斯地块西缘构造演化及板块应力机制分析[C]//内蒙古石油学会主编. 鄂尔多斯盆地西缘地区石油地质论文集[M]. 呼和浩特：内蒙人民出版社，20-28.
郑浚茂，吴仁龙. 1996. 黄骅坳陷砂岩储层的成岩作用与孔隙分带性[J]. 石油与天然气地质，17(4)：268-275.
钟世华，丰成友，李大新，等. 2017. 新疆维宝多金属矿区辉绿岩脉 SIMS 年代学和地球化学[J]. 地质学报，91(4)：762-775.
周洪瑞，王自强，崔新省，等. 1998. 豫西地区中、新元古代地层沉积特征及层序地层学研究[J]. 现代地质，12(1)：17-24.
周艳艳，赵太平，薛良伟，等. 2009. 河南嵩山地区新太古代 TTG 质片麻岩的成因及其地质意义：来自岩石学、地球化学及同位素年代学的制约[J]. 岩石学报，25(2)：331-347.
朱国华. 1992. 碎屑岩储层孔隙的形成、演化和预测[J]. 沉积学报，10(3)：114-123.
朱夏. 1986. 论中国含油气盆地[M]. 北京：石油工业出版社，132.
邹先武，段其发，汤朝阳，等. 2011. 北大巴山镇坪地区辉绿岩锆石 SHRIMP U-Pb 定年和岩石地球化学特征[J]. 中国地质，38(2)：282-291.
Alaa M, Salem S, Morad S, et al. 2000. Diagenesis and reservoir-quality evolution of fluvial sandstones during progressive burial and uplift: evidence from the Upper Jurassic Boipeba Member, Reconcavo Basin, Northeastern Brazil[J]. AAPG Bulletin, 84(7): 1015-1040.
Amelin Y V, Headman L M, Semennov V S. 1995. U-Pb geochronology of layered mafic intrusions in the eastern Baltic Shield: Implications for the timing and duration of Paleoproterozoic continental rifting[J]. Precambrian Research, 75: 31-46.
Anderson T. 2005. Detrital zircons as tracers of sedimentary provenance: Limiting conditions from statistics and numerical simulation[J]. Chemical Geology, 216: 249-270.
Belousova E A, Griffin W L, O'Reilly S Y, et al. 2002. Igneous zircon: Trace element composition as an indicator of source rock type[J]. Contributions to Mineral and Petrology, 143: 602-622.
Bhatia M R. 1983. Plate tectonics and geochemical composition of sandstones[J]. The Journal of Geology, 91 (6) : 611-627.
Bleeker W, Ernst R. 2006. Short-lived mantle generated magmatic events and their dyke Swarms: The key unlocking Earth'S paleogeographic record back to 2. 6Ga[C]//In: Hanski E, Mertanen S, Rämö T, et al. (eds.). Dyke Swarms-Time Markers of Crustal Evolution[M]. London: Taylor and Francis Publisher, 3-26.
Brindley B. 1988. Crystal structure of clay mineral and their X ray identification[M]. London: Mineral Soc, 291.
Cao Liang, Zhang Quanxu, Hu Shangjun, et al. 2015. LA-ICP-MS zircon U-Pb Age of Diabase porphyry from the Donghe Area, Fangxian in South Daba Mountain and lts Tectonic Significance[J]. Acta Geologica Sinica, 89(12): 2314-2322(in Chinese with English abstract).
Carter A, Moss S J. 1999. Combined detrital zircon fission-track and U-Pb dating: A new approach to understanding hinterland evolution[J]. Geology, 27(3): 235-238.
Corfu F, Hanchar J M, Hoskin P W O, et al. 2003. Altas of zircon textures[J]. Rev Mineral Geochem, 53: 469-500.
Cowan G. 1989. Diagenesis of Upper Carboniferous sandstones: southern North Sea Basin[C]//In: Whateley M K G and Pickering K T. eds. Deltas: Sites and traps for fossil fuels[M]. London: Geological Society of London Special Publication, 41: 57-73.
Cui Xiaozhuang, Jiang Xinsheng, Wang Jian, et al. 2012. Zircon SHRIMP U-Pb age of Jinkouhediabase dykes in Ebian area of western Sichuan Province and its implications for the breakup of Rodinia[J]. Geological Bulletin of China, 31(7): 1131-1141(in Chinese with English abstract).
Dickas A B. 1986. Precambrian as a hydrocarbon exploration target[J]. Geoscience Wisconsin, 11: 5-7.
Dickas A B. 1986. Worldwide distribution of Precambrian hydrocarbon deposits[J]. Geoscience Wisconsin, 11: 8-13.

Dickinson W R, Gehrels G E. 2009. Use of U-Pb of detrital zircons to infer maximum depositional of strata: A test against a plateau Mesozoic database[J]. Earth and Planetary Science Letters, 288: 115-125.

Diwu ChunRong, Sun Yong and Wang Qian. 2012. The crustal growth and evolution of North China Craton: Revealed by Hf isotopes in detrital zircons from modern rivers[J]. Acta Petrologica Sinica, 28(11): 3520-3530.

Diwu Chunrong, Sun Yong, Lin Ciluan, Wang Hongliang. 2010. LA-(MC)-ICPMS U-Pb zircon geochronology and Lu-Hf isotope compositions of the Taihua Complex on the southern margin of the North China Craton[J]. Chinese Science Bulletin, 55(21): 2112-2123(in Chinese with English abstract).

Dixon S A, Summers D M, Surdam R C. 1989. Diagenesis and preservation of porosity in Norphlet Formation(Upper Jurassic), southern Alabama[J]. AAPG Bulletin, 73: 707-728.

Ernst R E, Bleeker W, Söderlund U, et al. 2013a. Large Igneous Provinces and supercontinents: Toward completing the plate tectonic revolution[J]. Lithos, 174: 1-14.

Ernst R E, Buchan K L, Palmer H C. 1995a. Giant dyke swarms: Characteristics, distribution and geotectonic application, in physics and chemistry of dykes[J]. Baer G and Heimann A, Balkema, Rotterdan, 3-21.

Ernst R E, Grosfils E B, Mège D. 2001. Giant dike swarms: Earth, Venus, and Mars[J]. Annual Review of Earth and Planetary Sciences, 29: 489-534.

Ernst R E, Head J W, Parfitt E, et al. 1995b. Giant radiation dyke swarms on the Earth and Venus[J]. Earth Science Review, 39: 1-15.

Ernst R E, Pereira E, Hamilton M A, et al. 2013b. Mesoproterozoic intraplate magmatic 'barcode' record of the Angola portion of the Congo Craton: Newly dated magmatic events at 1505 and 1110Ma and implications for Nuna(Columbia) supercontinent reconstructions[J]. Precambrian Research, 230: 103-118.

Faure M, Trap P, Lin W, et al. 2007. Polyorogenic evolution of the Paleoproterozoic Trans-North China Belt: new insights from the Luliang shan-Hengshan-Wutaishan and Fuping massifs[J]. Episodes, 30: 1-12.

Gehrels G E, Dickinson W R, Ross G M, et al. 1995. Detrital zircon reference for Cambrian to Triassic miogeoclinal strata of western North America[J]. Geology, 23(9): 831-834.

Green T H. 1995. Significance of Nb/Ta as an indicator of geochemical processes in the crust-mantle system[J]. Chemical Geology, 120: 347-359.

Guo J H, Sun M, Chen F K, et al. 2005. Sm-Nd and SHRIMP U-Pb zircon geochronology of high-pressure granulites in the Sanggan area, North China Craton: timing of Paleoproterozoic continental collision[J]. Journal of Asian Earth Sciences, 24(5): 629-642.

Halls H C, Li Jianghai, Davis D, et al. 2000. A precisely dated Proterozoic paleomagnetic pole from the North China Craton, and its relevance to paleocontinental construction[J]. Geophysical Journal International, 143: 185-203

Halls H C, Palmer H C. 1990. The tectonic relationship of two early Proterozoic duke swarms to Kapuskasing Structural Zone: A paleomagnetic and petrographic study[J]. Canadian, Journal of Earth Sciences, 27(1): 87-103.

Hanski E. Mertanen S, Rämö T, et al. 2016. Dyke Swarms-Time Markers of Crustal Evolution[J]. London: Taylor&Francis, 1-273.

Headman LM. 1997. Global mafic magmatism at 2.45 Ga: Remnants of an ancient large igneous province? [J]. Geology, 25: 299-302.

Hergt J M, Peate D W, Hawkesworth C J. 1991. The petrogenesis of Mesozoic Gondwana low-Ti flood basalts[J]. Earth and Planetary Science Letters, 105: 134-148.

Hofmann A W. 1988. Chemical differentiation of the Earth: The relationship between mantle, continental crust and oceanic crust[J]. Earth and Planetary Science Letters, 90(3): 297-314.

Hong Jun, JI Wenhua, Zhang Haidi, et al. 2017. Petrogenesis of Murgab gabrro-diorite from Pamir: Evidence from zircon U-Pb dating, Hf isotopes and lithogeochemistry[J]. Geology in China, 44(4): 722-736(in Chinese with English abstract).

Hoskin P W O, Black L P. 2000. Metamorphic zircon formation by solid-state recrystallization of protolith igneous zircon[J]. Journal of Metamorphic Geology, 18: 423-439.

Hou G T, Zhang C, Qian X L, et al. 1998. The Formation Mechanism and Tectonic Stress Field of the Mesoproterozoic Mafic

Dike Swarms in the North China Craton[J]. Geological Review, 44(3): 309-314(in Chinese with English abstract).

Hou Guiting, Li Jianghai, Jin Aiwen, et al. 2005. The Precambrian Basic Dyke Swarms in the Western Shandong Province[J]. Acta Geologica Sinica, 79(2): 190-200(in Chinese with English abstract).

Hou Guiting, Li Jianghai, Qian Xianglin. 2001. Geochemical characteristics and tectonic setting of Mesoproterozoic dyke swarms in northern Shanxi[J]. Acta Petrologica Sinica, 17(3): 352-357(in Chinese with English abstract).

Hou Guiting, Mu Zhiguo. 1994. K-Ar Ages and Their Geological Significances of Precambrian Mafic Dyke Swarms in North China Craton[J]. Journal and Mineral Resource North China, 9(3): 267-270(in Chinese with English abstract).

Hou Guiting, Qian Xianglin, Li Jianghai. 2002. The Simulation of Mesoproterozoic Tectonic Stress Field Forming Mafic Dyke Swarms in the Central North China Craton[J]. Acta Scientiarum Naturalium Universitatis Pekinensis, 38(4): 492-496(in Chinese with English abstract).

Hou Guiting, Wang Chuancheng, Li Le. 2010. Magnetic fabric evidences for the Late Paleoproterozoic mafic dyke swarm emplacement, southern margin of the North China Craton[J]. Acta Petrologica Sinica, 26(1): 318-324(in Chinese with English abstract).

Hu Guohui, Hu Junliang, Chen Wei, Zhao Taiping. 2010. Geochemistry and tectonic setting of the 1. 78 Ga mafic dyke swarms in the Mt. Zhongtiao and Mt. Song areas, the southern margin of the North China Craton[J]. Acta Petrologica Sinica, 26(5): 1563-1576(in Chinese with English abstract).

Hunt J. 1991. Generation of gas and oil from coal and other terrestrial organic matter[J]. Organic Geochemistry, 17(6): 673-680.

Klemme H D, Ulmishek G F. 1991. Effective petroleum source rocks of the world: Stratigraphic distribution and controlling factors[J]. AAPG Bulletin, 75(12): 1809-1851.

Kröner A, Wilde S A, O'Brien P J, et al. 2005. Field relationships, geochemistry, zircon ages and evolution of a late Archaean to Palaeoproterozoic lower crustal section in the Hengshan terrain of northern China[J]. Acta Geologica Sinica, 79(5): 605-629.

Kröner A, Wilde S A, O'Brien P J, et al. 2005. Field relationships, geochemistry, zircon ages and evolution of a late Archaean to Palaeoproterozoic lower crustal section in the Hengshan terrain of northern China[J]. Acta Geologica Sinica, 79(5): 605-629.

Kuno H, Yamasaki K, Lida C, et al. 1957. Differentiation of Hawaiian magmas[J]. Japanese Journal of Geography and Geology, 28: 179-218.

Kusky T M, Li J H. 2003. Paleoproterozoic tectonic evolution of the North China Craton[J]. Journal of Asian Earth Sciences, 22(4): 383-397.

Kusky T M, Santosh M. 2009. The Columbia connection in north China[J]. Geological Society, London, Special Publications, 323(1): 49.

Kusky T M. 2011. Geophysical and geological tests of tectonic models of the North China Craton[J]. Gondwana Research, 20(1): 26-35.

Kusky T, Li J H, Santosh M. 2007. The Paleoproterozoic north Hebei orogen: North China Craton's collisional suture with the Columbia supercontinent[J]. Gondwana Research, 12(1/2): 4-28.

Kuznetsov V G. 1997. Riphean hydrocarbon reservoirs of the Yurubchen-Tokhom Zone, Lena-Tunguska Province, NE Russia [J]. Journal of Petroleum Geology, 20(4): 459-474.

LaFlèche M R, Camiré G, Jenner G A. 1998. Geochemistry of post-Acadian, Carboniferous continental intraplate basalts from the Maritimes basin, Magdalen islands, Québec, Canada[J]. Chemical Geology, 148: 115-136.

Li J H, Kusky T. 2007. A Late Archean foreland fold and thrust belt in the North China Craton: Implications for early collisional tectonics [J]. Gondwana Research, 12(1/2): 47-66.

Li Jianghai, He Wenyuan, Qian Xianglin. 1997. Genetic mechanism and tectonic setting of Proterozoic mafic dyke swarms: its implication f or paleoplate reconstruction[J]. Geological Journal of China Universities, 3(3): 272-281(in Chinese with English abstract).

Li Jianghai, Hou Guiting, Qian Xianglin, et al. 2001. Single-Zircon U-Pb Age of the Initial Mesoproterozoic Basic Dike Swarms in Hengshan Maountain and Its Implication for the Tectonic Evolution of the North China Craton[J]. Geological Review, 47(3): 234-238(in Chinese with English abstract).

Liu R, Zhou H W, Zhang L, et al. 2009. Paleoproterozoic reworking of ancient crust in the Cathaysia Block, South China: Evidence from zircon trace elements, U-Pb and Lu-Hf isotopes[J]. Chinese Sci Bull, 54(7): 906-917.

Liu S W, Zhao G C, Wilde S A, et al. 2006. Th-U-Pb monazite geochronology of the Lüliang and Wutai Complexes: Constraints on the tectonothermal evolution of the Trans-North China Orogen[J]. Precambrian Research, 148(3/4): 205-224.

Ludwig K R. 2003. Isoplot 3. 0-A geochronological toolkit for Microsoft Excel[J]. Berkeley Geochronology Center Spec Pub, 4: 1-70.

Ma Qingyou, Liao Zhiyong, Tang Zhaoxing. 2017. The discovery of the Late Ordovician Zircon U-Pb dating in Tarim Basin[J]. Geology In China, 44(6): 1251-1252(in Chinese with English abstract).

Murray G E, Kaczor M J, McArthur R E. 1980. Indigenous Precambrian petroleum revisited[J]. AAPG Bulletin, 64(10): 1681-1700.

Pearce J A, Cann J R. 1973. Tectonic setting of basic volcanic rocks determined using trace element analyses[J]. Earth and Planetary Science Letters, 19(2): 290-300.

Pearce J A. 1982. Trace element characteristics of lavas from destructive plate boundaries. In: Thorpe R S (ed.). Andesites: Orogenic Andesites and Related Rocks[J]. Chichester: Wiley, 525-548.

Peng Peng, Wang Xinping, Zhou Xiaotong, et al. 2018. Identification of the ~810Ma Qianlishan mafic dyke swarm and its implication for geological evolution of the western North China Craton[J]. Acta Petrologica Sinica, 34(4): 1191-1203(in Chinese with English abstract).

Peng Peng, Zhai Mingguo, Zhang Huafeng, et al. 2004. Geochemistry and geological significance of the 1. 8 Ga mafic dyke swarms in the North China Craton: an example from the juncture of Shanxi, Hebei and Inner Mongolis[J]. Acta Petrologica Sinica, 20(3): 439-456(in Chinese with English abstract).

Peng Peng, Zhai Mingguo. 2002. Two Major Precambrian Geological Events of North China Block(NCB): Characteristics and Property[J]. Advance in Earth Sceiences, 17(6): 818-825(in Chinese with English abstract).

Peng Peng. 2005. Genesis and tectonic significance of the 1. 8 Ga mafic dyke swarms in the central part of the North China Craton[D]. Beijing: Institute of Geology and Geophysics, Chinese Academy of Sciences(in Chinese with English abstract)

Peng Peng. 2016. Map of Precambrian Dyke Swarms and Related Plutonic /Volcanic Units in the North China Block[M]. Beijing: Science Press, 1-90(in Chinese).

Pisarevsky S A, Elming S A, Pesonen L J, et al. 2014. Mesoproterozoic paleogeography: Supercontinent and beyond Precambrian Research, 244: 207-225.

Polat A, Kusky T, Li JH, et al. 2005. Geochemistry of Neoarchean (ca. 2. 55-2. 50Ga) volcanic and ophiolitic rocks in the Wutaishan greenstone belt, central orogenic belt, North China craton: implications for geodynamic setting and continental growth[J]. Geological Society of America Bulletin, 117(11/12): 1387-1399.

Qi Shengsheng, Deng Jinlu, Ye Zhanlu, Liu Rong, et al. 2013. LA-ICP-MS dating of Late Devonian diabase dikem in Qimantag area[J]. Geological Bulletin of China, 32(9): 1385-1393(in Chinese with English abstract).

Ren J S, Jiang C F, Zhang Z K, et al. 1987. Geotectonic evolution of China[J]. Berlin: Springer-Verlag, 1-203.

Rudnick R L, Fountain D M. 1995. Nature and composition of the continental crust: A lower crustal perspective[J]. Review Geophysics, 33: 267-309.

Santosh M, Zhao D, Kusky T. 2010. Mantle dynamics of the Paleoproterozoic North China Craton: a perspective based on seismic tomography[J]. Journal of Geodynamics, 49(1): 39-53.

Schorer M. 1987. Parameters influencing porosity in sandstones: a model for sandstone porosity prediction[J]. AAPG Bulletin, 71: 485-491.

Shu Wulin, Hou Guiting, Wang Chuancheng, et al. 2011. Geochemistry and Geological Implications of Mafic Dyke Swarms in the Southwestern Area of Zhongtiao Mountains[J]. Acta Scientiarum Naturalium Universitatis Pekinensis, 47(6): 1055-1062(in Chinese with English abstract).

Simon E J, Norman J P, William L G, et al. 2004. The application of laser ablation-inductively coupled plasma-mass spectrometry to in-situ U-Pb zircon geochronology[J]. Chemical Geology, 211(1-2): 47-69.

Srivastava R K. 2011. Dyka Swarms: Kays for Geodynamic Interpretion Heidelberg[M]. Springer, 1-605.

Sun S S, McDonough W F. 1989. Chemical and isotopic systematics of oceanic basalts: Implications for mantle composition and processes[C]. In: Saunders A D and Nony M J(eds.). Magmatism in the Ocean Basins[M]. Geological Society Special Publication, 42(1): 313-345.

Tang Yanjie, Zhang Hongfu, Ying Jifeng. 2014. Genetic significance of Triassic alkali-rich intrusive rocks in the Yinshan and neighboring areas[J]. Acta Petrologica Sinica, 30(7): 2031-2040(in Chinese with English abstract).

Trap P, Faure M, Lin W, et al. 2008. Contrasted tectonic styles for the Paleoproterozoic evolution of the North China Craton. Evidence for a 2. 1Ga thermal and tectonic event in the Fuping Massif [J]. Journal of Structural Geology, 30(9): 1109-1125.

Trap P, Faure M, Lin W, et al. 2009. The Zanhuang Massif, the second and eastern suture zone of the Paleoproterozoic Trans-North China Orogen[J]. Precambrian Research, 172(1/2): 80-98.

Trap P, Faure M, Lin W, et al. 2007. Late Paleoproterozoic(1900~1800 Ma) nappe stacking and polyphase deformation in the Hengshan-Wutaishan area: implications for the understanding of the Trans-North-China Belt, North China Craton[J]. Precambrian Research, 156(1/2): 85-106.

Wan Yusheng, Liu Dongyi, Dong Chunyan, et al. 2009. The oldest rocks and zircons in China[J]. Acta Petrologica Sinica, 25(8): 1793-1807(in Chinese with English abstract).

Wang Jianhua, Li Wenchang, He Zhonghua, et al. 2016. Geological and Sr-Nd-Pb isotopic characteristics of the Dashadi porphyry in the Beiya gold polymetallic deposit in western Yunnan and their geological implications[J]. Acta Petrologica Sinica, 32(8): 2367-2378(in Chinese with English abstract).

Wang Shengwei, Liao Zhenwen, Sun Xiaoming, et al. 2013. Geochemistry of Paleoproterozoic Diabases in the Dongchuan Copper Deposit, Yunnan, SW China: Response to Breakup of the Columbia Supercontinent in the Southwestern Margin of Yangtze Block[J]. Acta Geologica Sinica, 87(12): 1834-1852(in Chinese with English abstract).

Wang Y, Fan W, Zhang Y, et al. 2003. Structural evolution and $^{40}Ar/^{39}Ar$ dating of the Zanhuang metamorphic domain in the North China Craton: constraints on Paleoproterozoic tectonothermal overprinting [J]. Precambrian Research, 122(1): 159-182.

Wang Yuejun, Fan Wuming, Zhang Yanhua, et al. 2004. Geochemical, $^{40}Ar/^{39}Ar$ geochronological and Sr-Nd isotopic constraints on the origin of Paleoproterozoic mafic dykes from the southern Taihang Mountains and implications for the ca. 1800Ma event of the North China Craton[J]. Precambrian Research, 135: 55-77.

Wang Z H, Wilde S A, Wan J L. 2010. Tectonic setting and significance of 2. 3-2. 1Ga magmatic events in the Trans-North China Orogen: New constraints from the Yanmenguan mafic-ultramafic intrusion in the Hengshan-Wutai-Fuping area[J]. Precambrian Research, 178(1/4): 27/42.

Wang Z H. 2009. Tectonic evolution of the Hengshan-Wutai-Fuping complexes and its implication for the Trans-North China Orogen[J]. Precambrian Research, 170(1/2): 73-87.

Weaver B L. 1991. The origin of oceanic basalt end-member compositions: Trace element and isotopic constrains[J]. Earth and Planetary Science Letters, 104: 381-397.

Weislogel A L, Graham S A, Chang E Z, et al. 2006. Detrital zircon provenance of the Late Triassic Songpan-Ganzi complex: Sedimentary record of collision of the North and South China blocks[J]. Geology, 34(2): 97-100.

Weltje G J, Eynatten H V. 2004. Quantitative provenance analysis of sediments: Review and outlook[J]. Sedimentary Geology, 171(1/4): 1-11.

Wiedenbeck M, Alle P, Griffin W L, et al. 1995. Three natural zircon standards for U-Th-Pb, Lu-Hf, trace element and REE analyses[J]. Geostand Newslett, 19: 1-23.

Wilde S A, Zhao G, Sun M. 2002. Development of the North China Craton during the late Archaean and its final amalgamation at 1. 8Ga: Some speculations on its position within a global Palaeoproterozoic supercontinent[J]. Gondwana Research, 5(1): 85-94.

Worden R H, Oxtoby N H, Smalley P C. 1998. Can oil emplacement prevent quartz cenmentation in sandstones? [J]. Petroleum Geoscience, 4: 129-137.

Wu Cailai, Dong Shuwen, Wang Cisong, et al. 2013. The discovery of late Paleozoic magmatism in Tongling area: Evidence from zircon U-Pb dating of diabse in Fenghuangshan ZK66 drilling core[J]. Geology in China, 40(3): 715-729(in Chinese with English abstract).

Yan Guohan, Tan Linkun, Xu Baoliang, et al. 2001. Petrogeochemical Characteristics of Indosinian Alkaline Intrusions in Yinshan Area[J]. Acta Petrologica Et Mineralogica, 20(3): 281-292(in Chinese with English abstract).

Zeng Wen, Zhong Zengqiu, Zhou Hanwen, et al. 2004. Geochemistry of Mafic Dykes in Huangling Area and Its Tectonic Implications[J]. Earth Science-Journal of China University of Geosciences, 29(1): 31-38(in Chinese with English abstract).

Zhai M G, Li T S, Peng P, et al. 2010. Precambrian key tectonic events and evolution of the North China craton[J]. Geological Society, London, Special Publications, 338(1): 235-262.

Zhai M G, Santosh M. 2011. The early Precambrian odyssey of North China craton: a synoptic overview[M]. Gondwana Research, 20(1): 6-25.

Zhai Mingguo, Bian Aiguo. 2000. Amalgamation of the supercontinent of the North China Craton at late Neoarchean and its break up during Late Paleoproterozoic to Mesoproterozoic[J]. Science China(Series D), 30(Z1): 129-137(in Chinese).

Zhang Chuanlin, Ye Haimin, Wanga Aiguo, et al. 2004. Geochemistry of the Neoproterozoic diabase and basalt in south of Tarim plate: Evidence for the Neoproterozoic breakup of the Rodinia super-continent in south of Tarim[J]. Acta petrologica Sinica, 20(3): 473-482(in Chinese with English abstract).

Zhang J, Li J Y, Liu J F, et al. 2011. Detrital zircon U-Pb ages of Middle Ordovician flysch sandstones in the western Ordos margin: New constraints on their provenance and tectonic implications[J]. Journal of Asian Earth Sciences, 42(5): 1030-1047.

Zhang Yunqiang, Chen Haiyan, Li Xian, et al. 2014. Geochemistry of the Mesoproterozoic diabase sills from Yanshan Mountain area in the northern part of North China Plate[J]. Geology In China, 41(2): 351-360(in Chinese with English abstract).

Zhao G C, Sun M, Wilde S A, et al. 2005. Late Archean to Paleoproterozoic evolution of the North China Craton: key issues revisited [J]. Precambrian Research, 136(2): 177-202.

Zhao G C, Wilde S A, Cawood P A, et al. 1998. Thermal evolution of Archean basement rocks from the eastern part of the North China Craton and its bearing on tectonic setting[J]. International Geology Review, 40(8): 706-721.

Zhao G C, Wilde S A, Sun M, et al. 2008. SHRIMP U-Pb zircon ages of granitoid rocks in the Lüliang Complex: Implications for the ac cretion and evolution of the Trans-North China Orogen[J]. Precambrian Research, 160(3/4): 213-226.

Zhao G C, Wilde S A, Sun M, et al. 2008. SHRIMP U-Pb zircon geochronology of the Huai'an Complex: Constraints on late Archean to paleoproterozoic magmatic and metamorphic events in the Trans-North China Orogen[J]. American Journal of Science, 308(3): 270-303.

Zhao Guochun, Wilde Simon A, Cawood Peter A, et al. 2001. Archaean blocks and their boundaries in the North China Craton: Lithological, geochemical, structural and *P-T* path constraints and tectonic evolution[J]. Precambrian Research, 107: 45-73.

Zhao Guochun and Cawood Peter A. 2012. Precambrian geology of China[J]. Precambrian Research, 222-223: 13-54.

Zhao Taiping. 2000. Characteristics and petrogenesis of rich-K volcanic rocks of the Xiong'er Group in the southern margin of the North China Craton[D]. Beijing: Institute of Geology and Geophysics, Chinese Academy of Sciences(in Chinese with English abstract).

Zhong Shihua, Feng Chengyou, Li Daxin, et al. 2017. SIMS chronology and geochemistry of diabase dykes from the Weibao Polymetallic Orefield, Xinjiang[J]. Acta Geologica Sinica, 91(4): 762-775(in Chinese with English abstract).

Zindler A, Hart S R. 1986. Chemical geodynamics[J]. Annual Review of Earth and Planetary Sciences, 14: 493-571.

Zou Xianwu, Duan Qifa, Tang Chaoyang, et al. 2011. SHRIMP zircon U-Pb dating and lithogeochemical characteristics of diabase from Zhenping area in North Daba Mountain[J]. Geology in China, 38(2): 282-291(in Chinese with English abstract).

附　　图

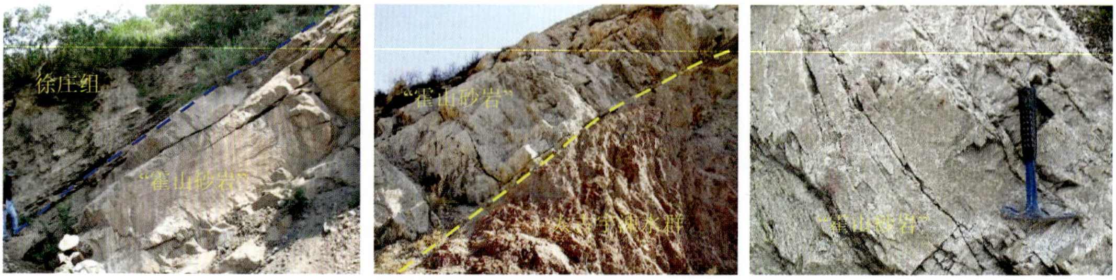

附图 1　山西省河津市西磑口“霍山砂岩”及与上、下地层接触关系野外照片

附图 2　山西省河津市西磑口“霍山砂岩”显微照片

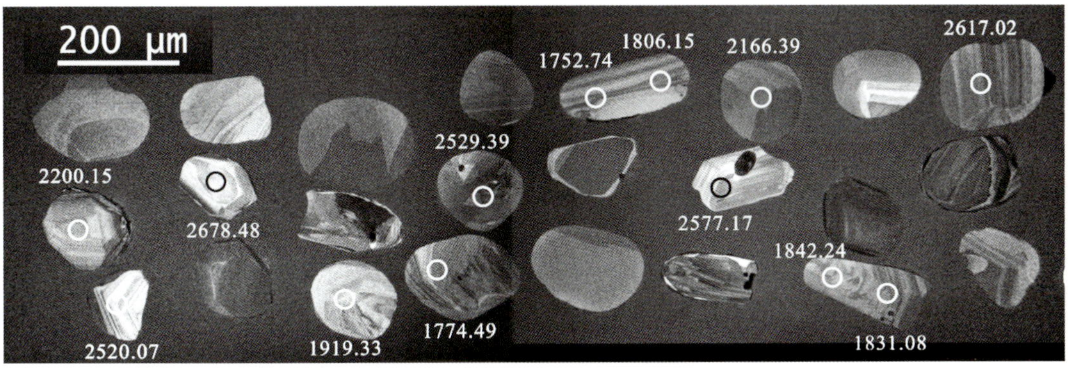

附图 3　山西省河津市西礑口“霍山砂岩”部分碎屑锆石阴极发光照片

(a)苏峪口，长城系与太古宇不整合接触

(b)苏白沟，长城系与太古宇不整合接触

(c)宁武县，长城系与太古宇不整合接触

(d)西礑口，“霍山砂岩”与太古宇不整合接触

(e)古探1井，长城系，5033.0 m，石英岩

(f)古探井1，长城系，5166.0 m，石英岩

(g)古探1井，长城系，4949.51 m，石英砂岩

(h)古探1井，长城系，4950.18 m，石英砂岩

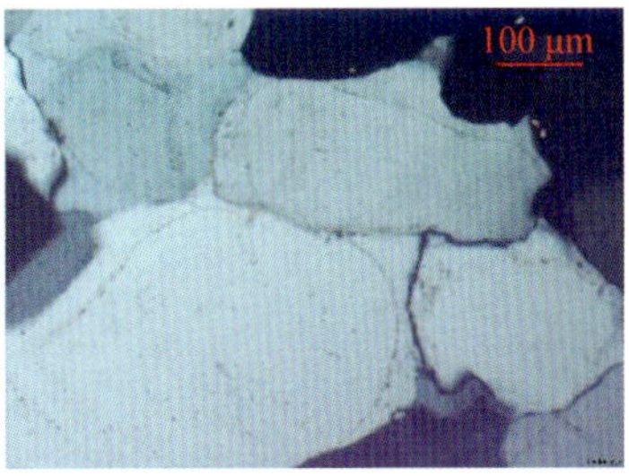

(i)古探1井，长城系，4950.2 m，石英岩

附图 4　鄂尔多斯地区中元古界长城系野外照片和岩心显微照片

(j)济探1井，长城系，2179.80 m，
石英砂岩

(k)济探1井，长城系，2180.13 m，
含灰石英砂岩

(l)济探1井，长城系，2180.35 m，
石英砂岩

(m)银川市拜寺口，长城系，
石英砂岩

(n)华亭县马峡镇，长城系，
石英砂岩

(o)洛南县，长城系，石英砂岩

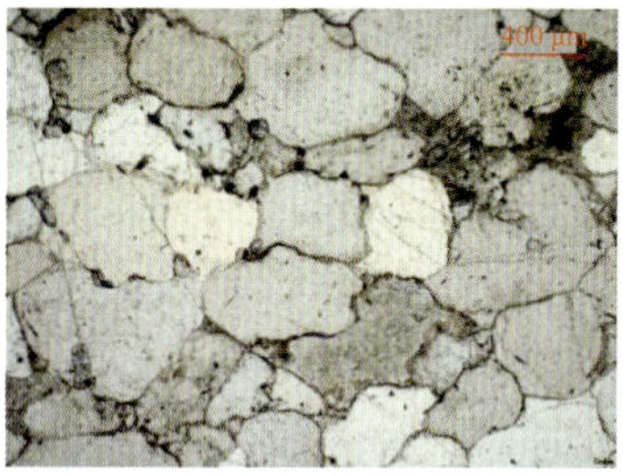

(p)李34井，长城系，4878 m，
石英砂岩

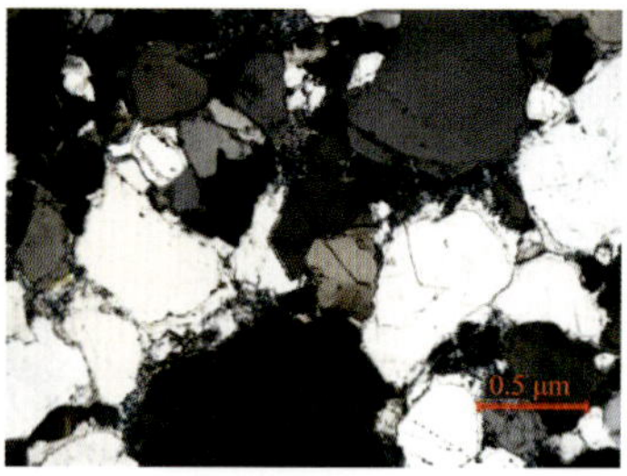

(q)克1井，长城系，3876.08 m，
石英砂岩

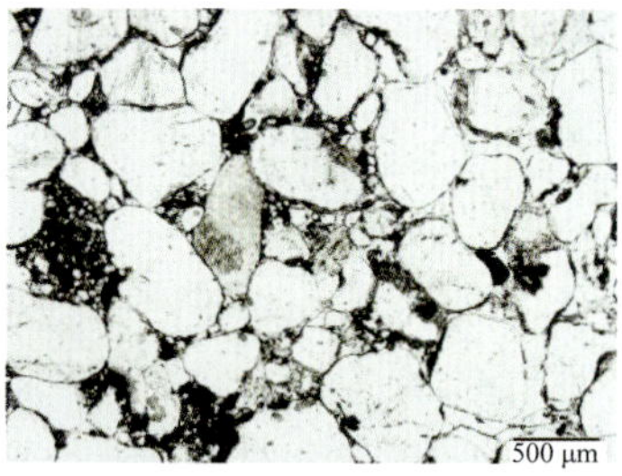

(r)宜探1井，长城系，3442 m，
粗粒石英砂岩

附图 4　鄂尔多斯地区中元古界长城系野外照片和岩心显微照片（续）

附图 5　中条山陶家窑基性岩墙群野外照片

(a)

(b)

(c)

(d)

(e)

(f)

附图 6　千里山苏白沟基性岩墙群野外照片

附图 7　庆深 1 井，蓟县系，4410 m，
玄武质喷出岩

附图 8　桃 59 井，长城系，4410 m，辉绿岩，
斜长石、辉石斑晶，间隐结构

(a)东鄂3井，长城系石英岩，
2378.40 m（+）

(b)桃59井，4612.70 m，
长城系石英砂岩（+）

(c)鄂39井，3470.54 m，
长城系石英砂岩（+）

附图 9　鄂尔多斯地区长城系显微照片

(a)桃59井，长城系，4461.96 m，脉状层理

(b)桃59井，长城系，4461.30 m，脉状层理

(c)洛南县巡检司镇长城系石英砂岩发育的“人”字形交错层理

(d)洛南县巡检司镇长城系中发育的透镜状层理

(e)洛南县巡检司镇长城系平行层理

(f)米105井，3690.90 m，长城系，平行层理

(g)洛南县巡检司镇长城系石英砂岩发育的块状层理

(h)洛南县巡检司镇长城系石英砂岩发育的粒序层理

(i)米105井，3689.26 m，长城系，粒序层理

(j)洛南县巡检司镇长城系发育的交错层理

(k)洛南县巡检司镇长城系发育的水平层理

(l)华亭马峡镇长城系发育的干裂

(m)华亭马峡镇长城系发育的波痕

(n)洛南县巡检司镇长城系发育的波痕

(o)乌海苏白沟长城系发育的波痕

附图 10　鄂尔多斯地区长城系中的沉积构造

(a)乌海市苏白沟，长城系，辫状河

(b)银川市拜寺口，长城系，河流

(c)洛南县巡检司镇，长城系，潮坪

(d)桃59井，4611.80 m，长城系，海滩

(e)洛南县巡检司镇，长城系，浅海-深海

(f)中条山陶家窑村，长城系，浅海-深海

附图 11　鄂尔多斯地区长城系露头及岩心照片

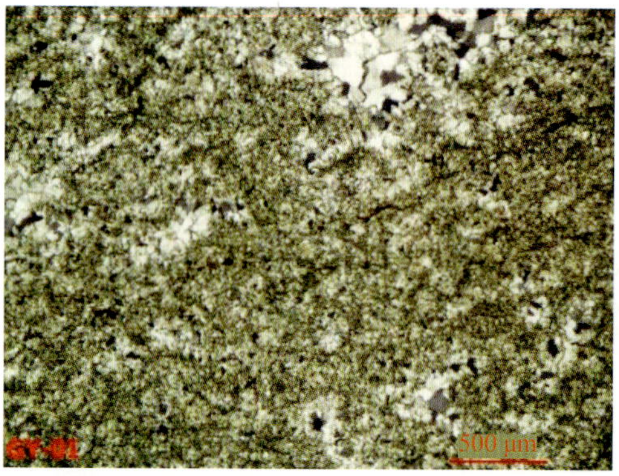

(a)固原市云雾山深灰色微-粉晶白云岩

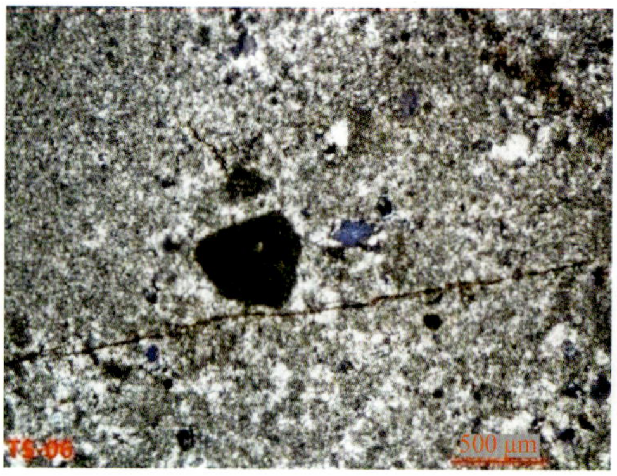

(b)固原市闵家沟浅褐色泥-微晶灰岩

(c)环县阴石峡蓟县系层状叠层石白云岩

(d)岐山县涝川乡蓟县系波状叠层石白云岩

附图 12　鄂尔多斯地区中元古界野外、显微照片

(e)华亭县马峡镇球状叠层石白云岩

(f)环县阴石峡球状叠层石白云岩

(g)岐山县涝川乡蓟县系内碎屑白云岩

(h)岐山县涝川乡蓟县系内碎屑白云岩

(i)岐山县涝川乡蓟县系球（团）粒白云岩

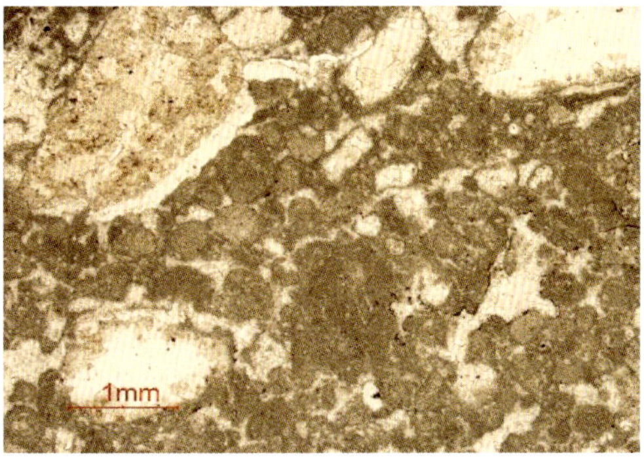

(j)岐山县涝川乡蓟县系球（团）粒白云岩

(k)岐山县涝川乡蓟县系球（团）粒白云岩，含鲕粒

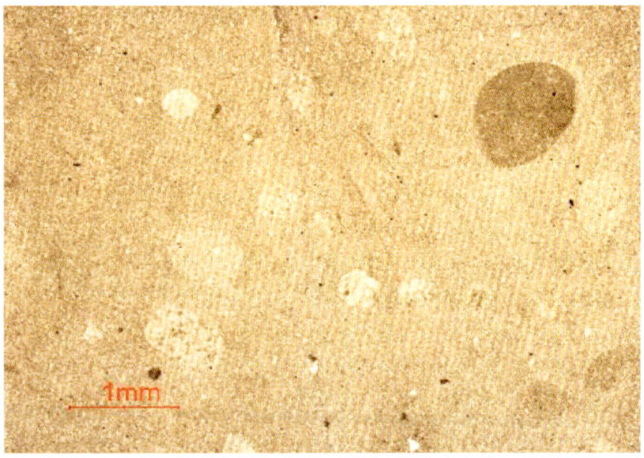

(l)岐山县涝川乡蓟县系球（团）粒白云岩，含鲕粒

附图 12　鄂尔多斯地区中元古界野外、显微照片（续）

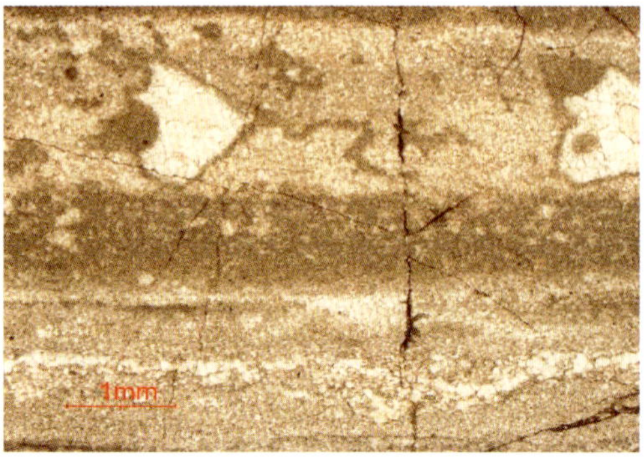

(m)华亭县马峡镇蓟县系重结晶白云岩

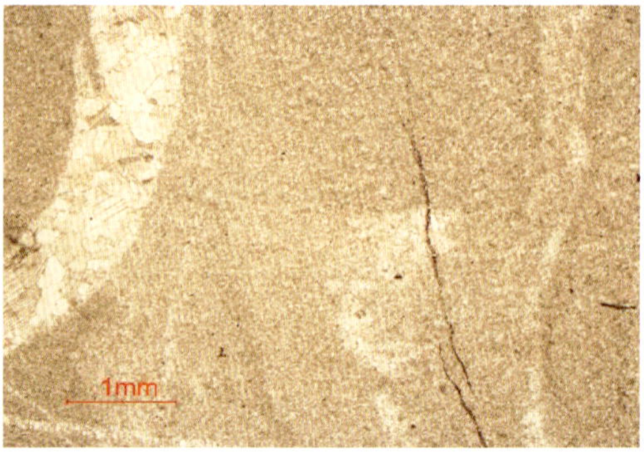

(n)洛南县巡检镇蓟县系龙家园组重结晶白云岩

(o)同心县青龙山蓟县系硅质条带白云岩

(p)岐山县涝川乡蓟县系硅质条带白云岩

(q)华亭县马峡镇蓟县系含硅质条带竹叶状白云岩

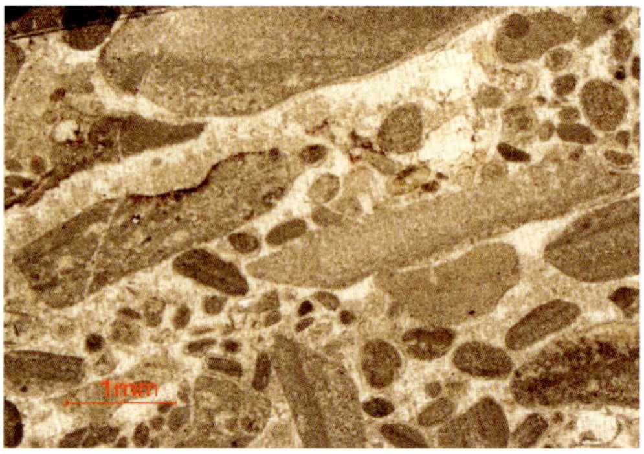

(r)岐山县蓟县系砾屑白云岩

(s)镇探1井蓟县系4514.85 m

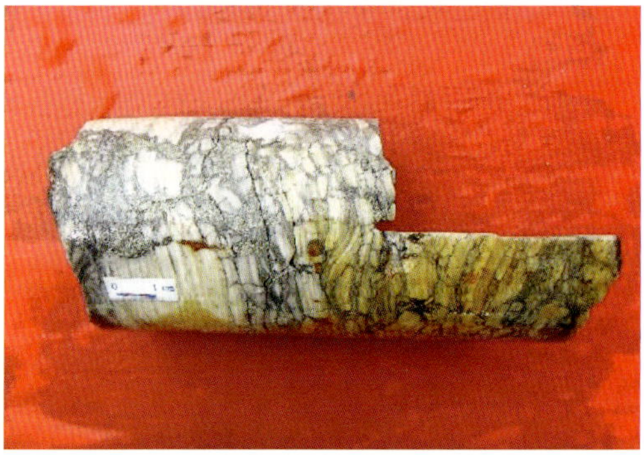

(t)镇探1井蓟县系4499.22 m

附图 12　鄂尔多斯地区中元古界野外、显微照片（续）

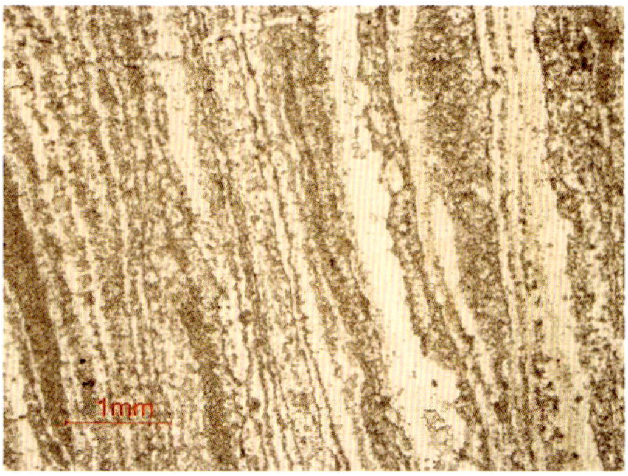

(u)巡检镇巡检司组，白云岩，蓝绿藻叠层石

(v)炭山乡蓟县系

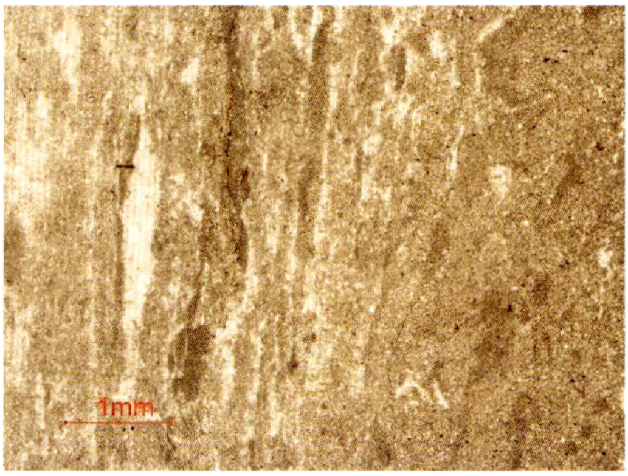

(w)巡检镇杜关组粉砂岩，局部含碳酸盐岩

(x)洛南蓟县系杜关组泥岩

附图 12 鄂尔多斯地区中元古界野外、显微照片（续）

(a)

(b)

附图 13 宁夏回族自治区固原市阴石峡震旦系正目观组砾岩

附图 14　洛南罗圈组中碎屑流沉积及冰碛岩

(a)“霍山砂岩”和太古宇分界线，河津西磑口

(b)长城系黄旗口群底部石英砂砾岩角度不整合覆于太古宇千里山群（乌拉山群）之上，乌海摩尔沟

(c)长城系黄旗口群底部石英砾岩，乌海摩尔沟

(d)蓟县系龙家园组与长城系洛峪口组平行不整合接触，永济水幽沟

(e)蓟县系王全口群含燧石条带白云岩与长城系黄旗口群灰白色石英岩状砂岩平行不整合接触，乌海摩尔沟

(f)蓟县系王全口群白云岩中含的长城系黄旗口群棱角状石英岩状砂岩的砾石，乌海摩尔沟

(g)青白口系大庄组硅质板岩，洛南大庄村

(h)震旦系罗圈组纹层状泥岩中含的坠石，洛南上张湾村

(i)震旦系正目观组砾岩平行不整合于蓟县系王全口群之上，环县阴石峡

附图 15　鄂尔多斯地区中新元古界野外照片

(a)巴音布拉格渣尔泰山群黑色炭质板岩

(b)巴音布拉格渣尔泰山群黑色炭质板岩

(c)巴彦诺日公渣尔泰山群黑色炭质板岩

(d)巴彦诺日公渣尔泰山群黑色炭质板岩

(e)乌加河渣尔泰山群黑色炭质板岩

(f)乌加河渣尔泰山群黑色炭质板岩

(g)河湾渣尔泰山群黑色炭质板岩

(h)河湾渣尔泰山群黑色炭质板岩

附图 16　鄂尔多斯盆地北缘中元古界渣尔泰山群阿古鲁沟组烃源岩野外照片

(i)书记沟渣尔泰山群黑色炭质板岩

(j)书记沟渣尔泰山群黑色炭质板岩

(k)小佘太镇渣尔泰山群黑色炭质板岩

(l)小佘太镇渣尔泰山群黑色炭质板岩

(m)达茂旗渣尔泰山群黑色炭质板岩

(n)达茂旗渣尔泰山群黑色炭质板岩

附图 16　鄂尔多斯盆地北缘中元古界渣尔泰山群阿古鲁沟组烃源岩野外照片（续）

(o)固阳县北渣尔泰山群黑色炭质板岩

(p)固阳县北渣尔泰山群黑色炭质板岩

(q)固阳县北渣尔泰山群黑色炭质板岩

(r)固阳县北渣尔泰山群黑色炭质板岩

附图 16 鄂尔多斯盆地北缘中元古界渣尔泰山群阿古鲁沟组烃源岩野外照片（续）

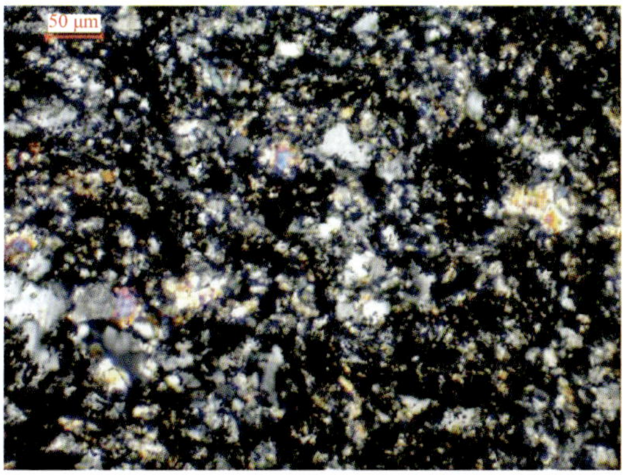

(a) BYBLG-03 黑色板状透闪石炭质千枚岩

(b)BYBLG-03 黑色板状透闪石炭质千枚岩

附图 17 鄂尔多斯盆地北缘中元古界渣尔泰山群阿古鲁沟组烃源岩显微照片

(c)GYB-50 黑色炭质铁质云母石英片岩

(d)GYB-10 黑色炭质石英白云母片岩

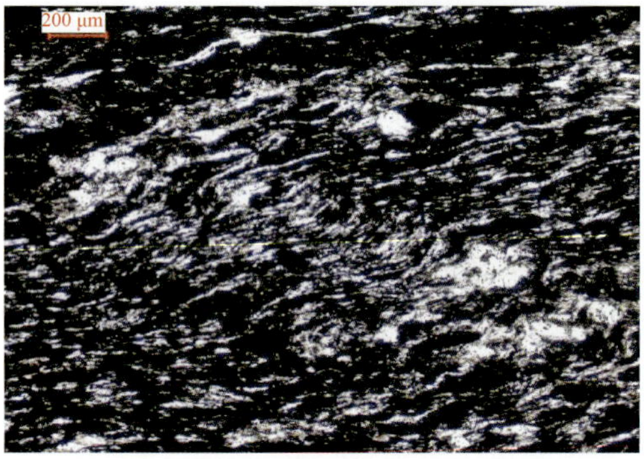

(e)HW-12 黑色板状云母炭质铁质千枚岩

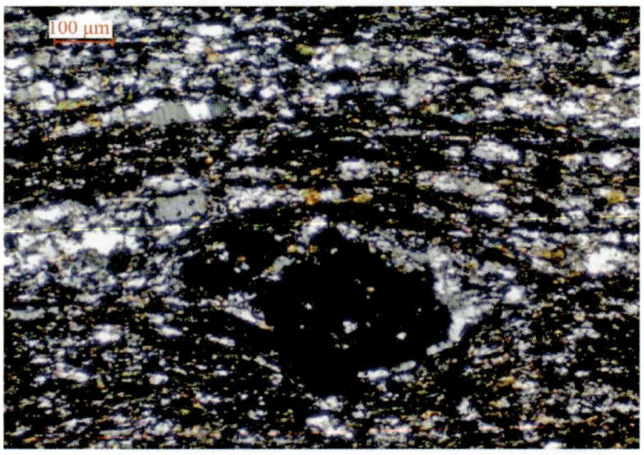

(f)HW-28 黑色炭质铁质白云母千枚状板岩

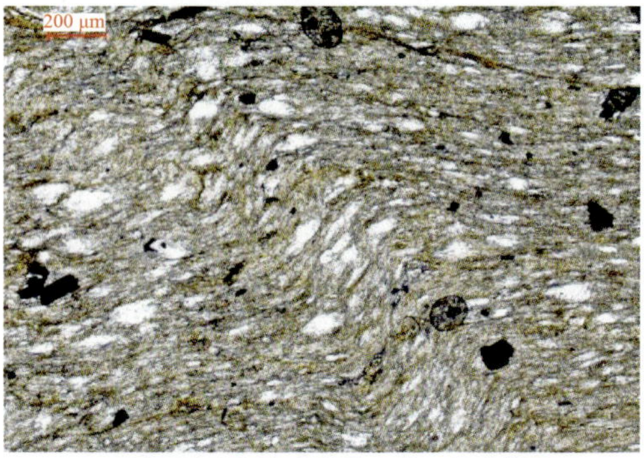

(g)NRG-13 灰绿色磁铁矿石英云母千枚岩

(h)NRG-33 灰黑色含铁质透闪石石英片岩

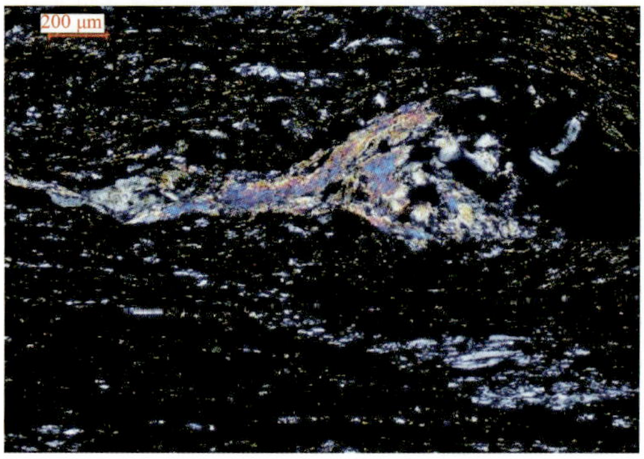

(i)SJG-02 黑色含电气石云母炭质千枚岩

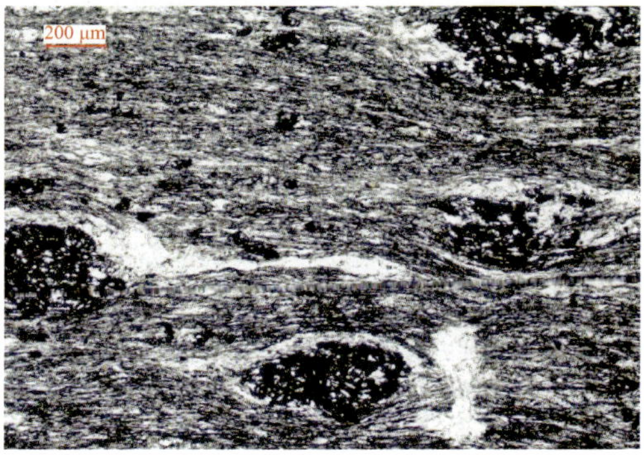

(j)SJG-02 黑色含电气石云母炭质千枚岩

附图 17 鄂尔多斯盆地北缘中元古界渣尔泰山群阿古鲁沟组烃源岩显微照片（续）

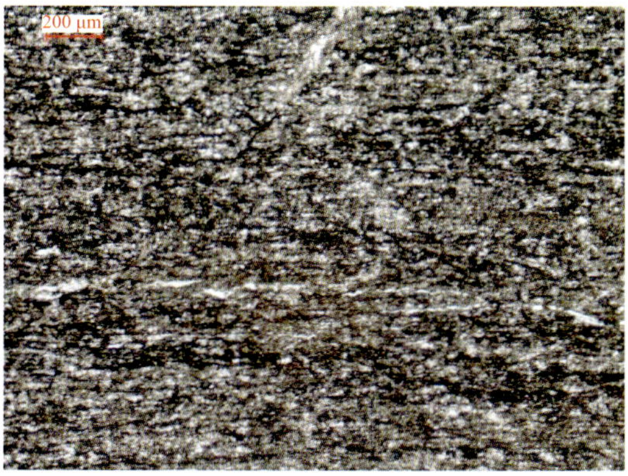

(k)WLH-03 灰黑色云母炭质方解石千枚状板岩

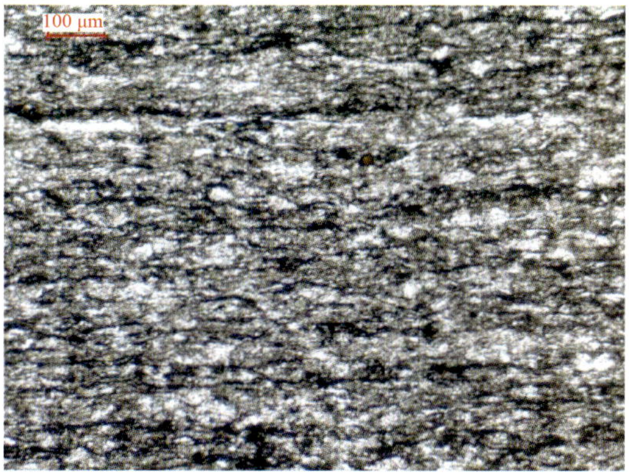

(l)WLH-03 灰黑色云母炭质方解石千枚状板岩

(m)XST-05 灰黑色铁质云母方解石片岩

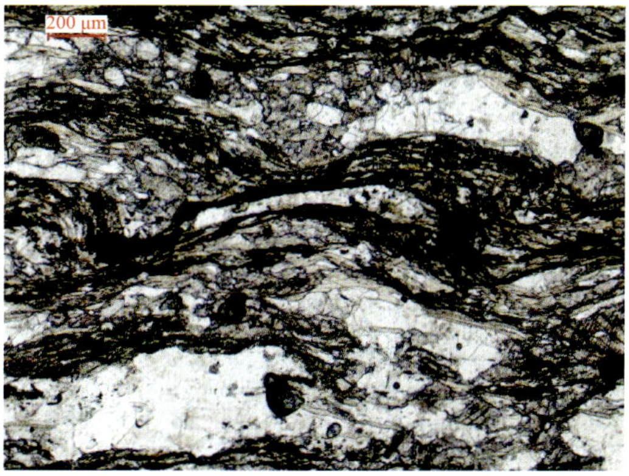

(n)XST-05 灰黑色铁质云母方解石片岩

附图 17　鄂尔多斯盆地北缘中元古界渣尔泰山群阿古鲁沟组烃源岩显微照片（续）

(a)

(b)

(c)

附图 18　洛南县巡检司镇暗色板岩野外照片

(a) (b) (c) (d) (e) (f)

附图 19　山西省永济市水幽沟中元古界暗色板岩野外照片

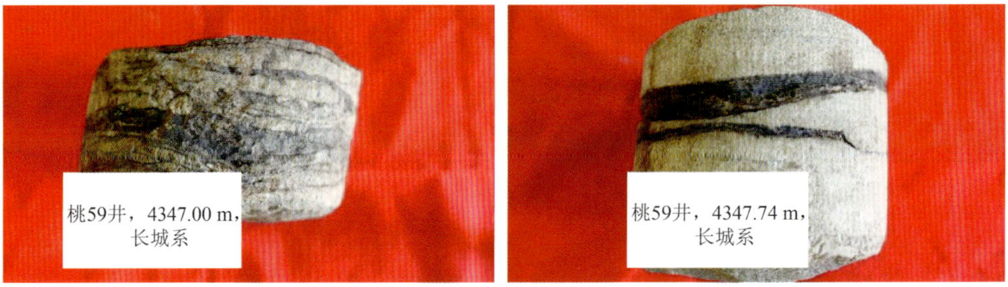

(a)桃59井，4347.00 m，长城系，石英砂岩夹薄层泥岩　(b)桃59井，4347.74 m，长城系，石英砂岩夹薄层泥岩

附图 20　鄂尔多斯盆地桃 59 井长城系烃源岩岩心照片

(c)桃59井，4348.81 m，长城系，石英砂岩夹薄层泥岩

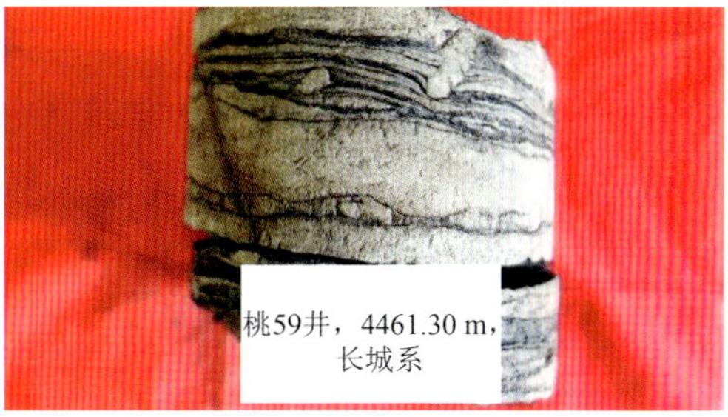

(d)桃59井，4461.30 m，长城系，石英砂岩夹薄层泥岩

(e)桃59井，4461.56 m，长城系，石英砂岩夹薄层泥岩

(f)桃59井，4462.10 m，长城系，石英砂岩夹薄层泥岩

附图 20　鄂尔多斯盆地桃 59 井长城系烃源岩岩心照片（续）

(a)高于庄组，桑树鞍藻

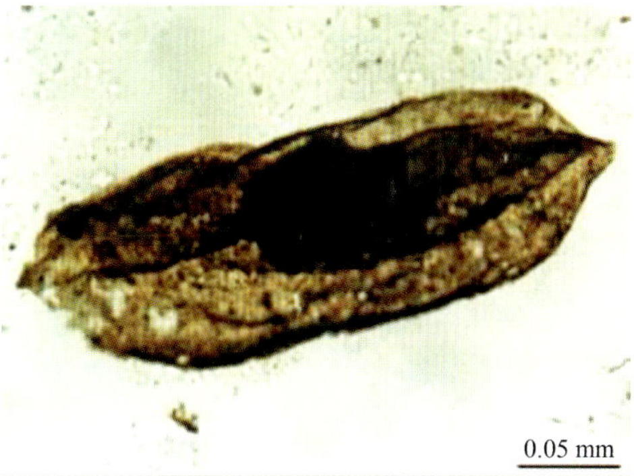

(b)团山子组，有核裂梭藻

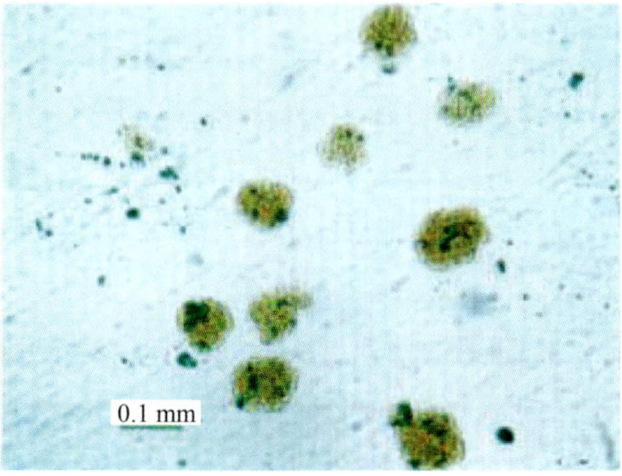

(c)下马岭组，果孢子囊

(d)下马岭组，富油下花园藻的囊果

附图 21　华北克拉通燕山地区中新元古界微古植物、藻类化石

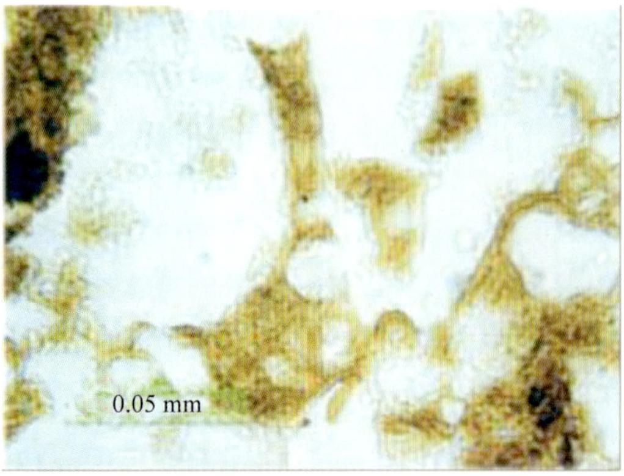

(e)下马岭组，超微切面上的皮层细胞

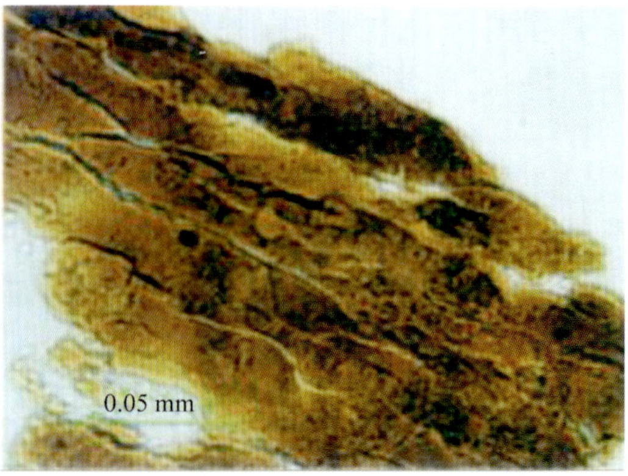

(f)下马岭组，超微切面上的髓部丝体束

附图 21　华北克拉通燕山地区中新元古界微古植物、藻类化石（续）

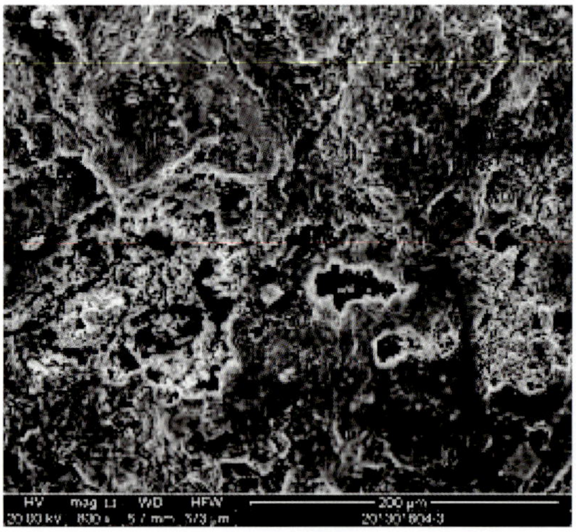

(a)长城系，板岩，黄铁矿晶体

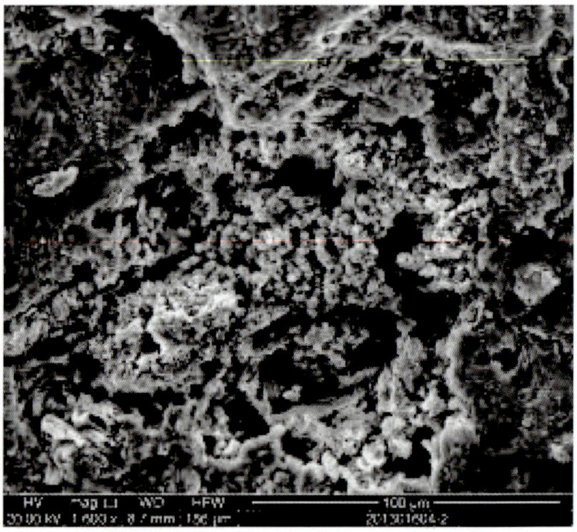

(b)长城系，板岩，黄铁矿晶体充填孔隙

附图 22　洛南县巡检司镇长城系板岩扫描电镜显微照片

(a)乌加河镇长城系灰黑色板岩

(b)固阳北长城系黑色炭质板岩

附图 23　鄂尔多斯北缘渣尔泰山群板岩野外与显微照片

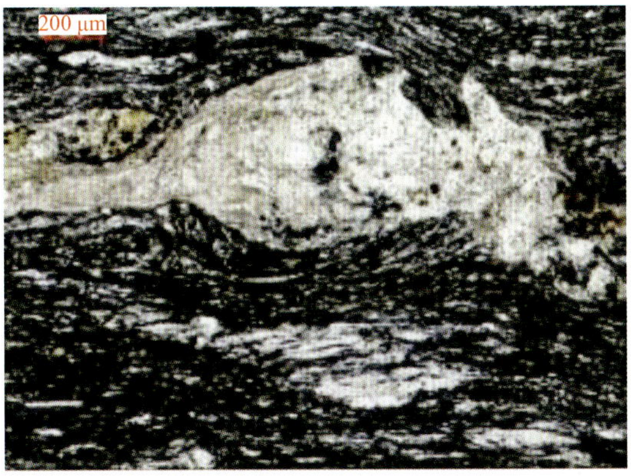

(c)书记沟长城系黑色云母炭质千枚岩

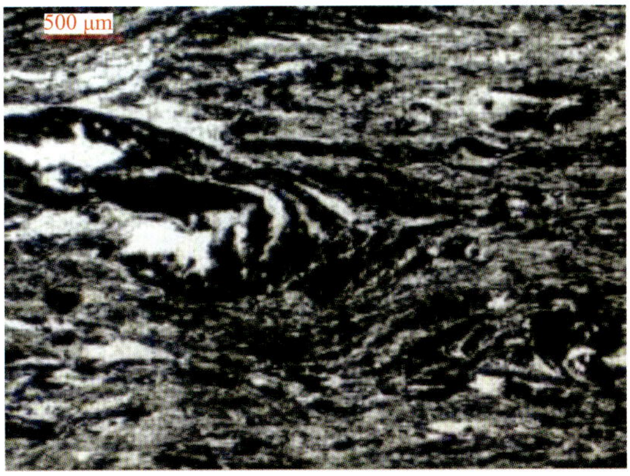

(d)固阳北长城系黑色炭质白云母片岩

附图 23　鄂尔多斯北缘渣尔泰山群板岩野外与显微照片（续）

(a)古探1井，4949.51 m，长城系，石英砂岩

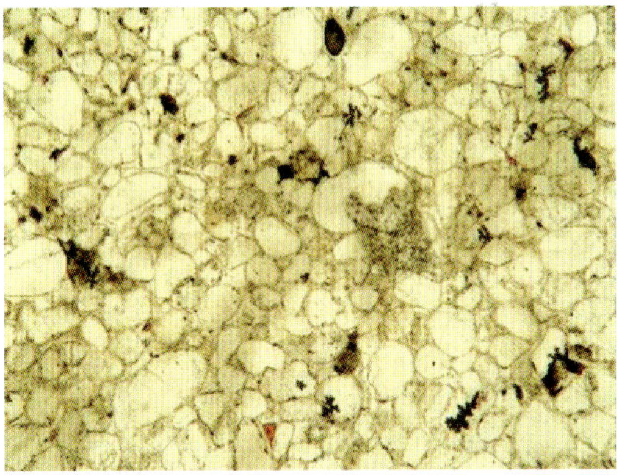

(b)古探1井，4950.18 m，长城系，石英砂岩

(c)古探1井，4951.0 m，长城系，石英砂岩

(d)古探1井，4943.63 m，长城系，石英砂岩

附图 24　鄂尔多斯地区中元古界长城系储层砂岩显微照片

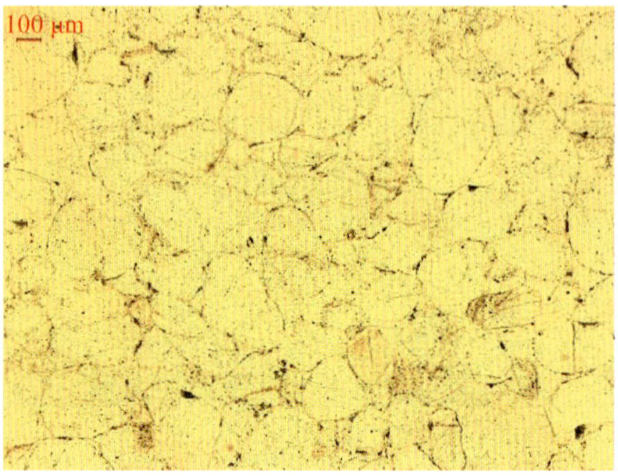

(e)莲1井，4073.64 m，长城系，石英砂岩

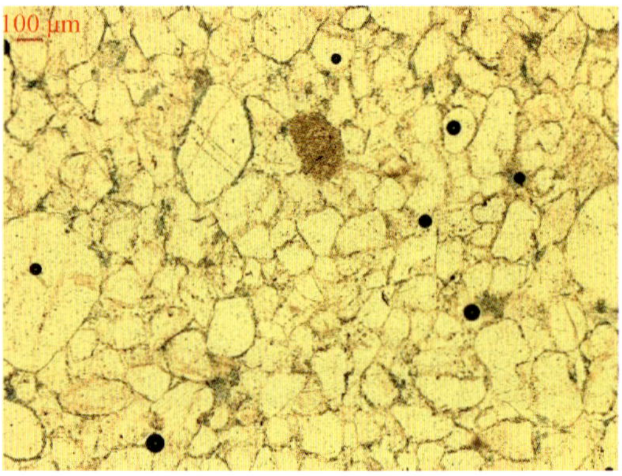

(f)鄂18井，4110.95m，长城系，石英砂岩

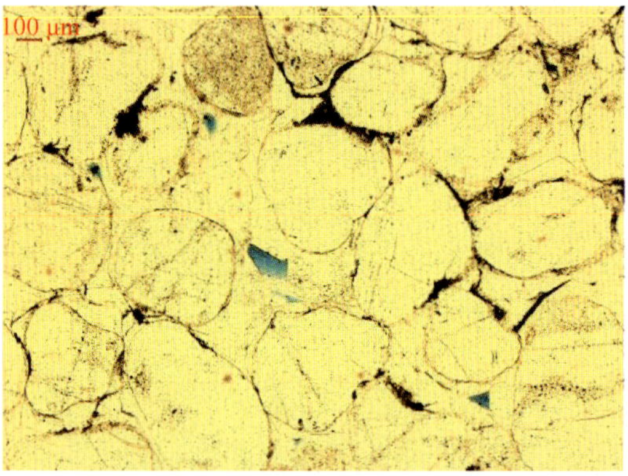

(g)城川1井，4438.23 m，长城系，石英砂岩

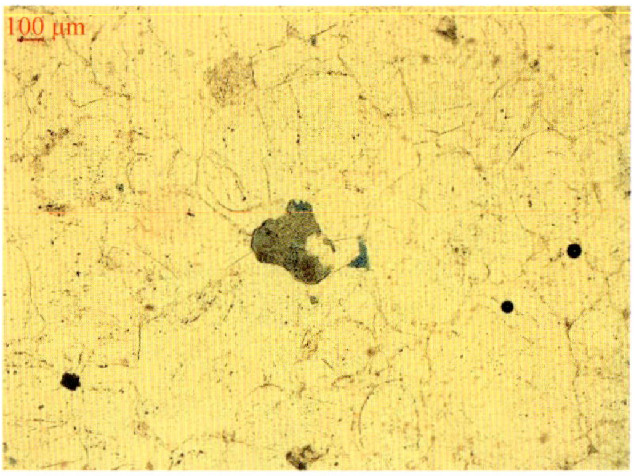

(h)克1井，4046.10 m，长城系，石英砂岩

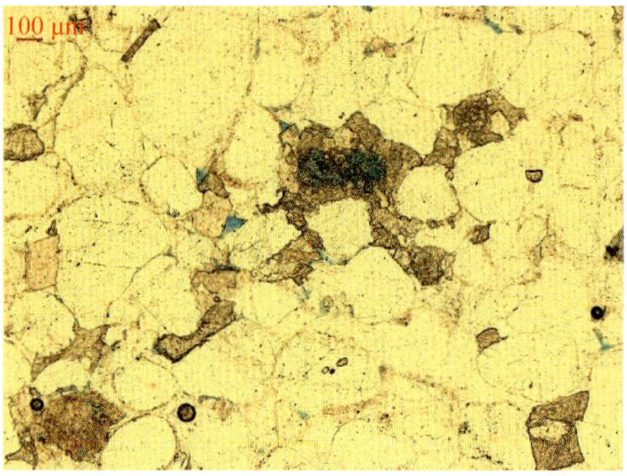

(i)庆深1井，4286.56 m，长城系，石英砂岩

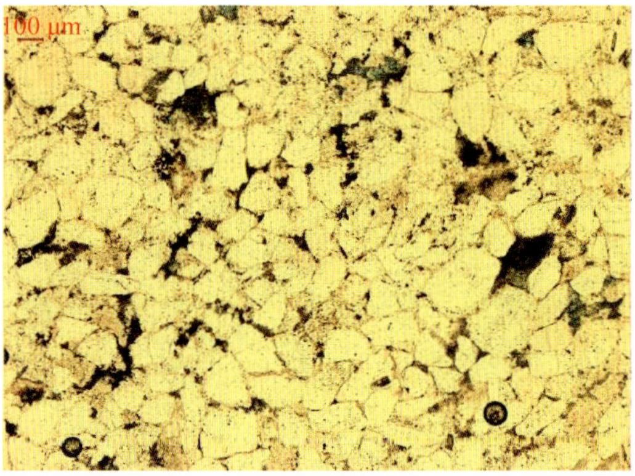

(j)城川1井，4489.00 m，长城系，石英砂岩

附图 24　鄂尔多斯地区中元古界长城系储层砂岩显微照片（续）

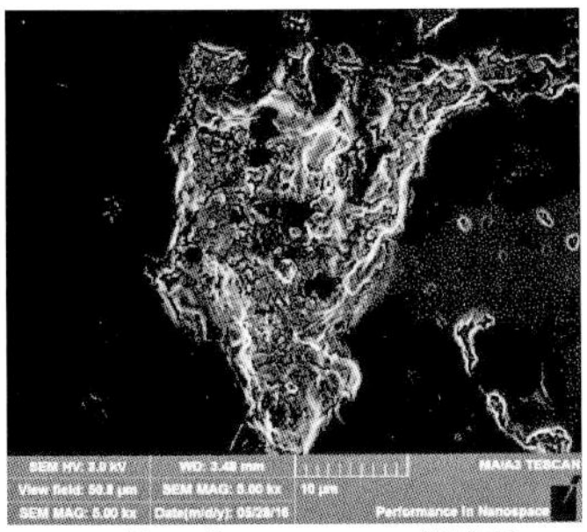
(a)桃59井，4462 m，长城系，
伊利石充填于孔隙中

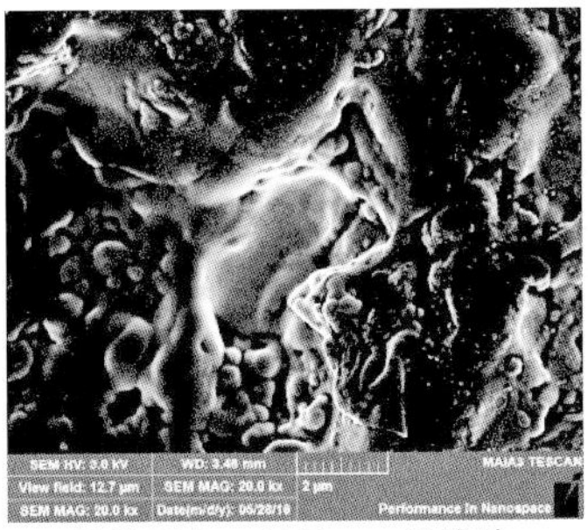
(b)桃59井，4462 m，长城系，
伊利石充填于孔隙中

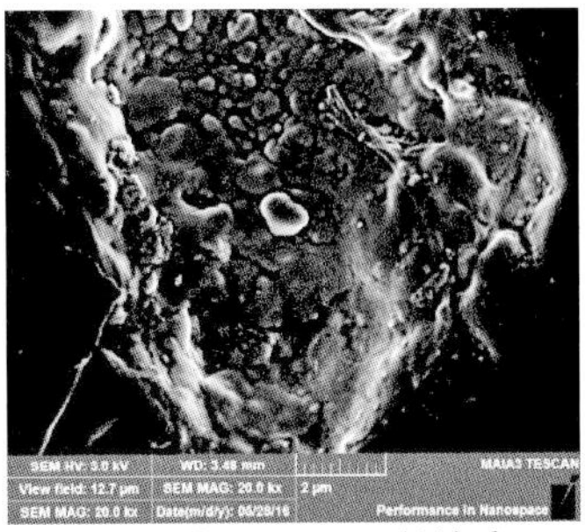
(c)桃59井，4462 m，长城系，
伊利石充填于孔隙中

(d)克1井，4041.43 m，长城系，
石英砂岩，石英加大状紧密
胶结充填普遍

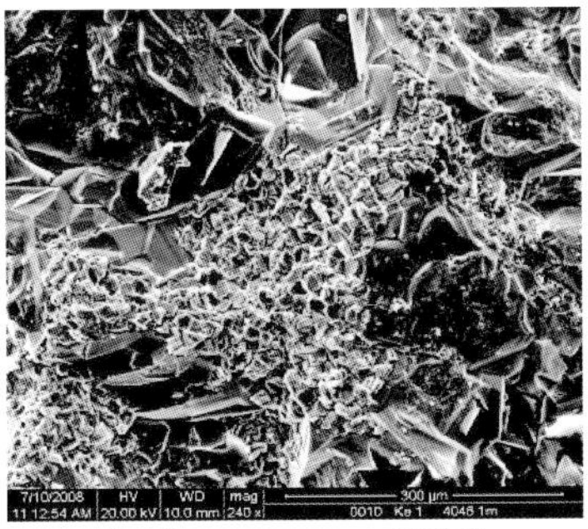
(e)克1井，4046.1 m，长城系，
石英砂岩，硅质加大胶结普遍，
蚀变状高岭石晶间孔不发育

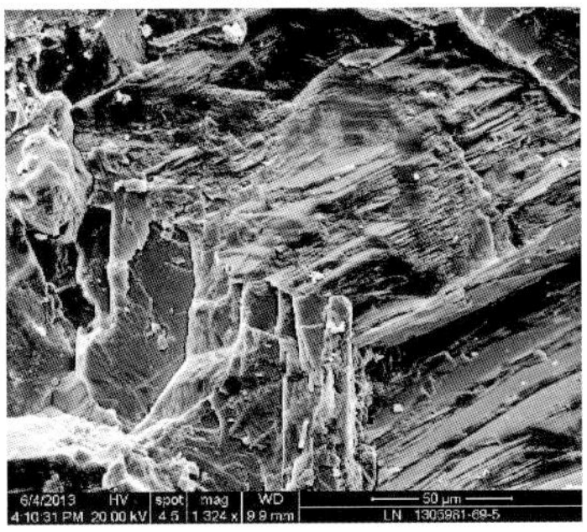
(f)LN-69-5，洛南县巡检司镇，长城系，
石英砂岩，碳酸盐（方解石）胶结紧密

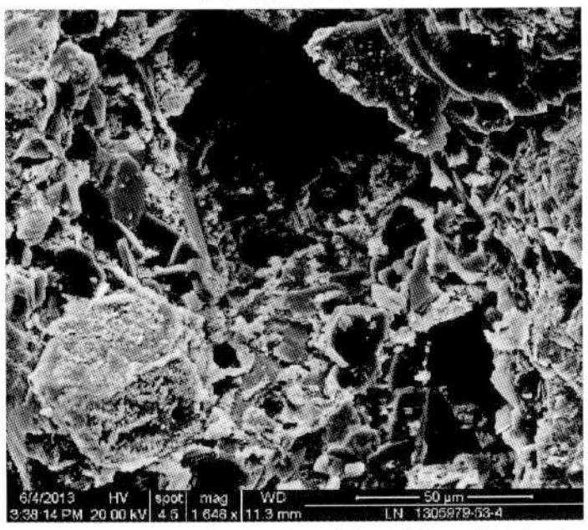
(g)LN-53-4，洛南县巡检司镇，长城系，
石英砂岩，石英具次生加大，碎屑具
溶蚀形成次生孔，孔中分布石英

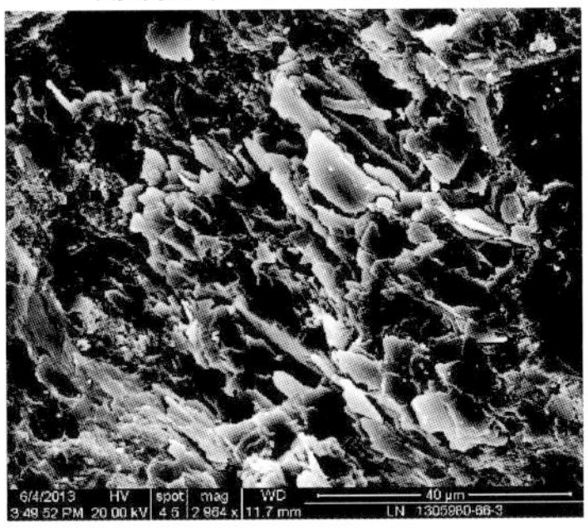
(h)LN-66-3，洛南县巡检司镇，
长城系，石英砂岩，石英岩碎屑
具溶蚀形成次生孔

(i)LN-69-2，洛南县巡检司镇，长城系，
石英砂岩，石英岩碎屑溶蚀孔，
孔径约为25 μm

(j)LN-69-3，洛南县巡检司镇，
长城系，石英砂岩，石英岩
碎屑溶蚀形成次生孔

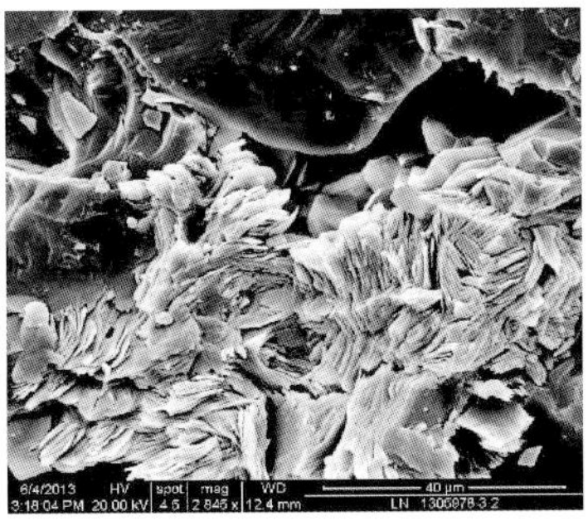
(k)LN-03-2，洛南县巡检司镇，
长城系，石英砂岩，石英砂岩粒
间孔中分布云母化泥质、石英

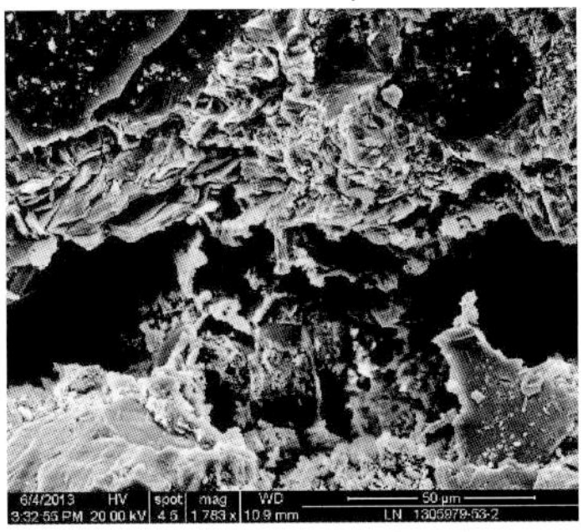
(l)LN-53-2，洛南县巡检司镇，
长城系，石英砂岩，石英岩粒
间孔中分布云母化泥质

附图 25　鄂尔多斯地区中元古界长城系石英砂岩扫描电镜照片

(m)LN-69-4，洛南县巡检司镇，长城系，石英砂岩，石英岩碎屑见粒内孔和粒间孔

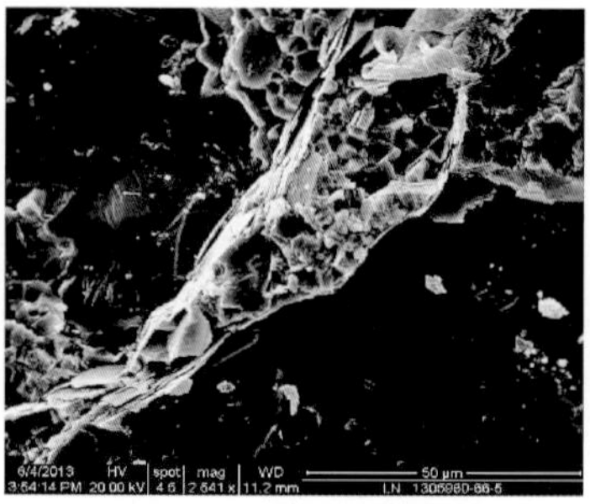

(n)LN-66-5，洛南县巡检司镇，长城系，石英砂岩，石英岩碎屑粒间孔中分布云母、石英

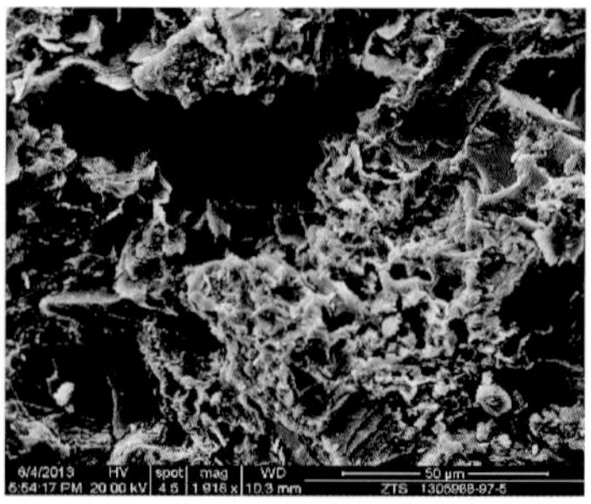

(o)ZTS-08-5，中条山，长城系崔庄组，石英砂岩，石英颗粒表面、粒间孔中分布伊利石

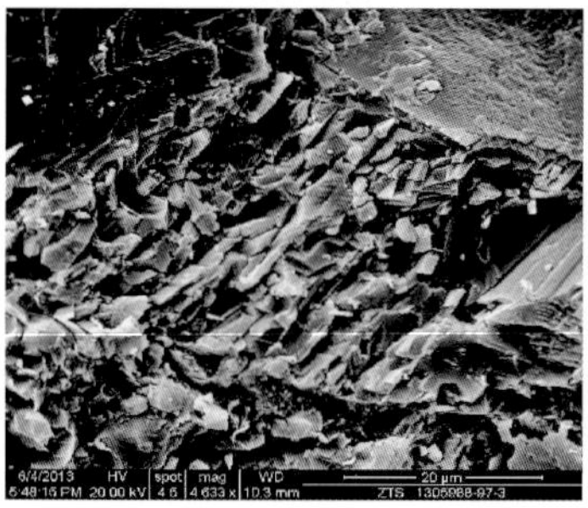

(p)ZTS-08-3，中条山，长城系崔庄组，石英砂岩，碎屑具溶蚀形成次生孔

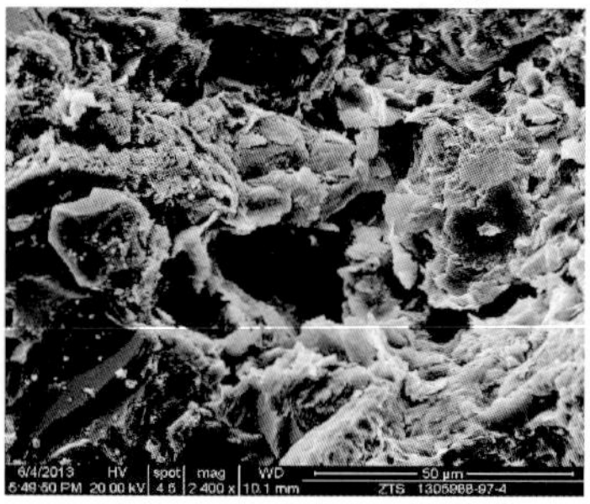

(q)ZTS-08-4，中条山，长城系崔庄组，石英砂岩，孔隙呈次圆状，孔径为5~20 μm，孔中分布少量伊利石

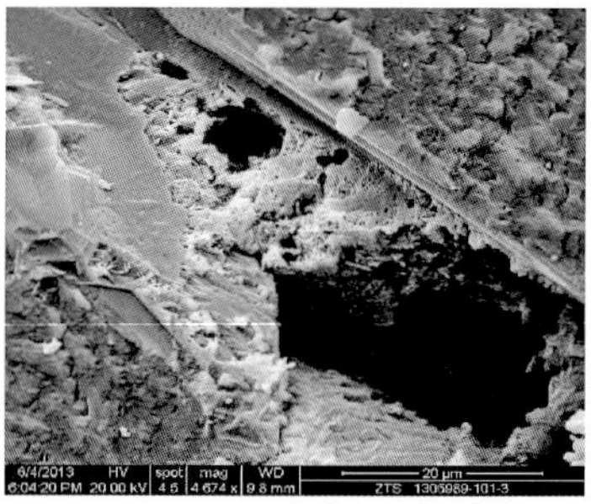

(r)ZTS-12-3，中条山，长城系北大尖组，石英砂岩，碎屑具溶蚀形成次生孔，粒表分布伊利石

(s)LN-03-4，洛南县巡检司镇，长城系，石英砂岩，石英岩碎屑溶蚀形成粒内孔，孔中分布自生石英

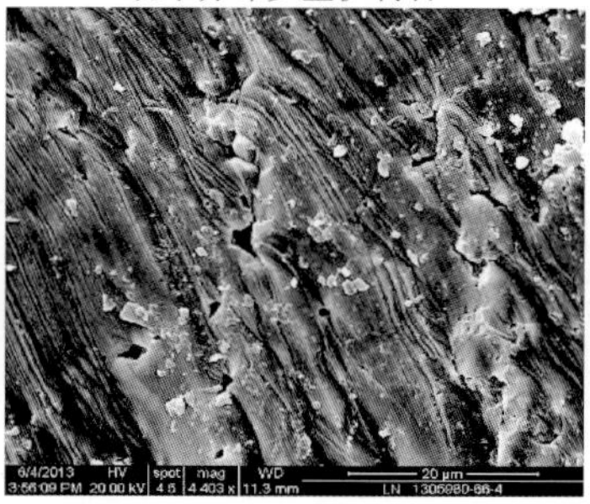

(t)LN-66-4，洛南县巡检司镇，长城系，石英砂岩，石英岩碎屑中见粒内孔，孔中分布石英

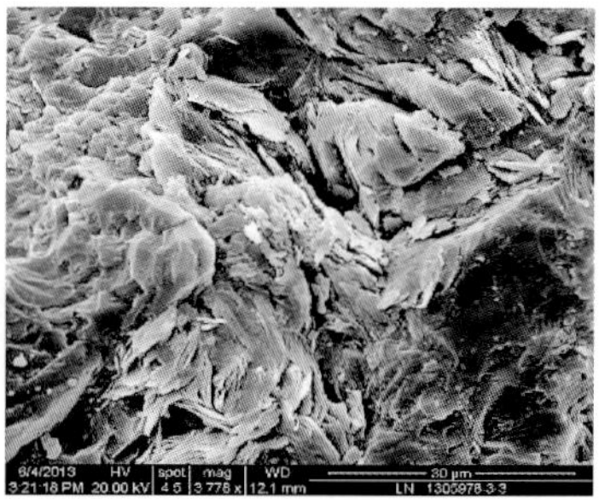

(u)LN-03-3，洛南县巡检司镇，长城系，石英砂岩，石英岩碎屑部分泥质云母化并产生次生片理孔

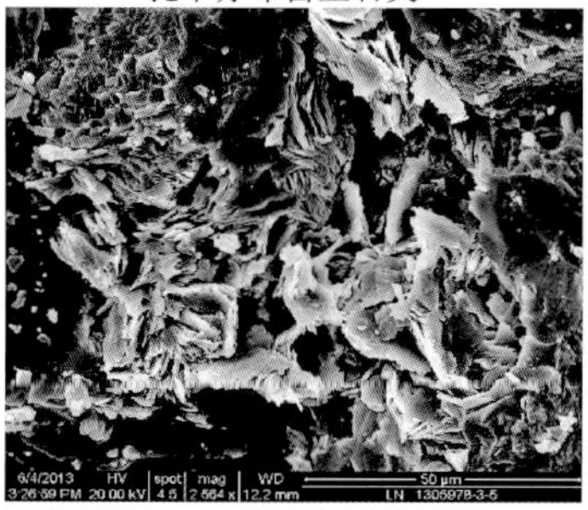

(v)LN-03-5，洛南县巡检司镇，长城系，石英砂岩，石英岩碎屑泥质云母化并产生次生孔

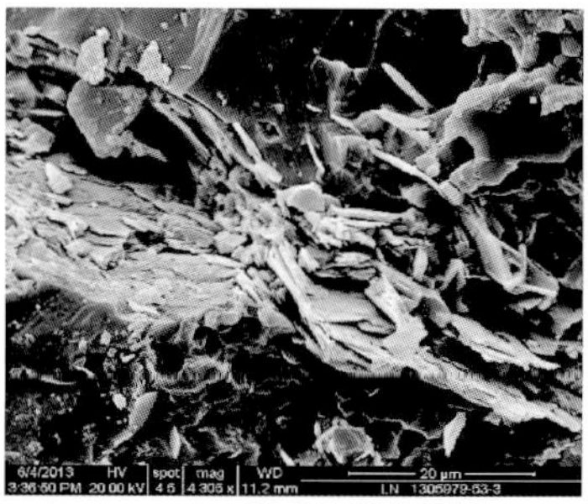

(w)LN-53-3，洛南县巡检司镇，长城系，石英砂岩，石英岩泥碎屑质云母化并产生次生片理孔

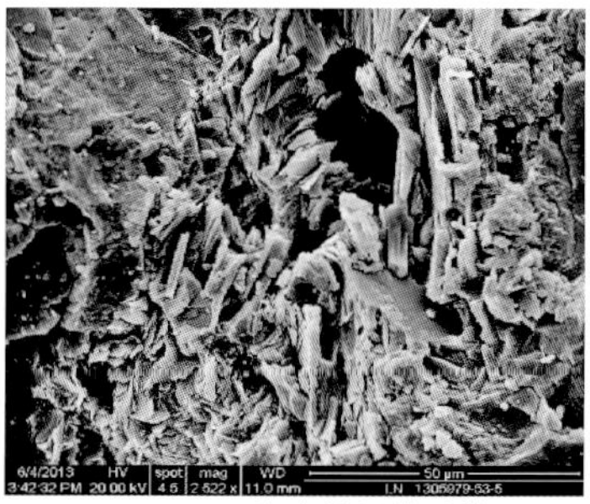

(x)LN-53-5，洛南县巡检司镇，长城系，石英砂岩，石英岩碎屑泥质云母化并见溶蚀孔

附图 25　鄂尔多斯地区中元古界长城系石英砂岩扫描电镜照片（续）

(y)ZTS-08-2，中条山，长城系崔庄组，石英砂岩，石英粒表、晶间孔中分布伊利石

(z)ZTS-12-2，中条山，长城系北大尖组，石英砂岩，石英具次生加大，见晶间孔分布

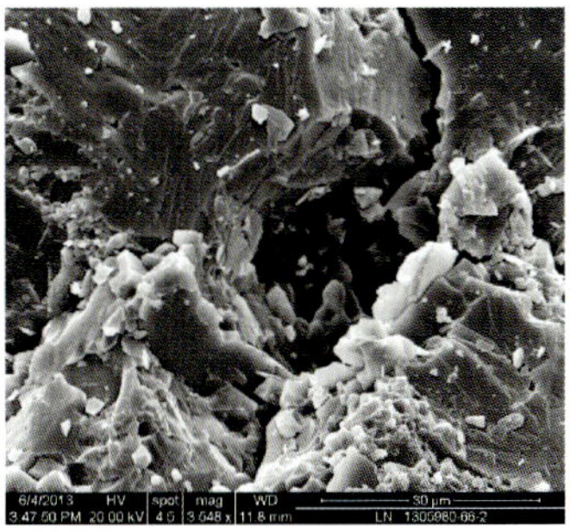

(aa)LN-66-2，洛南县巡检司镇，长城系，石英砂岩，见溶蚀孔和裂纹孔

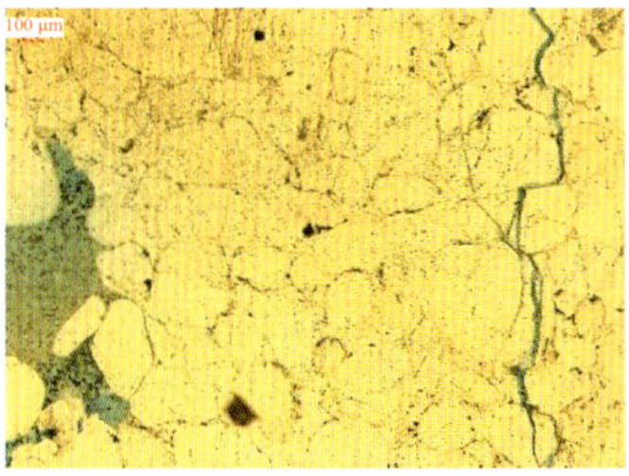

(ab)莲1井，4073.64 m，长城系，石英砂岩，微裂缝

(ac)合探2井，4590.75 m，长城系，石英砂岩，微裂缝

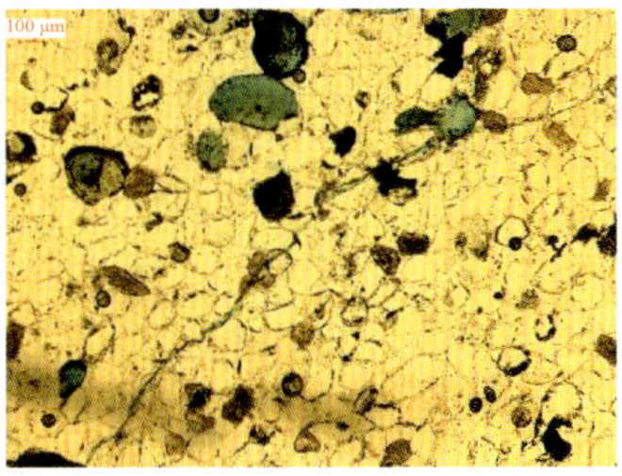

(ad)合探2井，4592.47 m，长城系，石英砂岩，微裂缝

附图 25　鄂尔多斯地区中元古界长城系石英砂岩扫描电镜照片（续）

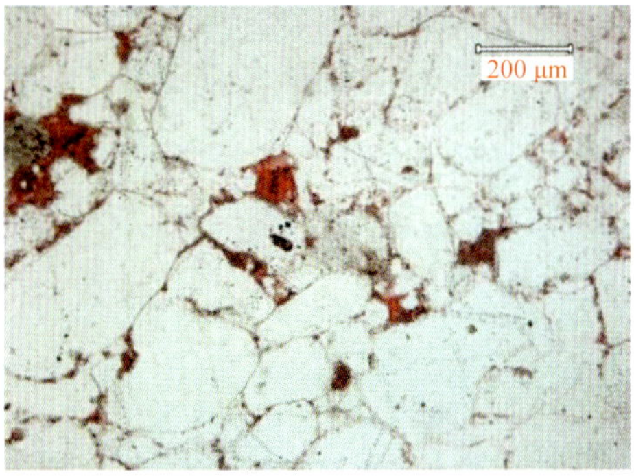

(a)鄂18井，4112.64 m，长城系，石英砂岩，粒间孔、溶孔

(b)克1井，4040.12 m，长城系，剩余粒间孔隙

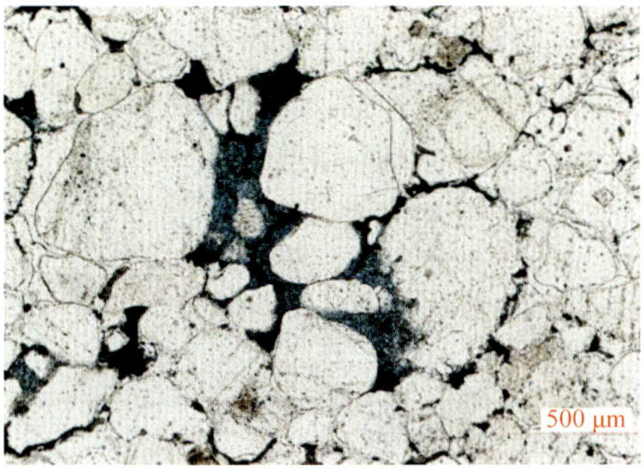

(c)克1井，4040.04 m，长城系，粒间孔、溶孔、微裂隙

(d)古探1井，4943.63 m，长城系，少量岩屑溶蚀孔隙

附图 26　鄂尔多盆地长城系石英砂岩孔隙组合类型显微照片

(e)古探1井，5033 m，长城系，岩屑溶蚀孔隙

(f)古探1井，5166 m，长城系，岩屑溶蚀孔隙

附图 26　鄂尔多盆地长城系石英砂岩孔隙组合类型显微照片（续）

(a)古探1井，长城系，5066 m，颗粒的凹凸接触

(b)古探1井，长城系，4854.5 m，绿泥石塑性变形

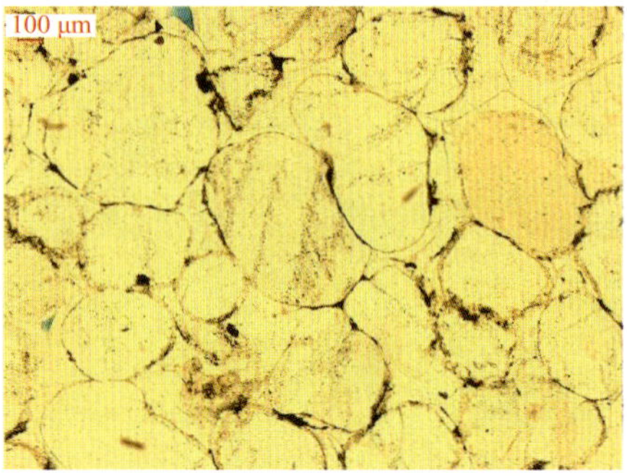

(c)城川1井，4438.23 m，长城系，石英砂岩

(d)城川1井，4489.00 m，长城系，石英砂岩

(e)城川1井，4489.50 m，长城系，石英砂岩

(f)合探2井，4590.75 m，长城系，石英砂岩

附图 27　鄂尔多斯盆地长城系砂岩压实作用、压溶作用

(a)ZTS-12-4，中条山，北大尖组，石英砂岩，粒表、孔中分布伊利石

(b)ZTS-12-5，中条山，北大尖组，石英砂岩，石英岩粒表分布伊利石

(c)克1井，4046.1 m，长城系，石英砂岩，少量碎屑发生伊利石化蚀变

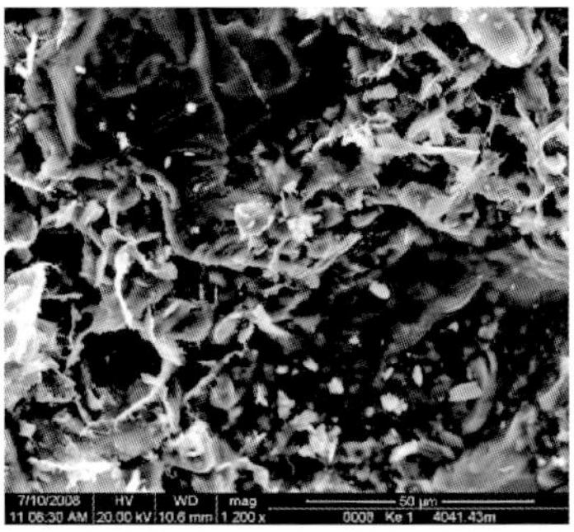

(d)克1井，4041.43 m，长城系，石英砂岩，粒间蚀变伊利石充填生长

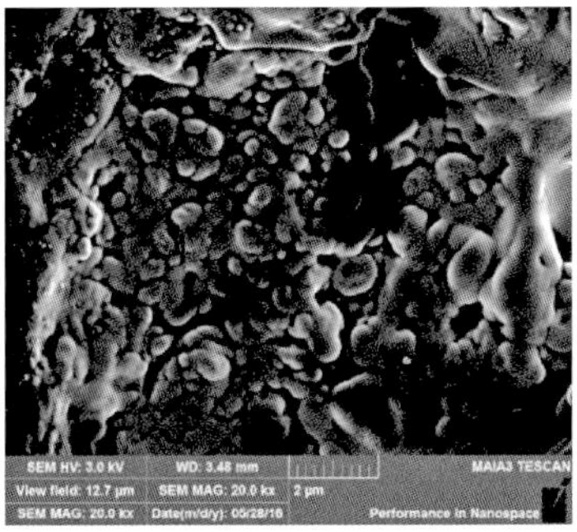

(e)桃59井，4462 m，长城系，石英砂岩，伊利石充填于孔隙中

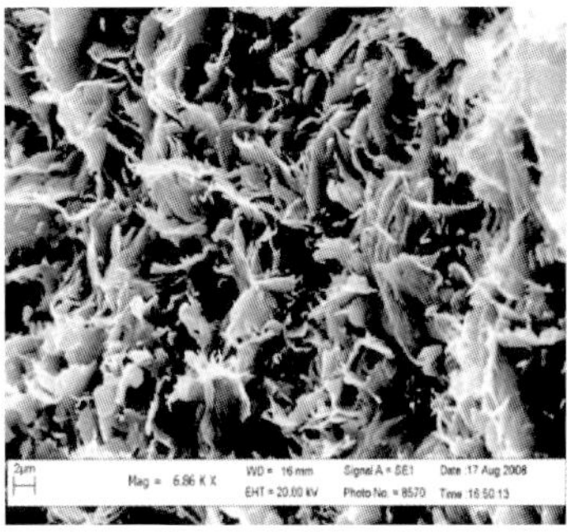

(f)古探1井，长城系，石英砂岩，伊蒙混层及绿泥石

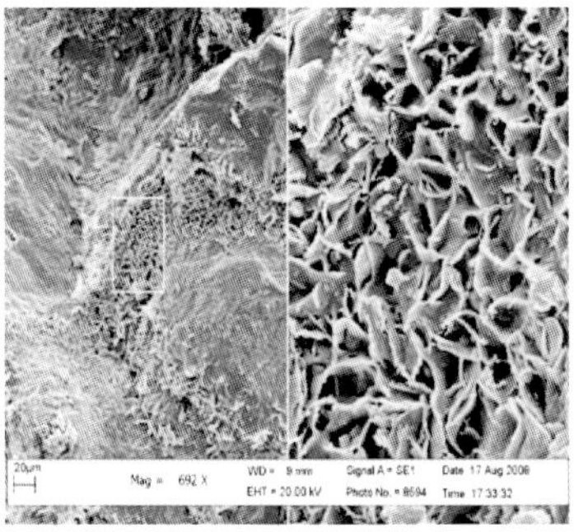

(g)古探1井，长城系，石英砂岩，伊蒙混层及绿泥石

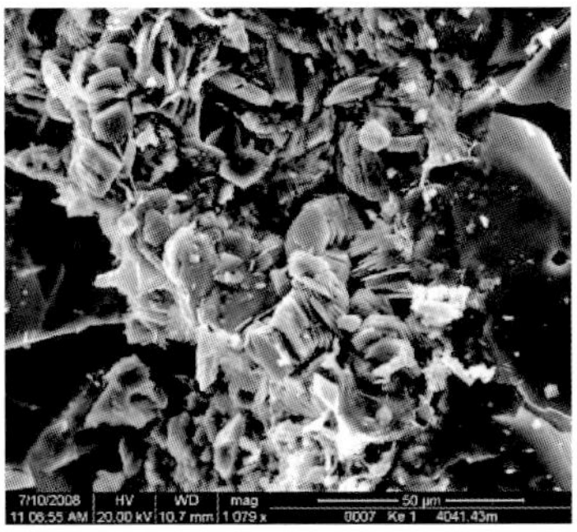

(h)克1井，4041.43 m，长城系，石英砂岩，蚀变状高岭石胶结充填，整体结构非常致密

(i)克1井，4038.71 m，长城系，石英砂岩，致密结构，蚀变状高岭石及少量伊利石充填生长

附图 28　鄂尔多斯盆地长城系砂岩黏土胶结作用扫描电镜照片

(a)LN-53-1，洛南县巡检司镇，长城系，
石英砂岩，岩性致密，石英具次生加大，
孔径为5~150 μm，碎屑具溶蚀

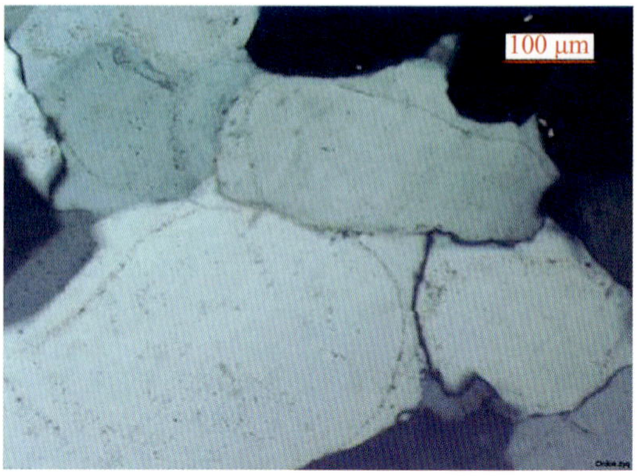

(b)古探1井，长城系，4950.2 m，石英加大边

(c)古探1井，4861.5 m，长城系，石英砂岩

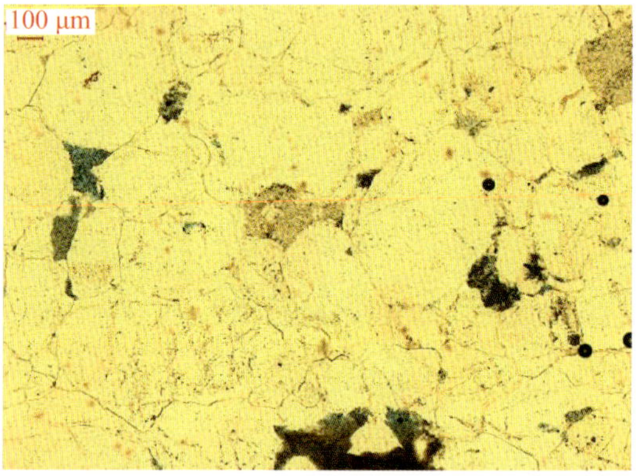

(d)克1井，4046.10 m，长城系，石英砂岩

(e)城川1井，4489.50 m，长城系，石英砂岩

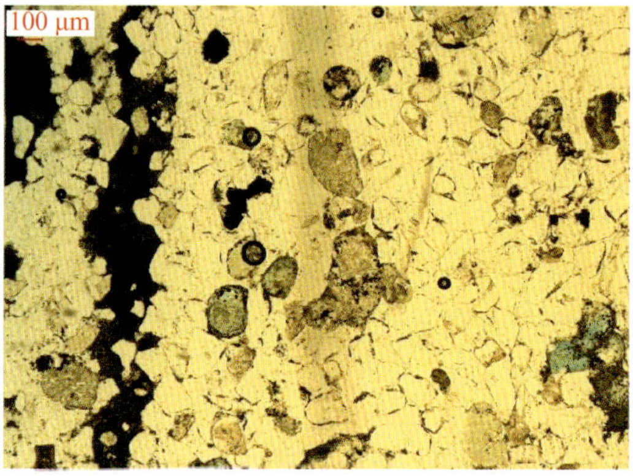

(f)合探2井，4592.47 m，长城系，石英砂岩

附图 29 鄂尔多斯盆地长城系砂岩硅质胶结作用扫描电镜和显微照片

(a)古探1井长城系砂岩交代作用

(b)古探1井长城系砂岩交代作用

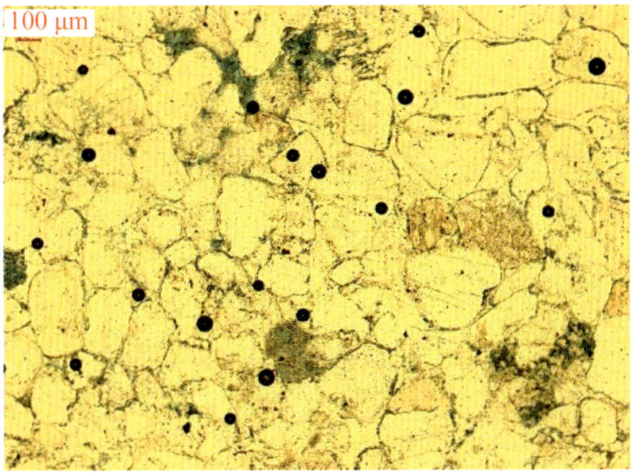

(c)鄂18井，4110.95 m，长城系，石英砂岩

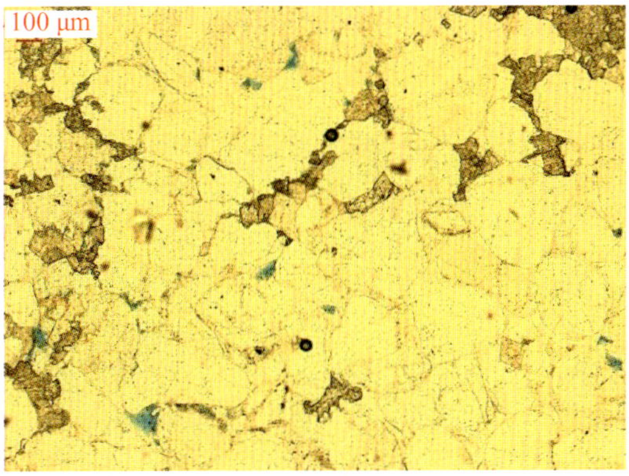

(d)庆深1井，4286.56 m，长城系，石英砂岩

附图 30　鄂尔多斯盆地古探 1 井长城系砂岩交代作用显微照片

（据赵振宇等，2016）

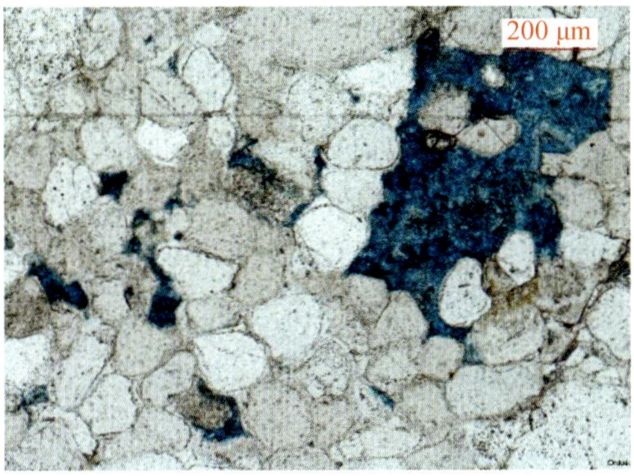

(a)古探1井，长城系，4950.74 m

(b)古探1井，长城系，5166 m

附图 31　鄂尔多斯盆地古探 1 长城系石英砂岩溶解作用显微照片

（据赵振宇等，2016）

(c)鄂6井，4086.96 m，长城系，石英砂岩

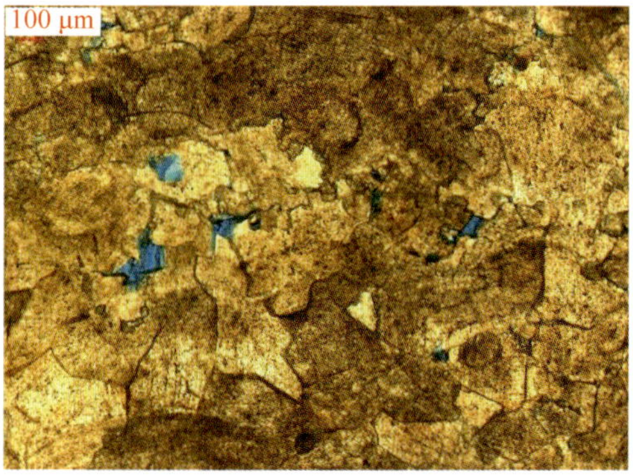

(d)鄂6井，4086.96 m，长城系，石英砂岩

附图 31　鄂尔多斯盆地古探 1 长城系石英砂岩溶解作用显微照片（续）

（据赵振宇等，2016）

(a)古探1井，长城系，4949.63 m

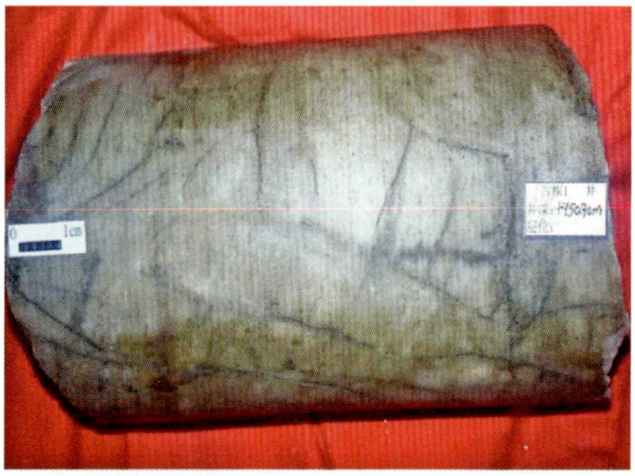

(b)古探1井，长城系，4950.74 m

(c)桃59井，长城系，4462.30 m

(d)桃59井，长城系，4462.30 m

附图 32　鄂尔多斯盆地长城系石英砂岩破裂作用岩心和显微照片

(a)LN-03-1，洛南县巡检司镇，
长城系，石英砂岩全貌，
岩性致密

(b)LN-66-1，洛南县巡检司镇，
长城系，石英砂岩全貌，
岩性致密

(c)LN-69-1，洛南县巡检司镇，
长城系，石英砂岩全貌，
岩性致密

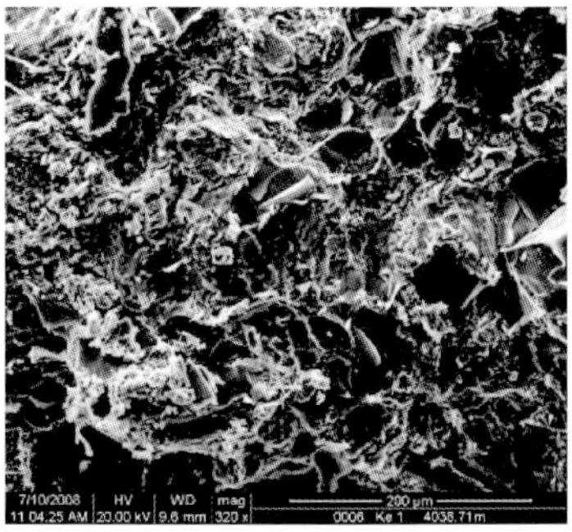

(d)克1井，4038.71 m，
长城系，石英砂岩全貌，
岩性致密

(e)ZTS-08-1，中条山，长城系
崔庄组，石英砂岩，岩性致密，
孔径为3~50 μm

(f)ZTS-12-1，中条山，长城系
北大尖组，石英砂岩全貌，
岩性致密

附图 33　鄂尔多斯地区长城系砂岩储层全貌扫描电镜照片